中国石油天然气集团有限公司统建培训资源
业务骨干能力提升系列培训丛书

陆上钻井司钻安全技术培训教程

《陆上钻井司钻安全技术培训教程》编委会 编

石油工业出版社

内 容 提 要

本书从安全生产基础知识、岗位职责与现场管理、井场安全、作业安全、井控安全、含硫油气井钻井安全、应急管理等7个方面系统介绍了陆上钻井司钻安全操作规程和要点，并将近年来收集的钻井施工中的典型事故进行了分析，内容简洁、通俗、实用。

本书可作为陆上钻井司钻、副司钻人员的培训教材，也可供一般操作人员学习参考。

图书在版编目（CIP）数据

陆上钻井司钻安全技术培训教程／《陆上钻井司钻安全技术培训教程》编委会编． -- 北京：石油工业出版社，2024．9． -- ISBN 978-7-5183-6899-0

I. TE28

中国国家版本馆CIP数据核字第2024ZY0715号

出版发行：石油工业出版社
　　　　　（北京市朝阳区安华里二区1号楼　100011）
　　　　　网　址：www.petropub.com
　　　　　编辑部：（010）64269289
　　　　　图书营销中心：（010）64523633
经　　销：全国新华书店
印　　刷：北京晨旭印刷厂

2024年9月第1版　2024年9月第1次印刷
787×1092毫米　开本：1/16　印张：18
字数：460千字

定价：65.00元
（如出现印装质量问题，我社图书营销中心负责调换）
版权所有，翻印必究

《陆上钻井司钻安全技术培训教程》编委会

主　　任：杨立强

副 主 任：高　健　王福国

委　　员：王增年　王景洲　庄　涛　黄国平　王建新
　　　　　崔　涛　张朝阳　汪义进　运乃东　李　峰
　　　　　赵英杰　刘永峰　张　勇　张永忠

《陆上钻井司钻安全技术培训教程》编审人员

主　　编：李爱忠

副 主 编：王海涛　杜会宇　张　勇　史永伟

编写人员：李美慧　王敦威　宿永鹏　王　富　王　莉
　　　　　陈佳琳　段小明　赵春明　曹　刚　贾巍然
　　　　　杜　建　张道华　李　健　闫　明　常　刚
　　　　　杨晓亮　范文艳　高海芹　王海燕　孟强锋
　　　　　刘　铮　金雪梅　陈章瑞　陈如鹤　张　敏

审定人员：王增年　王景洲　庄　涛　王建新　余本善
　　　　　张贺恩　张永忠　谢俊玲　张付星　张耀先
　　　　　周雪菡　范世强　江泽帮　刘　杨　吕　辉
　　　　　闫金杰　李　兵　刘莹莹　周见果　赵　鑫
　　　　　李　慧

前 言

钻井司钻是陆上石油钻井施工队伍中的关键岗位，负责带领全班人员完成施工作业任务，对班组安全生产工作起着至关重要的作用。2010年5月24日国家安全生产监督管理总局公布了《特种作业人员安全技术培训考核管理规定》，自2010年7月1日起将司钻纳入特种作业人员管理，考核合格并取得特种作业操作证后，方可上岗作业。为进一步提高特种作业人员的安全技术水平，防止和减少伤亡事故，渤海钻探工程有限公司职工教育培训分公司在建设完成司钻培训从模拟、仿真再到实际操作的"三步法"基础上，结合司钻岗位工作特点，持续更新理论培训内容，组织技术专家编写了本书。

本书包括八章内容。第一章安全生产基础知识属于通用知识，内容简洁、通俗、实用，符合司钻的知识需求；第二章岗位职责与现场管理明晰了司钻岗位的工作职责以及班组生产管理内容；第三章井场安全涉及安全防护设施、安全用电、防火防爆以及防雷防静电知识；第四章作业安全体现了专业特点，涵盖了常规作业、危险作业、机械与工程事故处理三个方面内容；第五章井控安全、第六章含硫油气井钻井安全是钻井施工作业的重中之重，将其作为独立章节，也彰显了其重要所在；第七章应急管理包括了应急演练与处置、应急物资管理等内容；第八章典型案例将近年来收集的钻井施工中的各种事故进行了分析。

在编写过程中，渤海钻探工程有限公司职工教育培训分公司为本书的编审工作作出了突出贡献，期间也得到集团公司油田技术服务有限公司（工程技术分公司）各级领导、专家的大力支持和帮助，在此一并表示感谢。

由于本书涵盖专业知识多、范围广，不同企业之间也存在一定差异，编写难度较大，加之编者水平有限，书中难免有不足和疏漏之处，敬请读者提出宝贵意见和建议。

说 明

本教材可作为中国石油天然气集团有限公司所属各培训机构的专用教材。

教材主要适用于基层钻井队管理人员、技术人员、大班司钻、司钻、副司钻和钻井班组其他操作人员培训学习。

各类人员应掌握和了解的主要内容如下：

1. 基层队管理人员，要求掌握第一章、第三章、第四章、第五章、第六章和附录的内容，了解其他章节内容。

2. 技术人员，要求掌握第三章、第四章、第五章、第六章和附录的内容，了解其他章节内容。

3. 大班司钻，要求掌握第一章、第三章、第四章和附录的内容，了解其他章节内容。

4. 司钻、副司钻，要求掌握全书内容。

5. 其他操作人员，要求掌握第一章、第三章、第四章、第五章、第六章、第七章和第八章和附录的内容，了解第二章内容。

目 录

第一章 安全生产基础知识 … 1
第一节 安全生产法律法规概述 … 1
第二节 安全生产的方针、理念和原则 … 2
第三节 岗位作业人员权利、义务和法律责任 … 4
第四节 安全生产事故致因理论 … 12
第五节 危险源辨识与风险评估 … 15
第六节 常用安全管理工具及方法 … 19

第二章 岗位职责与现场管理 … 26
第一节 司钻岗位概述 … 26
第二节 班组生产管理 … 30

第三章 井场安全 … 33
第一节 安全目视化管理与防护设施 … 33
第二节 安全用电 … 50
第三节 防火防爆 … 53
第四节 防雷防静电 … 61
第五节 设备设施风险防控 … 68

第四章 作业安全 … 78
第一节 常规作业风险防控 … 78
第二节 危险作业风险防控 … 176
第三节 机械与工程事故处理 … 182

第五章 井控安全 … 188
第一节 井控技术 … 188
第二节 井控设备 … 200

第六章 含硫油气井钻井安全 … 212
第一节 硫化氢气体的危害 … 212
第二节 硫化氢环境钻井设计 … 214
第三节 硫化氢环境钻井井场布置 … 217
第四节 硫化氢环境钻井设备设施配置 … 219

第五节	硫化氢环境钻井井场施工	220
第六节	监测仪器和防护设备	224
第七节	硫化氢中毒后的抢救	226

第七章　应急管理 …… 230
- 第一节　应急预案 …… 230
- 第二节　班组应急处置 …… 232
- 第三节　班组应急演练 …… 236
- 第四节　应急物资储备与管理 …… 237

第八章　典型案例 …… 240
- 第一节　井喷失控事故 …… 240
- 第二节　爆炸事故 …… 242
- 第三节　物体打击事故 …… 244
- 第四节　机械伤害事故 …… 247
- 第五节　高处坠落事故 …… 249
- 第六节　起重伤害事故 …… 250

附录 …… 253
- 附录1　常用安全生产法律法规索引 …… 253
- 附录2　常用安全生产标准索引表 …… 254
- 附录3　吊装作业许可证推荐样式 …… 256
- 附录4　高处作业许可证推荐样式 …… 258
- 附录5　动火作业许可证推荐样式 …… 260
- 附录6　临时用电许可证推荐样式 …… 263
- 附录7　司钻HSE现场检查表样式 …… 264
- 附录8　副司钻HSE现场检查表样式 …… 266
- 附录9　应急物资的主要用途及要求 …… 267
- 附录10　钻井井场应急物资数量配备标准 …… 272
- 附录11　危险作业场所应急物资数量配备标准 …… 273
- 附录12　井场其他应急物资数量配备标准 …… 274
- 附录13　大型急救包配备药品及简易医疗器材配备标准 …… 274
- 附录14　中型急救包配备药品及简易医疗器材配备标准 …… 275
- 附录15　小型急救包配备药品及简易医疗器材配备标准 …… 276

参考文献 …… 277

第一章　安全生产基础知识

第一节　安全生产法律法规概述

我国的安全生产法律法规体系，是指我国全部现行的、不同的安全生产法律法规形成的有机联系的统一整体，是国家法律法规体系的一部分。安全生产法律法规体系结构按照法律地位和法律效力的层级划分为安全生产法律、安全生产法规、安全生产规章及安全生产标准。安全生产法律法规的层级、内容和形式虽然有所不同，但是它们之间存在着相互依存、相互联系、相互衔接、相互协调的辩证统一关系，见表1-1。

表1-1　法律法规层级关系

形式	制定主体	特征	法的效力层级
宪法	全国人民代表大会	宪法（根本法）	宪法规定了国家的根本制度和根本任务，是国家的根本法，具有最高的法律效力
法律	全国人民代表大会或全国人民代表大会常务委员会	××法（如中华人民共和国安全生产法、中华人民共和国消防法等）	法律效力高于行政法规、地方性法规、规章
行政法规	国务院	××条例（如安全生产许可条例等）	行政法规效力高于地方性法规、规章
地方性法规	地方人大及其常委会	××地××条例（如河北省安全生产条例等）	地方性法规效力高于本级和下级地方政府规章
部门规章	国务院各部门	××规定、办法、细则（如注册安全工程师分类管理办法等）	部门规章之间、部门规章与地方政府规章之间具有同等法律效力，在各自的权限范围内施行
地方政府规章	地方人民政府	××地××规定、办法、细则（如北京市生产经营单位安全生产主体责任规定等）	

一、安全生产法律

法律是指由全国人民代表大会及其常务委员会制定和颁布的规范性法律文件。宪法是国家的根本法，具有最高的法律地位和法律效力。我国有关安全生产的法律包括基础法律、专门法律和相关法律。《中华人民共和国安全生产法》（以下简称《安全生产法》）作为我国安全生产的基础法律，适用于中华人民共和国领域内从事生产经营活动的单位，是我国安全生产法律体系的核心。专门的安全生产法律是指规范某一专业领域安全生产制度的法律。与安全生产相关的法律是指专门的安全生产法律以外的其他法律中涵盖有安全生产内容的法律。

二、安全生产法规

法规是指由国家机关制定的法令、条例、规则和章程等规范性文件的总称，主要有两种形式：一是国务院及其所属政府部门根据宪法和其他法律规定而制定和颁布的行政法规；二是由省、自治区、直辖市的人民代表大会及其常务委员会根据本行政区的具体情况和实际需要制定和颁布的地方性法规。

三、安全生产规章

根据制定机关的不同，规章可以分为部门规章和地方规章。其中，部门规章由国务院组成部门及其直属机构根据法律、行政法规制定和颁布，也称为行政规章；地方规章由省、自治区、直辖市以及省级人民政府和自治区政府所在的市、经济特区所在地的市和经国务院批准的较大的市的人民政府制定和颁布，也称地方政府规章。

四、安全生产标准

安全生产标准是安全生产法律法规体系中的一个重要组成部分，也是安全生产管理的基础和监督执法工作的重要技术依据。

常用安全生产法律、法规和标准索引目录参见附录1、附录2。

第二节　安全生产的方针、理念和原则

一、安全生产的方针

《安全生产法》第三条中要求，安全生产工作应当坚持安全第一、预防为主、综合治理的方针，从源头上防范化解重大安全风险。"方针"，是指这个领域、这个方面的各项具体制度、措施，都必须体现、符合其要求；"安全第一"，是要始终把安全特别是从业人员和其他人员的人身安全放在首要的位置；"预防为主"，是对安全生产的管理，要采取有效的事前控制措施，做到防患于未然，强化安全风险分级管控、事故隐患排查治理，从源头上控制、预防和减少事故发生；"综合治理"，是对安全生产工作中存在的问题或者事故隐患，综合运用法律、经济、行政等手段，从教育培训、安全文化以及责任追究等多个方面入手，齐抓共管，标本兼治，重在治本。

《安全生产法》还提出了安全意识在先、安全投入在先、安全责任在先、建章立制在先、事故预防在先、监督执法在先的"六先"规定。

（一）安全意识在先

要求"生产经营单位应当对从业人员进行安全生产教育和培训，保证从业人员具备必要的安全生产知识，熟悉有关的安全生产规章制度和安全操作规程，掌握本岗位的安全操作技能，了解事故应急处置措施，知悉自身在安全生产方面的权利和义务""从业人员应当接受安全生产教育和培训，掌握本职工作所需的安全生产知识，提高安全生产技能，增强事故预防和应急处理能力"。

（二）安全投入在先

要求"生产经营单位应当具备的安全生产条件所必需的资金投入，由生产经营单位的决策机构、主要负责人或者个人经营的投资人予以保证，并对由于安全生产所必需的资金投入不足导致的后果承担责任"。同时规定有关生产经营单位应当按照规定提取和使用安全生产费用，专门用于改进安全生产条件。生产经营单位主要负责人不依法保障安全投入的，将承担相应的法律责任。

（三）安全责任在先

《安全生产法》规定"生产经营单位的主要负责人是本单位安全生产第一责任人，对本单位的安全生产工作全面负责"。生产经营单位的安全生产管理机构以及安全生产管理人员履行组织或者参与拟订本单位安全生产规章制度、操作规程和生产安全事故应急救援预案；组织或者参与本单位安全生产教育和培训，如实记录安全生产教育和培训情况；组织开展危险源辨识和评估，督促落实本单位重大危险源的安全管理措施；组织或者参与本单位应急救援演练；检查本单位的安全生产状况，及时排查生产安全事故隐患，提出改进安全生产管理的建议；制止和纠正违章指挥、强令冒险作业、违反操作规程的行为；督促落实本单位安全生产整改措施等7项职责。针对负有安全生产监督管理职责部门的工作人员和生产经营单位主要负责人的违法行为，规定了严厉的法律责任。

（四）建章立制在先

《安全生产法》对生产经营单位建立健全和组织实施安全生产规章制度和安全措施等问题作出的具体规定，包括安全设备管理、重大危险源管理、危险物品安全管理、交叉作业管理、发包出租管理、危险作业管理等规定，是生产经营单位必须遵守的行为规范。

（五）事故预防在先

《安全生产法》明确规定："生产经营单位应当建立安全风险分级管控制度，按照安全风险分级采取相应的管控措施。生产经营单位应当建立健全并落实生产安全事故隐患排查治理制度，采取技术、管理措施，及时发现并消除事故隐患。事故隐患排查治理情况应当如实记录，并通过职工大会或者职工代表大会、信息公示栏等方式向从业人员通报。其中，重大事故隐患排查治理情况应当及时向负有安全生产监督管理职责的部门和职工大会或者职工代表大会报告。县级以上地方各级人民政府负有安全生产监督管理职责的部门应当将重大事故隐患纳入相关信息系统，建立健全重大事故隐患治理督办制度，督促生产经营单位消除重大事故隐患。"生产经营单位要认真贯彻落实安全风险分级管控和隐患排查治理等制度,把生产安全事故大幅度地降下来。

(六)监督执法在先

要加大日常监督检查和重大危险源监控的力度,重点查处在生产经营过程中发生的且未导致事故的安全生产违法行为,发现事故隐患应当依法采取监管措施或者处罚措施,并且严格追究有关人员的安全责任。

二、安全生产的理念

《安全生产法》第三条中规定,安全生产工作应当以人为本,坚持人民至上、生命至上,把保护人民生命安全摆在首位,树牢安全发展理念。"树牢安全发展理念",要求不但要坚持安全发展理念,还要牢固树立安全发展理念,坚持统筹兼顾,协调发展,正确处理安全与发展的关系。安全是发展的前提和基础,坚持将安全放在首要位置,促进区域、行业领域的科学、安全、可持续发展,绝不能以牺牲安全换取一时的发展。这里的"安全"首要的是人民生命安全。因此,安全生产工作应当以人为本,坚持人民至上、生命至上,把保护人民生命安全摆在首位。以人为本,就是要以人的生命健康为本。生产经营单位要做到以人为本,就是要以尊重职工、爱护职工、维护职工的人身安全为出发点,以消灭生产经营过程中存在的安全隐患为手段,不断改善劳动环境和安全生产条件,保护职工生命健康,绝不能为了发展经济以牺牲人的生命为代价。当人的生命健康与生产经营单位等法律主体的财产利益冲突时,首先应当考虑人的生命健康,而不是首先考虑和维护财产利益。

三、安全生产的原则

根据《安全生产法》第三条的规定,安全生产工作应当实行管行业必须管安全、管业务必须管安全、管生产经营必须管安全的原则。这里的"管"是广义的概念,既包括政府及部门的监管,也包括生产经营单位内部的管理。对于生产经营单位,安全生产管理工作不仅仅是主要负责人、安全生产管理机构及其安全生产管理人员的事,各业务部门也都有管的职责。安全生产"三管三必须",实现了安全生产的共治,每个岗位、每个人员都是一岗双责。

第三节 岗位作业人员权利、义务和法律责任

一、权利

(一)《安全生产法》中规定的从业人员的权利

《安全生产法》规定了各类从业人员必须享有的、有关安全生产和人身安全的最重要、

最基本的权利,这些基本的安全生产权利可以概括为以下5项。

1. 安全保障、工伤保险和民事赔偿的权利

第五十二条规定,生产经营单位与从业人员订立的劳动合同,应当载明有关保障从业人员劳动安全、防止职业危害的事项,以及依法为从业人员办理工伤保险的事项。生产经营单位不得以任何形式与从业人员订立协议,免除或者减轻其对从业人员因生产安全事故伤亡依法应承担的责任。

第五十一条规定,生产经营单位必须依法参加工伤保险,为从业人员缴纳保险费。

第五十六条规定,因生产安全事故受到损害的从业人员,除依法享有工伤保险外,依照有关民事法律享有获得赔偿的权利的,有权提出赔偿要求。

此外,第一百零六条规定,生产经营单位与从业人员订立协议,免除或者减轻其对从业人员因生产安全事故伤亡依法应承担的责任的,该协议无效。

2. 危险因素、防范措施和事故应急措施的权利

第五十三条规定,生产经营单位的从业人员有权了解其作业场所和工作岗位存在的危险因素、防范措施及事故应急措施,有权对本单位的安全生产工作提出建议。

生产经营单位的从业人员是各种危害因素的直接接触者,而且往往是生产安全事故的直接受害者,所以从业人员有权了解其作业场所和工作岗位存在的危险因素和事故应急措施,并且生产经营单位有义务向从业人员事前告知有关危害因素和事故应急措施,否则,生产经营单位就侵犯了从业人员的权利,并对由此产生的后果承担相应的法律责任。

3. 单位安全生产批评、检举和控告的权利

第五十四条规定,从业人员有权对本单位安全生产工作中存在的问题提出批评、检举、控告。

从业人员一般都是生产经营单位生产作业活动的基层操作者,他们对安全生产情况尤其是安全管理中存在的问题、现场隐患最了解、最熟悉,具有他人不可替代的作用。只有依靠他们并赋予其必要的安全生产监督权和自我保护权,才能做到预防为主、防患于未然,才能保障从业人员的人身安全和健康。

4. 拒绝违章指挥和强令冒险作业的权利

第五十四条规定,从业人员有权拒绝违章指挥和强令他人冒险作业。

一些事故的发生是因企业负责人或管理人员违章指挥或强令从业人员冒险作业造成的,所以法律赋予了从业人员拒绝违章指挥和强令冒险作业的权利,不仅是为了保护从业人员人身安全,也是为了警示生产经营单位负责人和管理人员必须照章指挥,保证安全,并且不得因从业人员拒绝违章指挥或强令冒险作业而对其打击报复。

5. 停止作业或紧急撤离的权利

第五十五条规定,从业人员发现直接危及人身安全的紧急情况时,有权停止作业或者在采取可能的应急措施后撤离作业场所。生产经营单位不得因从业人员在前款紧急情况下停止作业或者采取紧急撤离措施而降低其工资、福利等待遇或者解除与其订立的劳动合同。

由于生产活动中不可避免地存在自然或人为的危险因素,这些危险因素将会或可能会对从业人员造成人身伤害。例如，工程技术企业可能发生的井喷、着火爆炸、有毒有害气体泄漏、危化品泄漏、自然灾害等紧急情况并且无法避免时法律赋予从业人员享有停止作业和紧急撤离的权利。

从业人员在行使停止作业和紧急撤离权利时应注意：

一是危及从业人员人身安全的紧急情况必须有确实可靠的直接根据，凭借个人猜测或者误判而实际并不属于危及人身安全的紧急情况排除在外，该项权利不能被滥用。

二是紧急情况必须直接危及人身安全，间接危及人身安全的情况不应撤离，而应采取有效的应急抢险措施。

三是出现危及人身安全的紧急情况时，首先是停止作业，然后要采取可能的应急措施，应急措施无效时再撤离作业场所。

四是该项权利不适用于某些从事特殊职业的从业人员，比如飞行员、船舶驾驶员、车辆驾驶员等，根据有关法律、国际公约和职业惯例，在发生危及人身安全的紧急情况下，他们不能或者不能先行撤离从业场所或岗位。

（二）《中华人民共和国劳动法》中规定的从业人员的权利

第三条赋予了劳动者享有的8项权利：一是平等就业和选择职业的权利；二是取得劳动报酬的权利；三是休息休假的权利；四是获得劳动安全卫生保护的权利；五是接受职业技能培训的权利；六是享受社会保险和福利的权利；七是提请劳动争议处理的权利；八是法律规定的其他劳动权利。

（三）《中华人民共和国职业病防治法》中规定的从业人员的权利

第三十九条规定，劳动者享有以下权利：

(1) 获得职业卫生教育、培训。

(2) 获得职业健康检查、职业病诊疗、康复等职业病防治服务。

(3) 了解工作场所产生或可能产生的职业病危害因素、危害后果和应当采取的职业病防护措施。

(4) 要求用人单位提供符合防治职业病要求的职业病防护设施和个人使用的职业病防护用品，改善工作条件。

(5) 对违反职业病防治法律、法规以及危及生命健康的行为提出批评、检举和控告。

(6) 拒绝违章指挥和强令进行没有职业病防护措施的作业。

(7) 参与用人单位职业卫生工作的民主管理，对职业病防治工作提出意见和建议。

用人单位应当保障劳动者行使前款所列权利。因劳动者依法行使正当权利而降低其工资、福利等待遇或解除、终止与其签订的劳动合同的，其行为无效。

（四）《工伤保险条例》中规定的从业人员的权利及待遇

1. 工伤认定

第十四条规定，职工有下列情形之一的，应当认定为工伤：

(1) 在工作时间和工作场所内，因工作原因受到事故伤害的。

(2) 工作时间前后在工作场所内，从事与工作有关的预备性或者收尾性工作受到事故伤害的。

(3) 在工作时间和工作场所内，因履行工作职责受到暴力等意外伤害的。

(4) 患职业病的。

(5) 因工外出期间，由于工作原因受到伤害或者发生事故下落不明的。

(6) 在上、下班途中，受到非本人主要责任的交通事故或者城市轨道交通、客运轮渡、火车事故伤害的。

(7) 法律、行政法规规定应当认定为工伤的其他情形。

另外，根据第十五条规定，职工有下列情形之一的视同工伤：

(1) 在工作时间和工作岗位，突发疾病死亡或者在48小时之内经抢救无效死亡的。

(2) 在抢险救灾等维护国家利益、公共利益活动中受到伤害的。

(3) 职工原在军队服役，因战、因公负伤致残，已取得革命伤残军人证，到用人单位后旧伤复发的。

职工有前款第（1）项、第（2）项情形的，按照本条例的有关规定享受工伤保险待遇；职工有前款第（3）项情形的，按照本条例的有关规定享受除一次性伤残补助金以外的工伤保险待遇。

第十六条规定，职工符合本条例第十四条、第十五条的规定，但是有下列情形之一的，不得认定为工伤或者视同工伤：

(1) 故意犯罪的。

(2) 醉酒或者吸毒的。

(3) 自残或者自杀的。

2. 权利

享有工伤保险权利的主体只限于本企业的职工或者雇工，其他人不能享有这项权利。如果在企业发生生产安全事故时对职工或者雇工以及其他人员造成伤害，只有本企业的职工或者雇工可以得到工伤保险补偿，而受到伤害的其他人员则不能享受这项权利。所以工伤保险补偿权利的权利主体是特定的。

用人单位未按规定提出工伤认定申请的，工伤职工或者其近亲属、工会组织在事故伤害发生之日或者被诊断、鉴定为职业病之日起1年内，可以直接向用人单位所在地统筹地区社会保险行政部门提出工伤认定申请。

3. 待遇

职工因工作遭受事故伤害或者患职业病进行治疗，享受工伤医疗待遇。

职工治疗工伤应当在签订服务协议的医疗机构就医，情况紧急时可以先到就近的医疗机构急救。治疗工伤所需费用符合工伤保险诊疗项目目录、工伤保险药品目录、工伤保险住院服务标准的，从工伤保险基金支付。

职工住院治疗工伤的伙食补助费，以及经医疗机构出具证明，报经办机构同意，工伤职工到统筹地区以外就医所需的交通、食宿费用从工伤保险基金支付，基金支付的具体标准由统筹地区人民政府规定。

工伤职工治疗非工伤引发的疾病，不享受工伤医疗待遇，按照基本医疗保险办法处理。

工伤职工到签订服务协议的医疗机构进行工伤康复的费用，符合规定的，从工伤保险基金支付。

职工因工作遭受事故伤害或者患职业病需要暂停工作接受工伤医疗的，在停工留薪期内，原工资福利待遇不变，由所在单位按月支付。停工留薪期一般不超过12个月。伤情严重或者情况特殊，经设区的市级劳动能力鉴定委员会确认，可以适当延长，但延长不得超过12个月。工伤职工评定伤残等级后，停发原待遇，按照本章的有关规定享受伤残待遇。工伤职工在停工留薪期满后仍需治疗的，继续享受工伤医疗待遇。

职工因工致残被鉴定为一级至四级伤残的，保留劳动关系，退出工作岗位，享受以下待遇：

（1）从工伤保险基金按伤残等级支付一次性伤残补助金，标准为：一级伤残为27个月的本人工资，二级伤残为25个月的本人工资，三级伤残为23个月的本人工资，四级伤残为21个月的本人工资。

（2）从工伤保险基金按月支付伤残津贴，标准为：一级伤残为本人工资的90%，二级伤残为本人工资的85%，三级伤残为本人工资的80%，四级伤残为本人工资的75%。伤残津贴实际金额低于当地最低工资标准的，由工伤保险基金补足差额。

（3）工伤职工达到退休年龄并办理退休手续后，停发伤残津贴，按照国家有关规定享受基本养老保险待遇。基本养老保险待遇低于伤残津贴的，由工伤保险基金补足差额。

职工因工致残被鉴定为一级至四级伤残的，由用人单位和职工个人以伤残津贴为基数，缴纳基本医疗保险费。

职工因工致残被鉴定为五级、六级伤残的，享受以下待遇：

（1）从工伤保险基金按伤残等级支付一次性伤残补助金，标准为：五级伤残为18个月的本人工资，六级伤残为16个月的本人工资。

（2）保留与用人单位的劳动关系，由用人单位安排适当工作。难以安排工作的，由用人单位按月发给伤残津贴，标准为：五级伤残为本人工资的70%，六级伤残为本人工资的60%，并由用人单位按照规定为其缴纳应缴纳的各项社会保险费。伤残津贴实际金额低于当地最低工资标准的，由用人单位补足差额。

经工伤职工本人提出，该职工可以与用人单位解除或者终止劳动关系，由工伤保险基金支付一次性工伤医疗补助金，由用人单位支付一次性伤残就业补助金。一次性工伤医疗补助金和一次性伤残就业补助金的具体标准由省、自治区、直辖市人民政府规定。

职工因工致残被鉴定为七级至十级伤残的，享受以下待遇：

（1）从工伤保险基金按伤残等级支付一次性伤残补助金，标准为：七级伤残为13个月的本人工资，八级伤残为11个月的本人工资，九级伤残为9个月的本人工资，十级伤残为7个月的本人工资。

（2）劳动、聘用合同期满终止，或者职工本人提出解除劳动、聘用合同的，由工伤保险基金支付一次性工伤医疗补助金，由用人单位支付一次性伤残就业补助金。一次性工伤医疗补助金和一次性伤残就业补助金的具体标准由省、自治区、直辖市人民政府规定。

生活不能自理的工伤职工在停工留薪期需要护理的，由所在单位负责。

职工再次发生工伤，根据规定应当享受伤残津贴的，按照新认定的伤残等级享受伤残津贴待遇。

二、义务

（一）《安全生产法》中规定的从业人员的义务

《安全生产法》不仅赋予了从业人员安全生产权利，也规定了相应的法定义务。作为法律关系内容的权利与义务是对等的。从业人员在依法享有权利的同时也必须承担相应的法律责任。

1. 守规，服从管理的义务

第五十七条规定，从业人员在作业过程中，应当严格遵守本单位的安全生产规章制度和操作规程，服从管理，正确佩戴和使用劳动防护用品。并且生产经营单位必须依法制定本单位安全生产规章制度和操作规程，从业人员必须严格依照安全生产规章制度和操作规程进行作业，从业人员遵守规章制度和操作规程实际上就是依法进行安全生产。事实表明，从业人员违反规章制度和操作规程，是导致事故发生的主要原因，生产经营单位负责人和管理人员有权对从业人员遵章守规情况进行监督检查，从业人员对安全生产管理措施必须接受并服从管理。依照法律规定，从业人员如不服从管理，违反安全生产规章制度和操作规程，生产经营单位有权给予批评教育或依照相关制度进行处罚、处分，造成重大事故，构成犯罪的，依照刑法有关规定追究其刑事责任。

2. 佩戴和使用劳动防护用品的义务

生产经营单位必须为从业人员提供必要的、安全的劳动防护用品以避免或减轻作业和事故中的人身伤害，并且从业人员必须正确佩戴和使用劳动防护用品。例如，所有人员进入井场必须佩戴安全帽，从事高处作业的人员必须佩戴安全带和防坠器等。另外，有的作业人员虽然佩戴和使用了劳动防护用品，但由于不会或者没有正确使用而发生人身伤害的案例也很多。因此，正确佩戴和使用劳动防护用品是从业人员必须履行的法定义务。

3. 接受安全培训，掌握安全生产技能的义务

第五十八条规定，从业人员应当接受安全生产教育和培训，掌握本职工作所需的安全生产知识，提高安全生产技能，增强事故预防和应急处理能力。不同行业、不同生产经营单位、不同工作岗位和不同的设备设施有着不同的安全技术特性和要求，而且在石油工程技术服务领域随着工程技术水平的日益发展，更多的高新安全技术装备被大量使用，从业人员安全意识和安全技能的高低直接关系到生产经营活动的安全可靠性。所以规定从业人员（包括新招、转岗人员）必须接受安全培训，要具备岗位所需要的安全知识和技能以及对突发事故的预防和处置能力。另外，第三十条规定，特种作业人员上岗前必须按照国家有关规定经专门的安全作业培训，取得相应资格，方可上岗作业。

4. 事故隐患或者其他不安全因素及时报告的义务

第五十九条规定，从业人员发现事故隐患或者其他不安全因素，应当立即向现场安全生产管理人员或者本单位负责人报告；接到报告的人员应当及时予以处理。从业人员是生产经营活动的直接参与者，是事故隐患和不安全因素的第一当事人。许多事故就是由于从业人员在作业现场发现事故隐患或不安全因素后没有及时报告，延误了采取措施进行紧急

处理的时机而导致。如果从业人员尽职尽责，及时发现并报告事故隐患和不安全因素，并及时有效地处理，完全可以避免事故发生和降低事故损失。发现事故隐患并及时报告是贯彻"预防为主"的方针，是加强事前防范的重要措施，所以《安全生产法》规定从业人员有发现事故隐患并及时上报的义务。

（二）《中华人民共和国劳动法》中规定的从业人员的义务

第三条设定了劳动者需要履行的4项义务：一是劳动者应当完成劳动的任务；二是劳动者应当提高职业技能；三是劳动者应当执行劳动安全卫生规程；四是劳动者应当遵守劳动纪律和职业道德。

（三）《中华人民共和国职业病防治法》中规定的从业人员的义务

第三十四条规定，劳动者应履行以下义务：

劳动者应当学习和掌握相关的职业卫生知识，增强职业病防范意识，遵守职业病防治法律、法规、规章和操作规程，正确使用、维护职业病防护设备和个人使用的职业病防护用品，发现职业病危害事故隐患应当及时报告。

劳动者不履行前款规定义务的，用人单位应当对其进行教育。

三、法律责任

（一）《安全生产法》中规定的从业人员的法律责任

1. 生产法律责任形式

追究安全生产违法行为的法律责任有3种形式：行政责任、民事责任和刑事责任。

2. 人员的安全生产违法行为

追究法律责任的生产经营单位有关人员和安全生产违法行为有下列7种：

（1）生产经营单位的决策机构、主要负责人，个人经营的投资人不依照本法规定保证安全生产所必需的资金投入，致使生产经营单位不具备安全生产条件的。

（2）生产经营单位的主要负责人未履行本法规定的安全生产管理职责的。

（3）生产经营单位与从业人员签订协议，免除或减轻其对从业人员因生产安全事故伤亡依法应承担的责任的。

（4）生产经营单位主要负责人在本单位发生重大生产安全事故时不立即组织抢救或者在事故调查处理期间擅离职守或者逃匿的。

（5）生产经营单位主要负责人对生产安全事故隐瞒不报、谎报或者迟报的。

（6）生产经营单位的从业人员不服从管理，违反安全生产规章制度或操作规程的。

（7）安全生产事故的责任人未依法承担赔偿责任，经人民法院依法采取执行措施后，仍不能对受害者给予足额赔偿的。

产生上述安全生产违法行为设定的法律责任分别是降职、撤职、罚款、拘留的行政处罚，构成犯罪的，依法追究刑事责任。

（二）《中华人民共和国劳动法》中规定的从业人员的法律责任

用人单位违反此法规定，情节严重的，由劳动行政部门给予警告，责令改正，并可以处以罚款；情节严重的，依法追究其刑事责任。

(三)《工伤保险条例》中规定的从业人员的法律责任

单位或者个人违反本条例规定挪用工伤保险基金，构成犯罪的，依法追究刑事责任；尚不构成犯罪的，依法给予处分或者纪律处分。被挪用的基金由社会保险行政部门追回，并入工伤保险基金；没收的违法所得依法上缴国库。

用人单位、工伤职工或者其近亲属骗取工伤保险待遇，医疗机构、辅助器具配置机构骗取工伤保险基金支出的，由社会保险行政部门责令退还，处骗取金额 2 倍以上 5 倍以下的罚款；情节严重，构成犯罪的，依法追究刑事责任。

(四)《中华人民共和国刑法》中涉及安全生产的罪责

1. 重大责任事故罪

第一百三十四条第一款规定，在生产、作业中违反有关安全管理的规定，因而发生重大伤亡事故或者造成其他严重后果的，处三年以下有期徒刑或者拘役；情节特别恶劣的，处三年以上七年以下有期徒刑。

其中，"违反有关安全管理规定"是指违反有关生产安全的法律、法规、规章制度。具体包括以下三种情形：

(1) 国家颁布的各种有关安全生产的法律、法规等规范性文件。

(2) 企业、事业单位及其上级管理机关制定的反映安全生产客观规律的各种规章制度，包括工艺技术、生产操作、技术监督、劳动保护、安全管理等方面的规程、规则、章程、条例、办法和制度。

(3) 虽无明文规定，但反映生产、科研、设计、施工的安全操作客观规律和要求，在实践中为职工所公认的行之有效的操作习惯和惯例等。

2. 危险作业罪

第一百三十四条之一规定，在生产、作业中违反有关安全管理的规定，有下列情形之一，具有发生重大伤亡事故或者其他严重后果的现实危险的，处一年以下有期徒刑、拘役或者管制：

(1) 关闭、破坏直接关系生产安全的监控、报警、防护、救生设备设施，或者篡改、隐瞒、销毁其相关数据、信息的；

(2) 因存在重大事故隐患被依法责令停产停业、停止施工、停止使用有关设备设施、场所或者立即采取排除危险的整改措施，而拒不执行的；

(3) 涉及安全生产的事项未经依法批准或者许可，擅自从事矿山开采、金属冶炼、建筑施工，以及危险物品生产、经营、储存等高度危险的生产作业活动的。

过去常见的"关闭""破坏""篡改""隐瞒""销毁"以及"拒不执行""擅自"活动等违法行为，将不再只是行政处罚，或将被追究刑事责任。

3. 强令、组织他人违章冒险作业罪

第一百三十四条第二款规定，强令他人违章冒险作业，或者明知存在重大事故隐患而不排除，仍冒险组织作业，因而发生重大伤亡事故或者造成其他严重后果的，处五年以下有期徒刑或者拘役；情节特别恶劣的，处五年以上有期徒刑。

企业、工厂、矿山等单位的领导者、指挥者、调度者等在明知确实存在危险或者已经违章，工人的人身安全和国家、企业的财产安全没有保证，继续生产会发生严重后果的情况下，仍然不顾相关法律规定，以解雇、减薪以及其他威胁，强行命令或者胁迫下属进行作业，造成重大伤亡事故或者严重财产损失按上述条款处理。

4. 重大劳动安全事故罪

第一百三十五条第一款规定，安全生产设施或者安全生产条件不符合国家规定，因而发生重大伤亡事故或者造成其他严重后果的，对直接负责的主管人员和其他直接责任人员，处三年以下有期徒刑或者拘役；情节特别恶劣的，处三年以上七年以下有期徒刑。

其中，"安全生产设施或者安全生产条件不符合国家规定"是指工厂、矿山、林场、建筑企业或者其他企业、事业单位的劳动安全设施不符合国家规定。

5. 不报或者谎报事故罪

第一百三十九条第二款规定，在安全事故发生后，负有报告职责的人员不报或者谎报事故情况，贻误事故抢救，情节严重的，处三年以下有期徒刑或者拘役；情节特别严重的，处三年以上七年以下有期徒刑。

其中，"负有报告职责的人员"主要指生产经营单位的负责人、实际控制人、负责生产经营管理的投资人以及其他负有报告职责的人员。

6. 危险物品肇事罪

第一百三十六条规定，违反爆炸性、易燃性、放射性、毒害性、腐蚀性物品的管理规定，在生产、储存、运输、使用中发生重大事故，造成严重后果的，处三年以下有期徒刑或者拘役；后果特别严重的，处三年以上七年以下有期徒刑。

构成本罪要求能够引起重大事故的发生，即致人重伤、死亡或使公私财产遭受重大损失。如果行为人在生产、储存、运输、使用危险物品过程中，违反危险物品管理规定，未造成任何后果，或者造成的后果不严重的，则不构成本罪。

7. 过失损坏易燃易爆设备罪

第一百一十九条规定，破坏交通工具、交通设施、电力设备、燃气设备、易燃易爆设备，造成严重后果的，处十年以上有期徒刑、无期徒刑或者死刑。

犯过失损坏易燃易爆设备罪的，处三年以上七年以下有期徒刑；情节较轻的，处三年以下有期徒刑或者拘役。

其中，燃气设备是指生产、储存、输送诸如煤气、液化气、天然气等燃气的各种机器或设施，包括制造系统的燃气发生装置（如输送管道）以及储存设备（储气罐）等。其他易燃易爆设备，是指除电力、燃气设备以外的其他用于生产、储存和输送易燃易爆物质的设备，如石油输送管道、液化石油罐等。

第四节　安全生产事故致因理论

100多年来，前人站在不同的角度，对事故发生的规律进行了研究，提出了很多事故致因理论。这些理论受到提出者所在时代的影响，均具有一定的历史局限性。在机械化程度较低的时代，人们认为事故的发生主要原因是人的因素，而随着机械化程度的提高，物的因素逐渐被认为是更重要的原因，进而发展出了本质安全理论。同时，随着现代管理学的发展，研究者发现人的不安全行为和物的不安全状态只是管理失误的表象，管理失误才是导致事故发生的根本原因。因此，应以发展的眼光看待事故致因理论，结合所处环境，确定预防事故的具体措施。

一、事故频发倾向理论

1919年，英国的格林伍德和伍兹通过对事故发生次数进行统计检验发现，大部分事故是由少数工人造成的，不同的人事故发生率可能不同，某些人较其他人更容易发生事故。1939年，法默和查姆勃通过实践调查，明确提出了事故频发倾向的概念，指出事故频发倾向者的存在是工业事故发生的主要原因。事故频发倾向理论开辟了事故致因理论的先河，是对事故致因的初步探索，但由于其时代局限性，片面强调人的先天因素和后天培养因素，忽视了物的不安全状态、安全生产管理对事故致因的影响，也缺乏对本质安全的理解。

二、海因里希事故因果连锁理论（多米诺骨牌理论）

1931年，美国安全工程师海因里希提出事故因果连锁理论，认为事故的发生是一连串事件按照一定顺序，互为因果依次发生的结果，主要包括五种因素，即遗传及社会环境—人的缺点—人的不安全行为或物的不安全状态—事故—伤害。这种事故因果连锁关系，可以用5块多米诺骨牌来形象地加以描述，如果第一块骨牌倒下（即第一个原因出现），则发生连锁反应，后面的骨牌就会相继被碰倒（相继发生），如图1-1所示。例如，先天遗传因素或不良社会环境诱发人的缺点，进而导致人的不安全行为或物的不安全状态，引发事故，造成伤害。

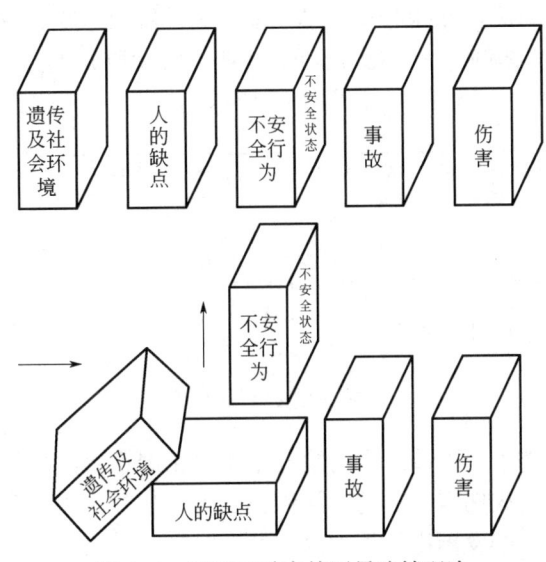

图1-1 海因里希事故因果连锁理论

海因里希在事故致因理论研究中首次提出了物的因素对事故的影响，将事故发生的直接原因归结于人的不安全行为和物的不安全状态两个方面，首次应用"事件链"的逻辑关系解释事故致因，具有一定进步性，但未认识到管理原因才是导致事故发生的根本原因。

三、海因里希法则

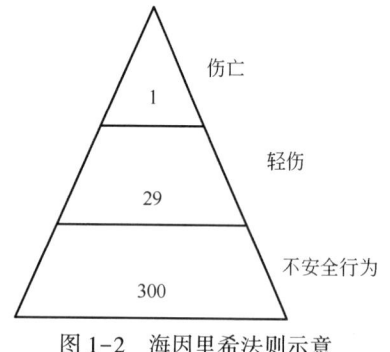

图 1-2 海因里希法则示意

1941年，海因里希经过数据统计分析，把事故后果分为严重伤害、轻微伤害和无伤害事件，发现三者之间存在一定的比值，为 1∶29∶300，如图 1-2 所示。也就是说，1 起死亡或重伤的严重伤害事件背后，就会有 29 起轻微伤害事件，29 起轻微伤害事件背后，就会有 300 起无伤害事件，而这 300 起无伤害事件和 29 起轻微伤害事件，就是发生这 1 起重伤或者死亡事件的先兆。

海因里希法则说明了事故中严重伤害、轻微伤害和无伤害事件的比例关系，认识到"事故发生之前都有先兆"，强调从无伤害事件着手查找导致事故的原因，从而避免伤害事故的发生，为后期的安全管理发展奠定了基础。

四、能量意外释放理论

1961年，吉布森提出事故是一种不正常的或不希望的能量释放，应该通过控制能量，或控制能量载体来预防伤害事故。1966 年，在吉布森研究的基础上，美国运输部安全局局长哈登完善了能量意外释放理论，认为"人受伤害的原因只能是某种能量的转移"，在一定条件下某种形式的能量能否产生伤害，甚至造成人员伤亡事故，取决于能量大小、接触能量时间长短、频率以及力的集中程度。基于能量意外释放理论，预防伤害事故的发生可以采用屏蔽防护系统加以控制，从而防止能量（或危险物质）的意外释放，或降低作用于人体的能量（或危险物质）当量值，如图 1-3 所示。

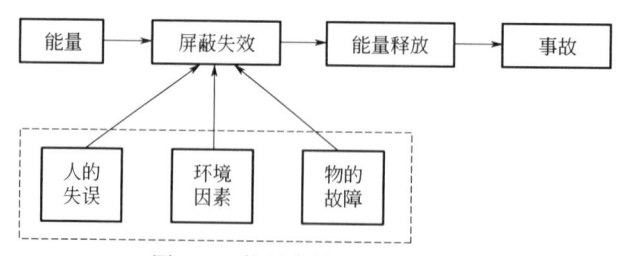

图 1-3 能量意外释放理论示意

能量意外释放理论揭示了事故发生的物理本质，拓展了事故致因理论的适用范围，明确了各种形式的能量是构成伤害事故的直接原因，为危险源辨识、风险评价、制定风险防控措施以及本质安全理论的发展提供了理论依据。

五、轨迹交叉理论

20世纪80年代，约翰逊和斯奇巴提出轨迹交叉理论，认为伤害事故是许多相互联系的事件顺序发展的结果。当人的不安全行为和物的不安全状态在各自发展过程中（轨迹）在一定时间、空间发生接触（交叉），伤害事故就会发生，并且物的不安全状态对事故发生作用更大些。在多数情况下，由于企业管理不善，使工人缺乏教育和训练或者机械设备缺乏维护检修以及安全装置不完备，导致了人的不安全行为或物的不安全状态。

轨迹交叉理论将事故的发生发展过程描述为：基本原因—间接原因—直接原因—事故—伤害。从事故发展运动的角度，这样的过程被形容为事故致因因素导致事故的运动轨迹，具体包括人的因素运动轨迹和物的因素运动轨迹，见表1-2。

表1-2　轨迹交叉理论

人的因素运动轨迹	物的因素运动轨迹
人的不安全行为基于生理、心理、环境、行为等方面而产生	在生产过程各阶段都可能产生不安全状态
（1）生理、先天身心缺陷； （2）社会环境、企业管理上的缺陷； （3）后天的心理缺陷； （4）视、听、嗅、味、触等感官能量分配上的差异； （5）行为失误	（1）设计上的缺陷，如用材不当、强度计算错误、结构完整性差、采矿方法不适应矿床围岩性质等； （2）制造、工艺流程上的缺陷； （3）维修保养上的缺陷，降低了可靠性； （4）使用上的缺陷； （5）作业场所环境上的缺陷

在生产过程中，人的因素运动轨迹和物的因素运动轨迹按（1）→（2）→（3）→（4）→（5）的方向顺序进行，人、物两轨迹相交的时间与地点，就是发生伤亡事故的"时空"，也就导致了事故的发生。

轨迹交叉理论强调了事故发生的偶然性和不确定性，并且提出人的不安全行为和物的不安全状态受到企业管理因素的影响，是事故致因理论发展的又一大进步。

第五节　危险源辨识与风险评估

一、基本概念

（一）危险源（危害因素）

GB/T 45001—2020《职业健康安全管理体系　要求及使用指南》中危险源（危害因素）的定义为：可能导致伤害和健康损害的来源。

危险源的实质是具有危险的源点，是爆发事故的源头，是能量、危险物质集中的核心。危险源一方面包括可能导致伤害或危险状态的来源，例如动能（旋转的砂轮机）、势能（高处的吊卡）、电势能（带电体）等；另一方面包括可能因暴露而导致伤害和健康损害的环境，例如噪声，存在棱角、尖刺等部位的场所。

（二）风险

GB/T 45001—2020 中风险的定义为：不确定性的影响。

对于定义中提到的"影响"，是指对预期的偏离，这种偏离是正面的或负面的；"不确定性"是指对事件及其后果或可能性缺乏或部分缺乏相关信息、理解或知识的状态。

通常，风险以潜在"事件"和"后果"或两者的组合来描述其特性。因此，危险源是风险的载体，风险是危险源的属性，没有危险源，风险无从谈起。具体来说，风险的大小和某一特定危害事件发生的可能性，人员暴露危险环境中的频次，以及随之引发的人身伤害或健康损害、损坏或其他损失的严重性有关。因此我们要采取一定的措施手段，将风险降低到可接受程度。

（三）职业健康安全风险

GB/T 45001—2020 中职业健康安全风险的定义为：与工作相关的危险事件或暴露发生的可能性与由危险事件或暴露而导致的伤害和健康损害的严重性的组合。

（四）事故隐患

原国家安全生产监督管理总局令第 16 号《安全生产事故隐患排查治理暂行规定》中安全生产事故隐患（以下简称事故隐患）的定义为：生产经营单位违反安全生产法律、法规、规章、标准、规程和安全生产管理制度的规定，或者因其他因素在生产经营活动中存在可能导致事故发生的物的危险状态、人的不安全行为和管理上的缺陷。

（五）事件

GB/T 45001—2020 中事件的定义为：由工作引起的或在工作过程中发生的可能或已经导致伤害和健康损害的情况。

发生伤害和健康损害的事件有时被称为"事故"。

未发生但有可能发生伤害和健康损害的事件在英文中称为 near-miss、near-hit 或 close call，在中文中也可称为未遂事件、未遂事故或事故隐患等。

二、危险源辨识

Q/SY 08805—2021《安全风险分级防控和隐患排查治理双重预防机制建设导则》中危险源（危害因素）辨识的定义为：识别健康、安全与环境危险源（危害因素）的存在并确定其特性的过程。

危险源辨识是风险管理的基础和前提，危险源辨识应涵盖所有作业区域、所有设备设施、所有作业活动。

通常会通过检视生产作业区域所处地理环境、周边自然条件、场内功能区划分、设施布局、作业环境等相对固定的区域和作业活动来辨识存在危险源，并对现场观察出的问题做好记录，规范整理后填写相应的危险源辨识清单。这种做法称为现场观察法，也是现场最常用的一种正向辨识危险源的方法，见表 1-3。

第一章 安全生产基础知识

表 1-3 设备设施危险源表

序号	设备设施名称	基本单元	具体部位	危险源描述	可能导致的事故（后果）	控制措施	控制层级
1	钻井泵	空气包	五通连接	空气包壳体与钻井泵排出五通连接螺栓松动、缺失，造成高压钻井液刺漏、空气包脱落	物体打击		
			压盖	空气包压紧螺栓松动、断裂，造成高压钻井液刺漏、压盖飞出	物体打击 其他伤害		
			胶囊	空气包胶囊刺破，造成输出压力不平稳，导致高压系统松动、刺漏	其他伤害		
			……				
		液力端					
		……					
2	……						

表 1-3 中的保存部门为设备主管部门、HSE 主管部门、基层队。保存期为长期。

除此之外，还需要根据以往的经验教训、重温以前的事故报告或事故隐患报告以及参考安全检查中发现的问题等反向逆推，辨识出存在的危险源。

三、风险评估

风险评估有助于人们对事故事件发生的可能性和后果的严重性有更充分的理解。可以提供确定风险应对策略的优先顺序，以及选择最适合的风险应对策略，将风险的不利影响控制在可以接受的水平。

现场常用的风险评估方法有作业条件危险分析法（LEC）、安全检查表等。

作业条件危险分析法是针对在具有潜在危险性环境中的作业，用与风险有关的三种因素之积来评价操作人员伤亡风险大小的一种风险评估方法。

风险(D) = 事故发生的可能性(L) × 人体暴露于危险环境中的频繁程度(E) × 事故发生的严重性(C)

经计算后，如果 D 值大，说明系统危险性大，需要改变发生事故的可能性（L），或减小人体暴露于危险环境中的频繁程度（E），或减轻事故损失（C），直至调整到允许范围。例如某钻探企业对不同条件和分值标准进行设定的表格，见表 1-4。

表 1-4 作业条件危险分析法

事故发生的可能性（L）		人员暴露于危险环境中的频繁程度（E）		发生事故后可能造成后果的严重性（C）	
可能性	分值	频繁程度	分值	可能后果	分值
在装置生命周期内经常发生（1次/周）	10	连续暴露	10	一次死亡3人以上，或者10人以上重伤；或一次造成直接经济损失人民币1000万元以上	100

事故发生的可能性（L）		人员暴露于危险环境中的频繁程度（E）		发生事故后可能造成后果的严重性（C）	
可能性	分值	频繁程度	分值	可能后果	分值
相当可能（1次/6个月）	6	每天工作时间内暴露	6	一次死亡3人以下，或者3人以上10人以下重伤，或者10人以上轻伤；或一次造成直接经济损失人民币为100万~1000万元	40
集团公司内有过先例（1次/3年）	3	每周一次暴露	3	造成3人以下重伤，或者3人以上10人以下轻伤；或一次造成直接经济损失人民币为10万~100万元	16
国内同行业有过先例（1次/10年）	1	每月一次暴露	2	造成3人以下轻伤；或一次造成直接经济损失人民币为1万~10万元	7
在国内行业内没有先例（生涯里只发生一次）（1次/20年）	0.5	每年几次暴露	1	皮外伤，短时间身体不适；或一次造成直接经济损失人民币为500~1万元	4
极不可能（>20年，一生只发生一次，只是理论上的事件）	0.2	非常罕见的暴露（<1次/年）	0.5	急救箱事件	1
实际不可能	0.1				

安全检查表是对照有关标准、法规或依靠分析人员的观察能力，借助其经验和判断能力，直观地对评价对象的危害因素进行分析，是现场进行风险评估的常用方法。例如，某70D钻机司钻岗位巡回检查表样式见表1-5。

表1-5 司钻岗位巡回检查表样式

检查频次要求	接班前及特殊作业前按照本表内容进行一次检查	
巡回检查路线	值班房(定向、录井房)→死绳固定器→立管压力表→钻井参数仪→辅助刹车→大绳→滚筒高、低速离合器→刹车系统→防碰天车→司钻井控操作台→液压猫头→司控房(司钻操作箱)→值班房	
序号		检查内容
1	值班房（定向、录井房）	各种报表填写及时、清洁、齐全、准确、规范，并签字确认
		了解钻进各种参数，地质提示相关要求
2	死绳固定器	死绳固定器固定螺栓紧固；锁紧螺母齐全；防滑短节3个绳卡牢固，间距100~150mm；防滑绳头与压板间距不大于100mm，防滑标记清晰。压力传感器、传压管线连接牢固、无渗漏。绞车滚筒上的活绳头固定牢靠
3	立管压力表	表盘清洁，指示灵敏、准确
4	……	……

第六节　常用安全管理工具及方法

一、工作前安全分析

（一）工作前安全分析的概念

工作前安全分析是指事先或定期对某项工作任务进行风险评估，并根据评价结果制定和实施相应的控制措施，达到最大限度消除或控制风险的方法。

（二）工作前安全分析的作用

工作前安全分析的作用就是让参加作业的所有人员共同识别危险源，共同研究制定风险的预防、控制与应急措施。同时，分析的过程也是大家主动参与的过程、互相提示的过程、作业前培训教育的过程。通过大家对危险源辨识的参与，让大家带着任务、带着措施去施工，最大限度地减少工作的盲目性、不安全性，从而避免事故的发生。

（三）工作前安全分析管理流程及做法

工作前安全分析通常分为6个步骤：

（1）识别工作任务：就是明确要干什么，以前干过没有？都是哪些人干，有没有承包商参与，在什么时间、什么地点干，干活时用到哪些工具、设备等。

（2）划分作业步骤：按工作顺序把一项作业分成几个步骤，每一个步骤要具体而明确。步骤不可过细或过粗，过细造成繁琐费时，过粗造成风险遗漏。例如：安装防喷器步骤划分为：①连接专用绳套及索具；②吊防喷器；③坐防喷器；④紧固螺栓；⑤装辅助设施。

（3）识别每个步骤中的危害：以前发生过事故或出过险情中应吸取的教训，该步骤涉及的工具和设备存在的危害和隐患，与作业过程相关的人员（员工及承包商）带来的危害等。

（4）评估每一危害的风险：对可能造成人员伤害、环境污染、财产损失的危害进行评估，确定主要风险。

（5）研究制定风险防范措施：针对评估确定出的每个风险，制定并采取相应措施，如吊装作业，要选择与被吊物匹配的吊索具、人员远离吊装物、使用牵引绳、专人指挥等；检维修作业，要拉闸断电、上锁挂牌等。

（6）沟通与审批：针对分析的结果，在全体作业人员中进行风险沟通，进行培训和指导；同时，针对大家反馈的意见，对有关措施进行补充和完善，属于作业许可的项目，要按作业许可要求办理审批。

（四）工作前安全分析的注意事项

（1）工作前安全分析是基层抓好现场安全管理和控制事故的有效手段，是防控作业风险的科学方法，因此，基层干部要高度重视。

（2）对于经常性从事的作业项目，不要嫌麻烦，要将工作前安全分析的过程当成一次很好的再培训、再教育的过程，尤其对于较为危险的作业，以及重点环节和人员、环境发生变化时，更要认真开展。

（3）工作前安全分析要鼓励每一个员工积极参与，但由于员工素质和经验的不同，可能识别的风险和提出的措施不一定很充分，因此，对于员工而言，参与工作前安全分析就是进步，就值得鼓励和支持。

（4）工作前安全分析必须在作业开始前完成，当施工过程中环境、人员、设备等情况发生较大变化时，应重新进行识别分析。

二、作业许可管理

（一）作业许可管理的概念

作业许可管理是指在从事特殊作业及非常规作业前，为保证作业安全，必须取得授权许可方可实施作业的一种管理制度。

（二）作业许可管理的作用

识别、分析与控制非常规作业过程中的危险，计划和协调本区域与邻近区域的作业，减少事故的发生并有助于养成按标准作业的良好行为习惯。

（三）作业许可管理流程

作业许可管理流程通常分为4部分：

（1）作业申请：作业负责人组织相关人员开展工作前安全分析，识别作业过程中存在的危险源，制定并落实风险防范措施，与所有作业人员和相关方沟通有关情况，在确认工作可以安全进行后，填写作业许可申请表，办理申请。

（2）作业批准：审批人对作业人员制定的措施进行书面审查和现场核查。当审批人不能到现场核查时，必须指定专人到现场核查，并及时、如实汇报，确认无误后方可审批。

① 书面审查的内容包括：

a. 审查作业的内容与分配的任务是否一致。

b. 审查作业所需的相关文件和规范是否齐全有效。

c. 审查作业采取的安全措施、应急措施是否合理。

d. 审查许可证期限。

e. 其他要审核的内容。

② 现场核查的内容包括：

a. 与作业有关的设备、工具、材料。

b. 现场作业人员资质及能力情况。

c. 系统隔离、置换、吹扫、检测。

d. 个人防护用品。

e. 安全消防设施、应急措施。

f. 人员培训、沟通等。

审批人经过书面审查和现场核查，确认满足要求后方可签署作业许可证。书面审查或现场核查未通过，对查出的问题应记录在案，整改措施未得到验证前，不允许签发作业许可证。

（3）作业实施：为保证风险防范措施得到落实，审批人应亲自或委派他人对作业过程进行监督。监督人员监督的内容包括：

① 过程中措施的落实与执行情况。
② 过程中作业人员的变化。
③ 过程中出现的新情况。
④ 过程中未识别出的危险。
⑤ 如果作业过程中出现新的危险，气候条件、作业环境、设备设施、施工人员发生较大变化或发生事故，应首先停止作业任务，要求作业负责人立即审查已做完的工作前安全分析。如需继续作业，应重新办理作业许可。

（4）作业关闭：作业完成后，申请人与批准人或其授权人在现场验收合格，双方签字后方可关闭作业许可证。验收确认的内容包括：

① 现场没有遗留任何安全隐患；
② 现场已恢复到正常状态；
③ 工作任务验收合格。

（5）作业许可注意事项：

① 办理作业许可证前必须进行工作前安全分析。
② 所有作业许可审批人必须到现场进行一一核查。
③ 作业许可项目必须安排专人进行监督。
④ 作业完毕后，要执行关闭程序，恢复现场，确认清除隐患。

三、安全经验分享

（一）安全经验分享的概念

安全经验分享就是将本人亲身经历或看到、听到的有关健康、安全、环境的经验做法或事故、事件、不安全行为、不安全状态等教训总结出来，通过介绍和讲解，在一定范围内使事故教训得到分享，引以为戒，典型经验得到推广的一项活动。

（二）安全经验分享的作用

通过长期坚持开展安全经验分享，能启发员工互相借鉴经验教训，并激发全员积极参与职业安全健康管理，创造一种以职业安全健康为核心的"学习的文化"；同时，能增强员工的安全意识，掌握正确的职业安全健康做法，使其自觉纠正不安全行为，树立良好的职业安全健康行为准则，形成良好的安全文化氛围。

（三）安全经验分享的要求

安全经验分享可在各种会议、培训班、班前会、班后会等集体活动开始之前进行，时间不宜过长，一般不超过 10 分钟，因为时间太长，人的注意力就会分散、不容易记住。健康、安全和环境等方面的知识不限，工作中的职业安全健康经验和生活中的职业安全健康常识不限。内容应提前准备好，教训要讲清、做法要讲明，对用于安全经验分享的图片或影像资料，可配以必要的文字说明，以确保理解正确。

（四）安全经验分享的做法

可以直接口述，也可借助多媒体、图片、照片等形式进行讲述，无论哪种形式，都要确保把经验、教训讲清楚，使大家从中有所感悟。

四、上锁挂牌

（一）上锁挂牌的作用

作业前，参与作业的每一个人员都应确认隔离已到位并已上锁挂牌，及时与相关人员进行沟通。整个作业期间（包括交接班），应始终保持上锁挂牌；在作业时，为避免设备设施或系统区域内蓄积危险能量或物料的意外释放，对所有危险能量和物料的隔离设施均应上锁挂牌。

上锁挂牌的目的是强化对能量和物料进行隔离管理，上锁的目的是防止误操作，挂牌的目的是起提示警告作用，以保证工作人员、相关人员免于安全和健康方面的危险。

（二）上锁挂牌的对象

上锁挂牌的对象通常是控制各种能量（机械能、电能、热能、化学能、辐射能等）意外释放的各种开关、按钮、阀门、手柄、插头等（如转盘控制手柄、电动机开关、管道阀门、液压站电源启动开关等）。

（三）上锁挂牌管理流程

上锁挂牌管理流程通常分为 5 部分：

（1）辨识：作业前，通过工作前安全分析，辨识作业区域内设备、系统或环境内所有的危险能量和物料的来源及类型，并确认有效隔离点。例如：为防止钻井泵意外运转造成人员伤害，有效隔离点为司钻房的电路控制开关。

（2）隔离：根据辨识出的危险能量和物料及可能产生的危害，编制隔离方案，明确隔离方式、隔离点及上锁点清单，目的是确保设备不能运转、危险能量和物料不能释放。

根据危险能量和物料性质及隔离方式选择相匹配的隔离装置。隔离装置的选择应考虑以下内容：

① 满足特殊需要的专用危险能量隔离装置。

② 安装上锁装置的技术要求。

③ 按钮、选择开关和其他控制线路装置不能作为危险能量隔离装置。

④ 控制阀和电磁阀不能单独作为物料隔离装置。如果必须使用控制阀门和电磁阀进行隔离，应按要求，制定专门的操作规程确保安全隔离。

⑤ 应采取措施防止因系统设计、配置或安装等原因，造成能量可能再积聚（如有高电容量的长电缆）。

⑥ 系统或设备包含储存能量（如弹簧、飞轮、重力效应或电容器）时，应释放储存的能量或使用组件阻塞。

⑦ 在复杂或高能电力系统中，应考虑安装防护性接地。

⑧ 可移动的动力设备（如燃油发动机、发动机驱动的设备）应采用可靠的方法（如去除电池、电缆、火花塞电线或相应措施）使其不能运转。例如：为防止钻井泵意外运转，必须使司钻房的电路控制开关处于"断开"位。

(3) 上锁挂牌：对阀门、开关、插头等选择合适的安全锁、填写警示标牌，对上锁点进行上锁、挂标牌。

① 上锁方式分为单个隔离点上锁和多个隔离点上锁。

a. 单个隔离点上锁，又分为单人作业对单个隔离点上锁和多人共同作业对单个隔离点上锁。

单人作业对单个隔离点上锁：作业人员用各自个人锁对隔离点进行上锁挂牌。

多人共同作业对单个隔离点上锁有两种方式：一种是所有作业人员将个人锁锁在隔离点上；另一种是使用集体锁对隔离点上锁，集体锁钥匙放置于锁箱内，所有作业人员用个人锁对锁箱进行上锁挂牌。

b. 多个隔离点上锁：用集体锁对所有隔离点进行上锁挂牌，集体锁钥匙放置于锁箱内，所有作业人员用个人锁对锁箱进行上锁挂牌。

② 电气上锁的特殊要求：

a. 主电源开关是上锁点，现场启动/停止开关不可作为上锁点（如电动机的红绿按钮不是上锁点，上级主电源开关才是上锁点）。

b. 若电压低于220V，拔掉电源插头可视为有效隔离，若插头不在作业人员视线范围内，应对插头上锁挂牌，以阻止他人误插。

c. 采用熔断丝、继电器控制盘供电方式的回路无法上锁时，应装上无熔断丝的熔断器并加警示标牌。

d. 若必须在裸露的电气导线或组件上工作时，上一级电气开关应由电气专业人员断开或目视确认开关已断开。

e. 具有远程控制功能的用电设备，远程控制端必须置于"就地"或"断开"状态并上锁挂牌。

(4) 确认：上锁挂牌后要确认危险能量和物料已被隔离或去除，锁定有效。确认的方式通常包括：

① 观察压力表、液面指示器，确认容器或管道等储存的危险能量已被去除或阻塞。

② 目视确认连接件已断开，转动设备已停止转动。

③ 对暴露于电气危险的工作任务，应检查电源导线是否已断开，所有上锁必须实物断开且经测试无电压存在。

④ 有条件进行试验的，应通过正常启动或其他非常规的运转方式对设备进行试验。在进行试验时，应屏蔽所有可能会阻止设备启动或移动的限制条件（如联锁）。对设备进行试验前，应清理该设备周围区域内的人员和设备。

(5) 解锁：对上锁点进行拆除，恢复原来的工作状态。解锁分正常解锁和非正常解锁。

① 正常解锁——上锁者本人进行的解锁。具体要求如下：

a. 作业完成后，操作人员确认设备、系统符合运行要求，每个上锁挂牌的人员应亲自去解锁，他人不得替代。

b. 涉及多个作业人员的解锁，应在所有作业人员完成作业并解锁后，操作人员按照上锁清单逐一确认并解除集体锁及标牌。

② 非正常解锁——上锁者本人不在场或没有解锁钥匙时，且其警示标牌或安全锁需要移去时的解锁。拆锁程序应满足以下两个条件之一：

a. 与上锁的所有人联系并取得其允许；

b. 操作单位和作业单位双方主管在确知上锁理由和目前工况的前提下方可解锁。

（四）上锁挂牌的注意事项

（1）上锁挂牌是防止人员误操作和能量意外释放的有效方法，是作业者保命的工具，每名作业人员都有对自我生命的保护权利，必须实行上锁挂牌，必须做到自己上锁、自己解锁。

（2）上锁挂牌时必须要对隔离部位、锁具、锁定方式等进行认真确认，对锁定的效果进行验证后方可作业。

（3）作业前，要将上锁挂牌情况及时与相关人员进行沟通，进一步规避误操作行为。

（4）整个作业期间，都应始终保持上锁挂牌，不能擅自解除。

（5）安全锁钥匙须由作业人员本人保管。

（6）为确保作业安全，作业人员对隔离、上锁的有效性有怀疑时，可要求对所有的隔离点再做一次测试。

五、工具箱会议

工具箱会议是一种简单、聚焦单一任务、非正式的安全会议。在工作场所某个作业任务开始前举行，由作业负责人组织相关作业人员召开，将作业过程中存在的风险及控制措施告知所有操作人员。

（一）工具箱会议的作用

工具箱会议是一个作业前风险和控制措施的交底会。通过交底，再次确定作业内容、人员分工、作业步骤、主要风险、防范措施、可能发生的紧急情况及应对措施等，以保证施工过程安全。

（二）工具箱会议召开的形式

可在班前会上对当班要开展的常规作业进行风险告知、任务分工和措施交底，针对特殊作业和非常规作业，结合工作前安全分析的结果进行风险告知和交底。

（三）每日工具箱会议主题

每日工具箱会议是每日作业前召开的班前会。主管召集相关人员，解说每名人员当天的工作范围，讲解工具使用方法及安全注意事项，查看各施工人员的精神状态及各种工具是否齐全，告知施工人员各生产区域和环节可能造成的危害因素及处理对策，并且倡导作业指导文件。作业人员也可相互提出有关建议。每日工具箱会议记录上必须要有安全保卫人员的签字才能生效。

（四）工具箱会议提醒内容

（1）主要危险因素及安全注意事项。
（2）作业中应遵守的安全规定。
（3）易发生泄漏、跑冒、着火、爆炸、中毒的部位及防范措施。
（4）消防报警设施和保护、救护设施的摆放位置及使用方法。
（5）事件发生后应急处理的方法。

（五）主持工具箱会议技巧

（1）提前准备一个与正在做的工作有关的安全话题。
（2）使用工作前安全分析、工作循环分析等工作安全分析工具，识别作业中的危害因素，以及应对风险的控制措施。
（3）宣读准备的文件。
（4）宣传督导当日操作有关的各类规定、规则。
（5）报告类似的事件案例。
（6）邀请现场人员就当日工作提出问题或建议。
（7）回答问题或者和现场人员共同寻找答案。
（8）鼓励问题和建议的提出者。
（9）总结反馈，告诉现场人员如何安全地做。
（10）查看并返回现场作业人员安全防误卡。
（11）带领背诵现场作业自我查证口诀或自我安全口号。
（12）将工具箱会议记录交安全现场监督签字后下达作业命令。

第二章　岗位职责与现场管理

第一节　司钻岗位概述

一、岗位特征及作用

司钻是钻井队的生产骨干、关键岗位。俗话称，"司钻手中三条命"，即人、设备和井下，故司钻应该具备较全面的钻井技术知识和操作技能；同时，司钻还是班组的管理者，负责组织和督促班组员工的各项工作，合理组织人力、物力，确保任务的完成；遇到突发紧急事件时，果断而冷静地做出判断，正确指挥，及时有效地解决困难。

司钻在班组管理中发挥带头和核心作用，主要体现在以下几个方面：

（1）组织管理作用。司钻作为班组负责人，最重要的职责就是管理、协调所属班组成员，其管理和协调作用的好坏直接影响班组任务的完成效果。

（2）生产带头作用。司钻不仅是生产的主要组织者，还是生产过程的重要参与者。司钻应充分发挥先锋带头作用，积极主动地带领班组人员完成上级任务指令，将所有员工有效地凝聚在一起，形成一支有战斗力的团队组织。

（3）指导示范作用。司钻需要具备熟练的业务技能，充当生产任务的多面手，深入了解生产设备与工艺技术，熟悉并掌握班组各个岗位成员的技能，对班组员工在生产操作上有着主心骨的示范作用。

（4）承上启下作用。司钻是与上、下级联系的桥梁与纽带，在日常管理当中既要向班组成员传达上级的指示和文件精神，落实上级的工作安排，又要向上级反映基层工作中的实际情况，做到上情下达、下情上传，便于上级的领导与决策。

（5）基层核心作用。作为企业中最基层组织单元的管理者，司钻要发挥凝聚作用，在班组生产管理、队伍建设等各方面起核心作用。

作为司钻，不仅负责完成生产任务，还要对班组内的每名员工负责，无论是工作安全还是生活困难，都要主动了解、及时解决，不仅要做一名生产任务带头人，更要做一个工作生活中的精神领袖。

二、任职条件

司钻是钻机的主要操作者，纳入特种作业人员管理，须持证上岗。工程技术服务企业应根据生产实际需要对司钻任职条件做出相应的具体要求。

(1) 身体健康，能够适应本岗位对身体状况的要求。

(2) 具有高中及以上文化程度，能操作自动化程度较高的钻机。

(3) 具有在钻井队连续工作 5 年及以上，并从事副司钻岗位工作 2 年及以上工作经验。

(4) 经培训取得司钻操作证、井控操作证、HSE 培训合格证、硫化氢培训合格证等证书。

(5) 能熟练地操作钻机，掌握钻机的结构、性能等知识；掌握钻井作业常规工艺技术、施工原理、操作规程及标准；掌握常用井下工具、地面工具的型号、规范、性能、适用范围和使用方法。

(6) 掌握 QHSE 管理体系，严格按照 QHSE 管理体系要求开展日常工作。

(7) 熟悉各种钻头结构、性能、规范及其应用范围；掌握井控知识及操作技能；了解水平井、欠平衡钻井等新技术的基本知识。

(8) 熟悉钻井设备的使用、保养、维修及一般故障判断处理，具有一定的生产组织管理能力和语言表达能力。

(9) 了解一般事故的预防、判断和处理方法。

副司钻岗位任职条件包括以下内容：

(1) 身体健康，能够适应本岗位对身体状况的要求。

(2) 具有高中及以上文化程度，能操作自动化程度较高的钻机。

(3) 具有在钻井队连续工作 4 年及以上，并从事井架工岗位工作 2 年及以上工作经验。

(4) 经培训取得司钻操作证、井控操作证、HSE 培训合格证、硫化氢培训证等证书。

(5) 精通钻井泵和钻井液净化设备的使用、保养、维修及一般故障判断处理技能。

(6) 掌握钻井作业常规工艺技术、施工原理、操作规程及标准，掌握钻机的结构、性能、维护保养等知识。

(7) 熟悉各种钻头的结构、性能、规范及其使用方法；掌握井控知识及操作技能；了解水平井、欠平衡钻井等新技术的基本知识。

(8) 熟悉常用井下工具、地面工具的型号、规范、性能、适用范围和使用方法。

(9) 掌握 QHSE 管理体系，严格按照 QHSE 管理体系要求开展日常工作。

(10) 具有一定的生产组织、班组管理和语言表达能力。

三、岗位职责

企业应根据生产管理需要明确司钻的具体岗位职责。作为司钻，主要任务就是负责带领本班员工安全、优质、高效地进行钻井施工作业。一般规定，司钻岗位职责包括以下内容：

(1) 司钻是工作班组安全生产第一责任人，负责组织本班生产和分工协作，带领全班人员按班组作业计划和生产指令，认真贯彻执行钻井设计、技术措施、操作规程，安全、高效、保质保量完成本班生产任务。

（2）组织本班组员工按照相关规章制度正确合理使用设备、工具，做到操作规范化。

（3）负责按照操作规程和技术措施要求操作刹把和井控司钻操作台。

（4）负责本班岗位练兵和新员工岗位操作培训工作，做到懂原理、懂结构、懂性能、懂用途，会使用、会保养、会排除故障。

（5）负责本班安全质量工作，定期开展QHSE活动，检查各岗QHSE工作落实执行情况，及时发现和处理不安全因素及钻井质量问题。负责主持班前会、班后会，审查工程班报表和HSE活动记录并签字。

（6）遇突发事件做好职权范围内的应急处置工作。

（7）负责本班考勤、考核工作，做到公开、公正，调动本班人员的工作积极性。

从司钻岗位职责中可看出，其具体HSE职责包括：

（1）作为班组负责人，全面负责本班组HSE工作。

（2）负责每周组织开展班组HSE活动，召开班前会、班后会，对本班次作业的风险进行提示和要求。

（3）负责执行班组作业指令和安全技术措施，遵守操作规程，制止违章行为。

（4）负责属地内设备的维护保养，掌握属地危害因素、防控措施和事故事件应急处置措施。

（5）负责组织班组人员应用工作循环安全分析、行为安全观察与沟通、上锁挂签、目视化等风险控制工具、方法。

（6）负责组织危险作业开工前的安全分析，办理作业许可，落实消减控制措施。

（7）负责按规定进行交接班检查和岗位巡回检查，发现隐患及时处理，不能整改的立即向值班干部进行报告。

（8）负责对外来人员进行属地风险提示，告知对方相应的风险防控措施。

（9）负责组织班组安全培训，按规定参加HSE培训。

（10）负责执行持证上岗和劳保穿戴的有关规定。

（11）负责在发生事故、事件时，组织执行应急处置预案，保护现场并立即报告。

（12）负责所管辖工作场所达到安全作业要求，并对个人和他人的人身安全负责。

（13）负责本岗位应保留资料的填写。

（14）负责完成其他HSE工作任务。

四、管理区域及设备、属地风险与防控

（一）管理区域及设备

作为班组长，司钻的管理区域包括班组人员的属地区域，负责组织各岗位按照规定对属地区域及设备设施进行巡回检查、操作、维护保养和交接班等工作。

司钻属地区域为钻台，所负责设备主要包括司钻操作台（司钻房）、司钻井控操作台、指重表、防碰天车、死绳固定器及传感器、刹车系统、液压猫头控制箱等。

（二）属地主要风险及防控

钻井施工属于班组各岗位联合作业，司钻工作管辖范围内存在的主要风险及防控措施如下：

（1）佩戴潮湿手套或雨、雪、雾等潮湿天气操作各种电路开关，会导致触电伤害，所以应佩戴绝缘手套。

（2）井架、钻柱上的浮置物由于振动等原因下落会造成物体打击，所以应将附着在钻具上的滤饼清理干净，井架上严禁存放浮置物。

（3）天车、大绳等悬吊系统失控会造成物体打击，所以应使用符合安全要求的大绳，刹车系统及防碰装置工作正常，发电工倒发电机时必须提前通知司钻。

（4）大钩倒挂引起水龙头脱钩会造成物体打击，所以操作刹把应精力集中，防止误操作导致水龙头脱钩。

（5）大钩锁定故障或水龙头卡死，引起水龙带缠断、吊环等其他物件飞甩会造成物体打击，所以应认真检查大钩锁定装置和水龙头润滑及轴承，防止发生机械故障。

（6）高压部位刺出液体会造成其他伤害，所以高压管线连接应可靠，开泵前与泵房人员进行确认，开泵时密切观察泵压表变化，平稳操作，远离高压危险区域。

（7）死、活绳头松脱，导致悬吊系统下落会造成物体打击，所以应定期对死、活绳头固定进行检查。

（8）作业过程中由于存在交叉作业，工器具、设备会对人员造成物体打击、机械伤害等，所以应合理安排作业次序，禁止同一作业面进行交叉作业。

（9）巡检过程中会造成高处坠落或其他伤害，所以应及时清理工作面的积水、雪以及油污等，确保工作面清洁。

（10）作业时操作不当或失误会造成机械及其他伤害，所以操作刹把时应集中精力，关键作业要求司钻亲自操作，值班干部监督辅助。

（11）清理钻井液罐作业时，易造成机械伤害、中毒和窒息，所以应穿戴好劳动防护用品，断掉设备电源，保持通风，检测有毒有害气体，确保含氧量在标准范围内，并专人监护。

（12）未执行钻井工程设计和井控实施细则可能出现井喷事故，所以应严格执行钻井工程设计、井控实施细则要求，发现溢流及时关井。

（13）发生溢流关井时，可能会造成中毒伤害，或发生火灾、爆炸、环境污染等事故，所以发现溢流应及时关井，防止火灾爆炸，杜绝环境污染事故，一旦发生紧急情况，人员应向上风方向疏散。

（14）检维修或其他作业，不按操作规程操作会造成物体打击、机械伤害等，所以应严格执行检维修作业或其他作业操作规程，认真落实检维修作业许可等相关安全规定。

（15）吊装作业中，吊装物体坠落会造成起重伤害，所以应严格落实吊装作业禁令及相关安全规定。

（16）高处作业时，不按规定佩戴高空防坠落装置会造成高处坠落伤害，所以应按照规定使用防坠落装置。

第二节　班组生产管理

一、管理内容

（一）班组生产现场管理特点

班组生产管理的重要内容之一是班组生产现场管理。班组生产现场管理是企业形象、管理水平、工作质量控制和精神面貌的综合反映，是衡量企业综合素质及管理水平高低的重要标志，具有基础性、系统性、群众性、开放性等特点。

（1）基础性。班组生产现场管理是企业基层管理的基础。

（2）系统性。班组生产现场管理是企业管理的子系统，具有整体性、关联性、目的性和环境适应性等特性。班组生产现场管理系统的性质是综合的、开放的、有序的和动态可控的。

（3）群众性。班组生产现场管理的核心是人。人与人、人与物的组合是班组现场生产要素的最基本组合。

（4）开放性。班组系统内部与外部环境之间经常需要进行物质和信息的交换和反馈，以保证生产有序进行。各类信息的收集、传递和分析利用，要做到及时、准确、齐全。

（二）班组生产现场管理的基本内容

班组生产现场管理是指用科学的管理制度、标准和方法对生产现场各生产要素进行合理有效的计划、组织、协调、控制和检测，使其处于良好的结合状态，达到优质、高效、低耗、均衡及安全生产的目的。其中，生产现场各生产要素包括人、机、料、法、测、环，简称为5M1E。

其中，人（Man）是指在班组生产现场的所有人员，包括人员数量、岗位、资格、技术、技能、身体状况、执行力、效果以及操作者对质量的认识等；机（Machine）是指生产中所使用的设备、工具等辅助生产用具；料（Material）是指物料、配件、原料等生产用料；法（Method）是指生产过程中所需遵循的规章制度和要求；测（Measurement）是指测量时采取的方法、结果是否标准、正确，主要指测量工具、测量方法以及经过培训和授权的测量人；环（Environments）是指法规、政策、社会、自然、经济、工作地情况（温度、湿度、照明、辐射、噪声和清洁条件）是否造成生产和工程质量问题。

一般而言，班组生产现场管理主要涉及以下基本内容：

（1）现场实行定置管理，使人流、物流、信息流畅通有序，现场环境整洁。

（2）严格按工程设计要求组织生产，使生产处于受控状态，保证工程质量。

（3）以生产现场组织体系的合理化、高效化为目的，不断优化生产劳动组织，提高劳动效率。

（4）严格执行各项规章制度、技术标准、工作标准等。

(5) 建立和完善管理保障体系，提高现场管理的运行效能。
(6) 搞好班组建设和民主管理，充分调动员工的生产积极性和创造性。

（三）班组生产现场管理的作用

班组生产现场管理水平直接关系着企业经营的成败。卓越的班组生产现场管理，能保证生产安全、有序地进行，为企业生产管理水平整体提升奠定坚实的基础。

(1) 创造良好的工作环境。良好的工作环境能将生产中的人员、物料、设备协调到最佳状态，有利于生产安全高效进行。

(2) 消除不利因素。班组生产现场最基本的活动目的就是安全地完成生产目标。为达到这一目的，班组生产现场管理可以在生产过程中实施分时间段管理，设置各个时间段应完成的任务节点并有序推进，通过消除各时间段内的不利因素，从而确保整个生产过程的安全。

(3) 直接创造效益。班组生产现场是开展工程技术服务活动的场所，按期将工程质量合格的井交付给甲方，从而直接创造经济效益，需要通过班组生产现场的高效管理来实现。

(4) 提供有效信息。在班组生产现场，汇集了人和人、人和物、物和物的信息，通过对这些信息的分析，明确当前的工作任务和下步工作计划。

(5) 解决现场问题。班组生产现场是生产经营活动的第一线，时常发生各种各样的问题。卓越的班组现场管理能够及时发现并解决问题，预防下步工作可能出现的问题，从而保证生产的顺利进行。

二、班组检查与交接班

为确保生产安全、高效，建立了岗位巡回检查、班前班后会、交接班等一系列管理制度，通过"班前识别风险，班中防控风险，交班提示风险，班后总结风险"四环节风险管控机制推动了"全员、全过程、全天候、全方位"的"四全"原则的有效实施。

（一）岗位巡回检查

岗位巡回检查是指生产过程及安全管理中对可能存在的危害因素、隐患或缺陷等进行查证，以确定危害因素、隐患或缺陷的存在状态，以及它们转化为事故的条件，以便制定整改措施，消除危害因素和隐患的检查。岗位巡回检查是堵塞管理漏洞、落实安全生产的重要手段。

1. 岗位巡回检查的目的

识别存在及潜在的危险，确定危险源（危害因素），对危险源（危害因素）实施监控，最终采取纠正措施，确保班组安全生产。

2. 岗位巡回检查的任务与要求

岗位巡回检查的任务是查证各种危害因素、隐患和缺陷，监督各项安全规章制度的实施落实，杜绝违章指挥、违章作业，并及时督促整改；巡回检查为经常性安全生产检查，通过班前、班中等多种方式组织开展。

3. 岗位巡回检查的内容

确定巡回检查对象应本着突出重点的原则，对于易发生事故、事故危害大的生产系统、部位、装置及工作环境等加强检查，如现场动力设备、井控装备、游动系统、工作场地等。

工程技术服务企业根据不同钻机类型、特点、组成制定不同的岗位巡回检查路线与内容，如70D钻机司钻岗巡回检查路线为：值班房→死绳固定器→立管压力表→钻井参数仪→高速离合器、转盘离合器→辅助刹车→大绳、滚筒→刹车系统→司钻操作台及电控箱→低速离合器→防碰天车→司钻井控操作台→紧急停车开关→值班房。

（二）班前会与班后会

1. 班前会

班前会是在班前巡回检查后进行的工作会议，内容主要包括：汇报岗位巡回检查情况、分析解决上一班遗留的安全问题、技术交底、本班任务分配、辨识本班危害因素、制定风险削减措施、检查督促班组员工正确地穿戴和使用劳动防护用品用具、安全培训等。

2. 班后会

班后会是在工作结束后，汇总当班发现的问题，总结本班工作任务、施工质量和安全措施的执行情况，特别是当班作业风险管控情况和隐患整改情况，分析问题产生的原因，总结经验教训，以及提出改进措施。

（三）交接班

交接班应明确交接班双方的责任和权利，交班人员应提前做好交班准备，随时解答接班人员提出的问题，对需要并能够整改的问题应立即整改，并提示相关风险；接班人员应提前按巡回检查路线和检查内容，逐项逐点进行检查，并就发现的问题积极和交班人员沟通。

交接班时应做到"两交接""三一""四报""五清"。"两交接"即现场交接和实物交接；"三一"即重点生产部位一点一点交接、重要生产数据一个一个交接、主要生产工器具一件一件交接；"四报"即报名称、报现状、报问题、报措施；"五清"即看清、讲清、问清、查清、点清。

第三章　井场安全

第一节　安全目视化管理与防护设施

一、安全目视化管理

安全目视化管理是指通过安全色、图形、文字或符号等方式，明确人员的资质和身份、工器具和设备设施的状态，以及生产作业区域状态的一种现场安全管理方法，以提示危险和方便现场管理。

目视化具有视觉化、透明化、界限化和规范化的特点，可以使安全信息彻底明确。视觉化指采用色彩、图形等区别管理，以视觉信号显示为基本手段，使大家都能够看得见；透明化即指将潜在的安全问题和风险"显露"出来；界限化能够确定标志、标牌的内容和使用范围，使现场一目了然，规范管理。

（一）安全色与安全标志

1. 基本概念
（1）安全色是指传递安全信息含义的颜色，包括红、蓝、黄、绿四种颜色。
（2）对比色是指使安全色更加醒目的反衬色，包括黑、白两种颜色。
（3）安全标记是指采用安全色和（或）对比色传递安全信息或者使某个对象或地点变得醒目的标记。

2. 颜色表征
1）安全色
（1）红色：传递禁止、停止、危险或提示消防设备设施的信息。
（2）蓝色：传递必须遵守规定的指令性信息。
（3）黄色：传递注意、警告的信息。
（4）绿色：传递安全的提示性信息。
2）对比色
安全色与对比色同时使用时，应按规定搭配使用，见表3-1。

表3-1　安全色的对比色

安全色	对比色
红色	白色

续表

安全色	对比色
蓝色	白色
黄色	黑色
绿色	白色

（1）黑色用于安全标志的文字、图形符号和警告标志的几何边框。

（2）白色用于安全标志中红、蓝、绿的背景色，也可用于安全标志的文字和图形符号。

3）安全色与对比色的相间条纹

相间条纹为等宽条纹，倾斜约45°，如图3-1所示。

图3-1 相间条纹

（1）红色与白色相间条纹，表示禁止或提示消防设备设施位置的安全标记。

（2）黄色与黑色相间条纹，表示危险位置的安全标记。

（3）蓝色与白色相间条纹，表示指令的安全标记，传递必须遵守规定的信息。

（4）绿色与白色相间条纹，表示安全环境的安全标记。

3. 安全标志分类及构成形式

安全标志是用以表达特定安全信息的标志，由图形符号、安全色、几何形状（边框）或文字构成。安全标志分禁止标志、警告标志、指令标志和提示标志四大类型。

1）禁止标志

禁止标志的基本形式是带斜杠的圆边框，如图3-2所示。常见的禁止标志如图3-3所示。

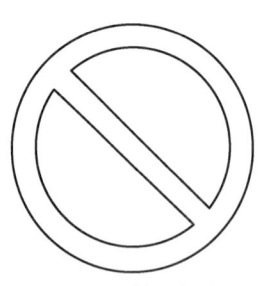

图3-2 禁止标志

2）警告标志

警告标志的基本形式是正三角形边框，如图3-4所示。常见的警告标志如图3-5所示。

3）指令标志

指令标志的基本形式是圆形边框，如图3-6所示。常见的指令标志如图3-7所示。

图 3-3　常见的禁止标志

图 3-4　警告标志

图 3-5　常见的警告标志

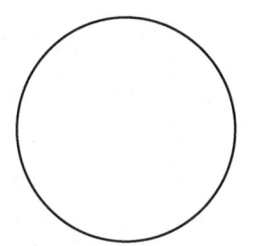

图 3-6　指令标志

图 3-7　常见的指令标志

4）提示标志

提示标志的基本形式是正方形边框，如图3-8所示。常见的提示标志如图3-9所示。

图3-8 提示标志

逃生路线	地下管线	可动火区	紧急集合地
(a)	(b)	(c)	(d)

图3-9 常见的提示标志

4. 消防安全标志

消防安全标志由几何形状、安全色、表示特定消防安全信息的图形符号构成，具体内容见 GB 13495.1—2015《消防安全标志 第1部分：标志》。标志的几何形状、安全色及对比色、图形符号色的含义，见表3-2。

表3-2 消防安全标志的含义

几何形状	安全色	安全色的对比色	图形符号色	含义
正方形	红色	白色	白色	标示消防设施（如火灾报警装置和灭火设备）
正方形	绿色	白色	白色	提示安全状况（如紧急疏散逃生）
带斜杠的圆形	红色	白色	黑色	表示禁止
等边三角形	黄色	黑色	黑色	表示警告

常见的灭火设备标志如图3-10所示。

5. 石油天然气生产专用安全标志

石油天然气生产专用安全标志规定了石油天然气勘探、开发、储运、建设等生产单位生产作业场所和设备设施的专用安全标志。具体内容见 SY/T 6355—2017《石油天然气生产专用安全标志》。

常见石油天然气生产专用安全标志如图3-11所示。

6. 安全标志其他要求

（1）安全色、图形、文字或符号的使用应考虑夜间环境，以满足需要。

第三章 井场安全

图 3-10 常见的灭火设备标志
(a) 灭火设备 (b) 手提式灭火器 (c) 消防软管卷盘 (d) 地上消火栓

图 3-11 常见石油天然气生产专用安全标志
(a) 禁止乱动阀门 (b) 禁止酒后上岗 (c) 禁止吊臂下过人
(d) 当心超压 (e) 当心井喷 (f) 当心缠乱 (g) 当心外溢
(h) 必须装设护罩 (i) 必须穿戴防护用品 (j) 必须戴防火帽 (k) 必须停机检修

（2）安全标志牌应采用坚固耐用的材料制作，一般不宜使用遇水变形、变质或易燃的材料。有触电危险的作业场所应使用绝缘材料。

（3）标志牌不应设在门、窗、架等可移动的物体上，以免标志牌随母体物体相应移动，影响认读。标志牌前不得放置妨碍认读的障碍物，不影响正常作业。

（4）多个标志牌在一起设置时，应按警告、禁止、指令、提示类型的顺序，先左后右、先上后下地排列。

（5）安全色、标签、标牌等应定期检查，以保持整洁、清晰、完整，如有变色、褪色、脱落、残缺等情况时，应及时重涂或更换。

（二）人员目视化管理

人员目视化主要是通过安全帽、工作服、胸牌、袖标等对不同岗位与类别的人员进行辨识区别。2021版的适用于钻井现场的劳动防护服装为抗油易去污防静电服装，主色调为国旗红色（潘东色卡号为18-1662TCX），局部装饰用浅灰色（潘东色卡号为13-4403TCX），并增加了姓名、单位标识标志。

（1）内部员工进入生产作业场所，应按照有关规定统一着装，衣着整齐，扣好工装及袖口纽扣（拉链），穿好劳动防护工鞋。外来人员（参观、学习人员、承包商员工等）进入生产作业场所，着装应符合生产作业场所的安全要求，并与内部员工区别明显，易于辨别。

（2）所有进入井场人员必须佩戴安全帽，安全帽颜色根据人员的性质不同应有所区别。如操作人员佩戴的安全帽为红色，管理人员佩戴的安全帽为白色，安全或工程监督管理人员佩戴的安全帽为黄色，外部承包商员工佩戴的安全帽一般为橙色。

（3）所有进入钻井等易燃易爆、有毒有害生产区域的人员应遵守出入场安全要求，佩戴入场证件（标牌）。

（4）特种作业人员和危险作业相关人员（如监火人）应通过标签、标牌标明作业人员的资格。

（三）工器具目视化管理

工器具指脚手架、压缩气瓶、移动式发电机、电焊机、检测仪器、电动工具、手动起重工具、气动（液压）工具、便携式梯子等。工器具目视化主要是通过对工器具采取定置摆放、标志检查（效验）日期与使用状态（合格、不合格）来进行简单、明确、易于辨识的目视化。

（1）压缩气瓶的外表面涂色以及有关警示标签符合GB/T 7144—2016《气瓶颜色标志》和GB/T 16804—2011《气瓶警示标签》等有关标准要求，见表3-3。同时还应采用标牌标明气瓶的状态（如满瓶、空瓶、使用中等）。

表3-3 常见气瓶颜色标志一览表

序号	充装气体名称	化学式	瓶色	字样	字色	色环
1	乙炔	C_2H_2	白	乙炔不可近火	大红	
2	氧	O_2	淡（酞）蓝	氧	黑	$p=20$MPa，白色单环
3	氮	N_2	黑	氮	白	$p=30$MPa，白色双环
4	空气		黑	空气	白	
5	氩	Ar	银灰	氩	深绿	

注：色环栏内的p是指气瓶的公称工作压力，MPa。

（2）工器具应实行定置管理。除压缩气瓶以外的其他工器具，应在其明显位置粘贴检查合格标签，标明各种工器具的状态。不合格、超期未检及未贴标签的工器具不得使用。

（四）设备设施目视化管理

设备设施目视化管理主要通过在设备明显位置设置标志牌来实现目视化管理。标志牌可包括设备基本信息、责任人及使用状态等。

（1）在设备设施的明显部位标注名称或编号，对因误操作可能造成严重危害的设备设施，应在其旁设置有安全操作注意事项的标牌。例如设备润滑示意图应根据设备的不同型号张贴在设备主体护罩且便于人员观看的位置。主体设备上醒目位置张贴"在用、停用、待修、在修、备用"5种状态提示牌。

（2）应在工艺管线上标明介质名称和流向，在控制阀门上悬挂含有设备位号（编号）等基本信息的标签。固控设备钻井液管线为绿色，管线横向、纵向部分各有白色箭头流向标识1个。高压管线为红色，阀门组附近的高压管线每两个弯接头或交叉点之间设置白色箭头流向标识1个。无论高压管线方向与地面垂直或平行，流向标识方向应便于人员观看。

（3）应在仪表控制及指示装置上标注控制按钮、开关、显示仪的名称。用于照明、通风、报警等的电气按钮、开关都应标注控制对象。电控房内张贴安全提示色，分清控制对象运行情况，避免误操作伤人。井场所有配电箱（柜、盘）处设有"当心触电"安全标识，配电箱开关及船型插座均标明控制对象名称，电路控制标识及电路走向标识清晰、齐全、准确，配电箱（柜、盘）放有绝缘胶皮。

（4）对遥控和远程仪表控制系统，应在现场指示仪表上标识实际参数控制范围，粘贴校验合格标签。远程仪表在现场应有显示工位号（编号）等基本信息的标签。

（5）盛装危险化学品的容器应分类摆放，并设置危险化学品安全技术说明书和安全标签，包括危险化学品名称、主要危害及安全注意事项等基本信息。油品房内的油品分类存放，并在每类油品摆放位置墙壁张贴相应的油品标识，并注明数量、责任人（书写严禁使用油漆笔，应使用黑色水笔）、主要风险及安全防范措施。

（五）作业现场目视化管理

现场目视化是通过以不同颜色对生产现场进行划分和利用隔离带标志现场隔离。

（1）应使用红、黄指示线划分固定生产作业区域的不同危险状况。红色指示线警示有危险，未经许可禁止进入；黄色指示线提示有危险，进入时注意。

（2）应对生产作业区域内的消防通道、逃生通道、紧急集合点设置明确的指示标识。

（3）应根据施工作业现场的危险状况进行安全隔离。隔离分为警告性隔离和保护性隔离。

警告性隔离适用于临时性施工、维修区域、安全隐患区域（如临时物品存放区域等）以及其他禁止人员随意进入的区域。实施警告性隔离时，应采用专用隔离带标识出隔离区域。未经许可不得入内。

保护性隔离适用于容易造成人员坠落、有毒有害物质喷溅以及其他防止人员随意进入的区域。实施保护性隔离时，应采用围栏标识出隔离区域。

（4）专用隔离带、围栏应在夜间容易识别。隔离区域应尽量减少对外界的影响，对于有喷溅、喷洒的区域，应有足够的隔离空间。所有隔离设施应在危险消除后及时拆除。

（5）生产作业现场长期使用的机具、车辆、消防器材、逃生和急救设施等，应实行定置管理，根据需要放置在指定的位置，并做出标识（可在周围画线或以文字标识），标识应与其对应的机具、车辆、器材、设施相符，并易于辨别。

（六）钻井队标准化现场安全目视化要求

钻井队 HSE 标准现场中对现场目视化管理作出了具体要求，其中，主要区域的相关要求如下。

1. 井场入口

井场入口处标识牌应有钻井队号、入场须知、紧急逃生路线、硫化氢警示、职业病危害公告栏等内容，含硫井应对硫化氢的含量、理化性质、防护与应急措施等进行公示。

2. 钻台区域

（1）钻台正面扶梯与大门坡道之间围板外侧由左向右依次设置"当心落物""当心坠落""当心吊物""当心井喷"安全标识。

（2）高压立管一边钻台前围板内侧，设置"禁止抛物""当心滑跌""当心落物""当心缠乱"安全标识牌。

（3）气动绞车面向操作人员一侧护罩张贴"当心缠乱"。

（4）井架两侧攀梯入口处设置"上下井架正确使用防坠落装置"标识。

（5）逃生滑道入口张贴"逃生出口"标识。

（6）绞车滚筒两侧分别设置"当心刹车失灵""当心防碰失效""当心机械伤人""当心大绳缠乱"安全标识。

（7）液压大钳升降缸处粘贴操作提示标识。

3. 泵房

（1）钻井泵液力端对面循环罐罐体设置 6 合 1 安全标识（当心绊倒、当心触电、当心碰头、当心高压、当心滑跌、戴护目镜）、泵房区域主要风险及安全防范措施标志牌。

（2）钻井泵本体上张贴"当心机械伤人"，泵护罩处张贴"禁止触摸旋转部位""当心触电"标识。

（3）泵房前后入口处设置两块牌（字）："高压危险非工莫入"（蓝底白字），钻井泵处设置安全阀定压标识，标明安全阀设定压力值。钻井泵本体上张贴"当心机械伤人"，泵护罩处张贴"禁止触摸旋转部位"标识、"当心触电"（电动泵）标识。空气包上压盖外侧粘贴"充气压力为：泵工作压力的 1/3~1/4"。

（4）挂牌提示当前缸套下的额定压力、目前安全销设置压力情况。

（5）高压管汇阀门组处设置"高压危险""禁止乱动阀门"警示标识。

4. 循环罐区

（1）配药罐扶梯左侧护栏（内外侧）设置"当心触电""当心滑跌""当心灼伤""戴护目镜""戴防护手套"安全标识组合牌。

（2）1#罐面向井场栏杆设置"当心滑跌""当心坠落""当心井喷""当心触电""当心灼伤"安全标识组合牌。

（3）1#罐面向井场栏杆内侧设置场地工属地管理牌。

（4）循环罐通向泵房扶梯旁护栏设置"当心滑跌""当心坠落""当心井喷""当心触电""当心灼伤"双面安全标识组合牌。

（5）坐岗房门张贴"坐岗房"门牌和"当心井喷"标识牌。左侧墙壁上粘贴"应急逃生路线图"，并标注当前所处位置。

（6）加重区钻井液罐面向加重漏斗一侧设置"当心滑跌""戴护目镜""戴防尘口罩""戴防护手套"4合1安全标识牌和粉尘危害因素提示牌（含检测结果、危害、防护要求和急救措施）。

5. 井控目视化管理

（1）手动锁紧杆动态标识牌动态标识下方按照手动锁紧杆控制对象磁力吸附相应的"全封""剪切"等标识。

（2）远程控制台三位四通换向阀设置相应的"万能""半封"等控制标识。

（3）节流压井管汇旋塞阀根据其状态在压力表连接处设置"开""关"标识。

（4）节控箱气源压力表前平台处按照井控细则要求设置关井套压参数标识牌。

（5）节控箱、节流管汇处按照井控细则要求设置关井提示牌。

（6）坐岗房内记录桌旁墙壁张贴井控座岗制度、液面报警器调节、钻井液体积换算表。

（7）重钻井液储备罐标识加重浆的名称、体积、密度、搅拌时间和负责人。

6. 安全通道安全标志色与符号

（1）在钻台设置"司钻视线三角区"。

（2）"司钻视线三角区"底色为黄色，边缘为红色指示线，告知人们不可进入。

（3）钻台坡道内开门为红色，为"危险"含义，内开门固定桩为红白色环，红、白段长度均为坡道大门门柱1/6。

（4）安全通道底色为绿色，底色上标识"安全通道"白色黑体字，边缘标识黄色警戒线，告知通道内人员黄线外区域有危险，进入需注意。钻台偏房、司控房、扶梯、逃生通道等出、入口处标识黄色警戒线。设置安全通道时，如遇到不可移动设备设施，例如气动绞车、立管盒等，应将安全通道黄色边缘顺着设备设施边缘绕行。安全通道上严禁放置任何杂物。

（5）循环罐入口盖板底色为蓝色或灰色。无缝防滑盖板中间喷"危险 受限空间"红字。锯齿钢盖板中间使用扎带固定"受限空间 未经许可禁止入内"标识。

（6）安全通道底色为绿色，锯齿钢走道部分底色上标识白色双（单）向箭头，无缝防滑板部分标识"安全通道"白色黑体字，告知通道内人员黄线外区域有危险，进入需注意。循环罐左右、前后的双（单）向箭头或"安全通道"应对齐。单项封闭走道应设置单向箭头，指向出口方向。扶梯、坐岗房等入口处不标识黄色警戒线。设置安全通道时，如遇到不可移动设备设施，应将安全通道黄色边缘顺着设备设施边缘绕行。安全通道上严禁放置任何杂物。

7. 扶梯

所有扶梯第一和最后一级台阶标识黄色安全色。上、下梯子口扶手处张贴"请扶好栏杆"警示标识。

二、机械防护设施

(一) 常见机械设备危险因素

1. 一般机械设备危险

机械设备危险主要针对设备的运动部分，比如运转的钻井泵、绞车等。如果设备有缺陷、防护装置失效或操作不当，则随时可能造成人身伤亡事故。

2. 传动装置的危险

机械传动分为齿轮传动、链传动和皮带传动。由于部件不符合要求，如机械设计不合理，传动部分和突出的转动部分外露、无防护等，可能把手、衣服等绞入其中造成伤害。皮带传动中，带轮容易把工具或人的肢体卷入；当皮带断裂时，容易发生皮带飞起伤人。

(二) 机械设备危险的预防及防护

传动装置要求遮蔽全部运动部件，以隔绝身体任何部分与之接触。按防护部分的形状、大小制成的固定式防护装置，安装在传动部分外部，就可以防止人体接触转动的部位。

钻井现场主要防护措施，如泵房、机房、发电房设备、绞车、转盘传动装置等可能造成人员伤害的机械部件，都应安装防护装置，并齐全、完好、无变形、固定牢固。

机器的旋转轴、传送带等旋转部位要加护罩、安全护栏、安全护板等直接防护，如图 3-12 所示。

(a) 绞车低速离合器护罩　　(b) 万向轴护罩

(c) 钻井泵皮带轮护罩　　(d) 离心机皮带轮护罩

图 3-12　护罩

为防止身体等不慎碰触启动键而使其启动，启动键应加以防护，做成外包式或凹陷式。

作业前检查服装是否有被卷入的危险（脖子上缠的毛巾、上衣边、裤角等）。作业时，穿戴合适的工作服、戴安全帽、穿防砸鞋等，不得戴围巾，长发不能露在帽外，不得佩带悬吊饰物。停机进行清扫、加油、检查和维修保养等作业时，须锁定该机器的启动装置，并挂警示标志。

三、高处作业防护

（一）高处作业人员的基本要求

（1）身体健康，体检合格，并经过相应的培训教育。

（2）患高血压、心脏病、贫血病、癫痫病、手脚残缺、饮酒及其他不适宜高处作业者，不得从事高处作业。

（二）防护用品及装置

（1）作业人员应系好安全带，戴好安全帽，衣着灵便，禁止穿带钉易滑的鞋。

（2）高处作业时使用的安全带应符合 GB 6095—2021《安全带》规定要求，如图 3-13 所示，且各部件不得任意拆除，有损坏的不得使用。

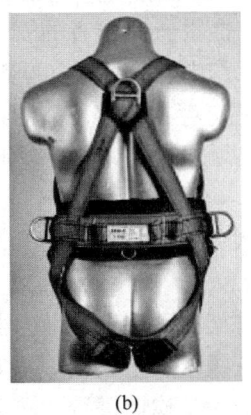

图 3-13 安全带

（3）作业人员应使用全身式安全带。安全带必须系在施工作业处的上方牢固构件上，不得系挂在有尖锐棱角的部位；用于焊接、高温粉尘浓度等环境的安全带、安全绳要有相应的防护套。安全带系挂点下方应有足够的净空，如净距不足可短系使用。安全带应高挂低用，不得采用低于肩部水平的系挂方式。禁止用绳子捆在腰部代替全身式安全带。

（4）高处作业中使用的梯子包括直梯、延伸梯和人字梯。

一个梯子上只允许站一个人，并有一人监护。梯子使用时应放置稳定。在平滑面上使用梯子时，应采取端部套、绑防滑胶皮等防滑措施。直梯和延伸梯与地面夹角 60°~70° 为宜。有横档的人字梯在使用时应打开并锁定横档，谨防夹手。在梯子上作业时，应避免过度用力、背对梯子工作、身体重心偏移，以防止身体失去平衡而导致坠落。

人员在梯子上作业需使用工具时，可用跨肩工具包携带或用提升设备及绳索上、下搬运，以确保双手始终可以自由攀爬。对于直梯、延伸梯以及2.4m以上（含2.4m）的人字梯，使用时应用绑绳固定或由专人扶住，固定或解开绑绳时，应有专人扶梯子。在电路控制箱、高压动力线、电力焊接等任何有漏电危险的场所，应使用专用绝缘梯，严禁使用金属梯子。

（5）钻台、二层平台、猴台和天车台面应清洁完整，护栏安装齐全牢靠，平台、井架梯子应安装牢靠；井架爬梯应安装合格的直梯攀升保护器（或防坠器），直梯攀升保护器（或防坠器）至少一侧通到天车；二层平台应安装双向逃生装置，并定期检查保养。

（6）钻井防喷器上端、钻台下方，应配置2套防坠器，在钻台上、液气分离器、悬臂吊、立管一侧高于鼠洞内方钻杆2m以上应配置一套防坠器。

（三）高处作业过程控制

（1）作业现场负责人应对高处作业人员的身体状况进行了解，发现过度疲劳、情绪异常或饮酒、生病等人员，不得安排从事高处作业。

（2）高处作业实施前作业申请人必须对作业人员进行安全交底，明确作业风险和作业要求。作业人员应按照相关要求进行作业。

（3）高处作业过程中，作业监护人应对高处作业实施全过程现场监护，严禁无监护人作业。

（4）现场负责人（作业申请人）应组织作业人员对现场安全状况（防护栏、栏板、安全网或垫脚板、梯子、扶手及操作者的安全帽、安全带、保险绳索等）进行全面检查，明确作业及监护人员的工作内容、程序和联系方法。

（5）施工作业现场所有存在坠落可能的物件，应先行撤除或加以固定。高处作业所用的工具、零件、材料等必须加设尾绳，上、下传递工具、器材时禁止抛掷，应使用专用的带绳。

（6）人员不得携带大件工具、物料爬高，必须携带的小件工具、物料应放入工具包内跨背携带。

（7）井架工在攀爬井架时，应系上助力器（直梯攀升保护器）。

（8）严禁在雷雨、五级及以上大风等恶劣天气下进行室外高处作业。

（9）作业结束后，应对工作面进行一次全面检查，及时清理物料、工具等，无法消除的工具、物料必须固定或装箱。

（10）高处作业结束后，作业人员应清理作业现场，将作业使用的工具、拆卸下的物件、余料和废料清理运走。现场确认无隐患后，作业申请人和作业批准人在高处作业许可证上签字，关闭作业许可，并通知相关方。

（四）特殊要求

（1）夜间作业时，应对现场照明装置及照明情况进行检查，达不到要求不得作业。

（2）高处作业面有孔、洞、预留口等，应设置围栏、铺置盖板，并设立警告牌等。

（3）高处动火作业时，应保证作业周围特别是动火点下方的安全，并制定紧急情况下作业人员的撤离和救援措施，保证作业人员的安全。

（4）雨、雪、霜、冻天气进行高处作业时，必须采取可靠的防滑、防冻措施。

（5）在使用吊篮进行高处作业时，应满足如下要求：

检查起重机（气动小绞车）钢丝绳、起重机制动、吊钩完好以及起重机与吊篮固定情况，保证设备设施完好；乘坐吊篮作业人员应将安全带尾绳挂在起重机（气动小绞车）的大钩上方的铁链上，不允许挂在吊篮、吊钩、被检修的设备上；在上升或下降过程中，起重机（气动小绞车）操作速度应平稳，禁止快起快放；作业过程中，吊篮每次最多乘坐2人，并随身携带对讲机联络；起重机（气动小绞车）在刹车状态下应采取锁死措施；吊篮应使用牵引绳，并由专人进行过程控制，防止吊篮旋转或碰撞。

（6）作业过程中禁止沿梯子扶手下滑，在易滚动、圆滑物件上行走；禁止站、坐、靠扶手或护栏，以及将身体探出护栏外；禁止未设专用防护棚或其他隔离措施进行上下垂直作业。

四、通风设施

在钻台上、井架底座周围、振动筛等地方，应设置防爆通风设备，以驱散工作场所弥散的硫化氢，如图3-14所示。气瓶房、材料房等应设排风扇、通风口，如图3-15所示。其中，使用排风扇时应确保风机设备完全正常方可运转，定期清除风机及气体输送管道内部的灰尘、污垢及水等杂质，在风机运转中严禁修理。

图3-14 防爆通风设备

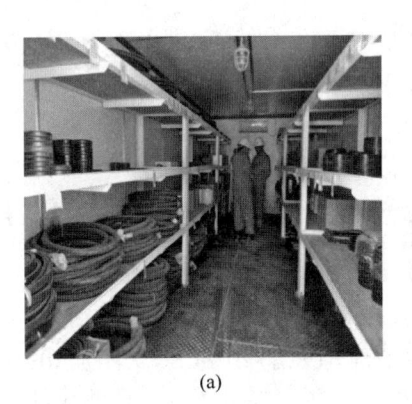

(a)   (b)

图3-15 通风设备

五、气体监测仪

气体监测仪是一种气体泄漏浓度检测仪器，主要利用气体传感器来检测环境中存在的气体成分和含量。按照安装方式可分为固定式气体监测仪和便携式气体监测仪；按照检测方式可分为扩散式气体监测仪和泵吸式气体监测仪；按照被检测气体可分为硫化氢气体监测仪、可燃气体监测仪、氧气含量检测仪、复合气检测仪等。

复合气体监测仪主要用于检测环境中各类易燃易爆、有毒有害气体的浓度，当超标时能发出报警提醒，保护人员安全。由于气体监测仪是根据报警值设定而报警，因此报警数值并非随意而设，而是要根据每种气体的性质分别设置。

常见的四合一气体监测仪可检测可燃气体、氧气、一氧化碳和硫化氢。报警值在设置时，会参考职业接触限值和直接致害浓度来设定。

职业接触限值（OEL）是指劳动者在职业活动中长期反复接触，不会对绝大多数接触者的健康引起有害作用的容许接触水平。化学因素的职业接触限值分为最高容许浓度、短时间接触容许浓度和时间加权平均容许浓度三种。

最高容许浓度（MAC）是指在工作地点、在一个工作日内、任何时间均不应超过的有毒化学物质的浓度，如硫化氢为10mg/m^3。

时间加权平均容许浓度（PC-TWA）是指以时间为权数规定的8h工作日的平均容许接触水平，如硫化氢为14mg/m^3，一氧化碳为20mg/m^3。

短时间接触容许浓度（PC-STEL）是指一个工作日内，任何一次接触不得超过的15min时间加权平均的容许接触水平。如一氧化碳为30mg/m^3。

直接致害浓度（IDLH）是指环境中空气污染物浓度达到某种危险水平，如可致命或永久损害健康，或使人立即丧失逃生能力，如硫化氢为430mg/m^3，一氧化碳为1700mg/m^3。

爆炸下限（LEL）是指可燃气体发生爆炸时的下限浓度（体积分数）值，如甲烷的爆炸下限为5%。

爆炸上限（UEL）是指可燃气体发生爆炸时的上限浓度（体积分数）值，如甲烷的爆炸上限为15%。

（一）一般规定

（1）存在可燃气气体和有毒气体的作业场所，操作人员应配置便携式气体监测仪。
（2）可燃气体和气体监测仪应有防爆证书。
（3）警报器应有声光报警功能。
（4）监测仪的检定工作应由有资质的单位进行。
（5）新安装及经维修的可燃气体、有毒气体监测仪应经检定合格，且在有效期内方可使用。

（二）报警值设定

（1）固定式可燃气体监测仪的一级报警值应不大于20%LEL，宜为10%LEL；二级报警值设定值应大于一级报警值且不大于40%LEL；便携式可燃气体监测仪的一级报警设定值应不大于10%LEL，二级报警设定值应不大于20%LEL。

（2）有毒气体的一级报警设定值应不大于100%OEL；二级报警设定值应不大于200%OEL，但不应超过10%IDLH。

（3）氧气一级欠氧报警设定值宜为19.5%VOL，二级欠氧报警设定值宜为18%VOL。

六、其他防护

（一）噪声防护

在噪声环境（如柴油机、发电机区域）工作的人员，应按照规定佩戴使用防噪声耳罩或耳塞，如图 3-16、图 3-17 所示。

图 3-16　防噪声耳罩　　　　　图 3-17　耳塞

当暴露于 80dB≤$L_{EX,8h}$<85dB（分贝）的工作场所时，应根据实际情况使用护听器；当暴露于 $L_{EX,8h}$≥85dB 的工作场所时，必须全程正确佩戴护听器；暴露于 $L_{EX,8h}$≥100dB 时，应同时佩戴耳塞和耳罩；耳罩应松紧适中，无明显不适感，不易脱落；耳塞和耳罩交替使用，可以减少佩戴同一护听器的不适感。

高温高湿环境中宜使用耳塞；狭窄有限空间里，宜选择体积小、无突出结构的护听器；短周期重复的噪声暴露环境中，宜选择佩戴摘取方便的耳罩或半插入式耳塞；工作中需要进行语言交流或接收外界声音信号时，宜选择各频率声衰减性能比较均衡的护听器；佩戴者留有长发或耳郭特别大，或头部尺寸过大或过小不宜佩戴耳罩时，宜使用耳塞；佩戴者如需同时使用防护手套、防护眼镜、安全帽等防护装备时，宜选择便于佩戴和摘取、不与其他防护装备相互干扰的护听器；离开噪声环境应摘掉护听器，防止过度保护，导致难以接收到必要的声音信号；存在挂钩、卷绕危险时，禁止使用连接绳的耳塞。

（二）二层台逃生装置

井架二层台逃生装置是钻井现场配备的装置之一，如图 3-18 所示。用于一人或多人连续从高空以一定（均匀的）速度安全、快速地下落到地面。

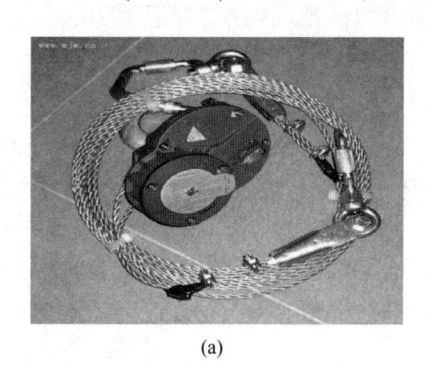

(a)　　　　　　　　　　(b)

图 3-18　二层台逃生装置

1. 安装

1）双导向绳式逃生装置

若使用绳套悬挂方式，则悬挂体固定绳缠绕固定在二层操作平台上方 2.5~3.5m 的井架上，并采取防磨措施，用卸扣将悬挂体固定绳和悬挂体U形环连接固定，手动控制器高度应满足操作人员使用需要。

若使用夹板悬挂方式，则将夹板用两个U形卡固定在井架二层操作平台上方2.5~3.5m的井架上，用卸扣穿过耳板与悬挂体U形环连接固定，手动控制器高度应满足操作人员使用需要。

用高强度螺栓加防松螺帽将缓降器固定在悬挂体的空腔内，上、下限速拉绳绕过缓降器后，一端用挂钩连接在上方的手动控制器上，另一端顺向地面，连接下方的另一个手动控制器。缓降器安装完后，应将散热孔打开，防止频繁使用导致缓降器过热，损坏装置。

用高强度螺栓加防松螺帽将两根导向绳上端的"鸡心环"分别固定在悬挂体的两侧，另一端固定在地锚上。导向绳应适度绷紧，剩余的导向绳应有序盘起，并捆扎固定在导向绳的绳卡处。

在两根导向绳上各安装一个手动控制器，使其沿导向绳上、下运动，两个手动控制器上、下交替使用。安装时，应先在场地上将导向绳从手动控制器的孔槽处穿过，然后将手动控制器与上、下限速拉绳用安全挂钩连接在一起，并旋紧锁套。上端手动控制器处警示牌应处于取下状态，下端手动控制器处警示牌应处于插入状态，手动控制器挂钩的高度应便于摘挂使用。

将限速拉绳穿入并绕过缓降器后，在限速拉绳的两端各用2只钢丝绳卡卡固安全挂钩，一端将挂钩连接在上方的手动控制器上，另一端顺向地面并用挂钩连接在下方的另一个手动控制器上；剩余的钢丝绳应有序盘起，并捆扎固定在限速拉绳的绳卡处。

导向绳在地面应使用螺旋地锚或混凝土重坨地锚固定。螺旋地锚的两个固定点相距应不少于4m，地锚旋入地表1.1~1.2m，地锚顶部高出地面0.1~0.2m，导向绳与地锚连接处用花篮螺栓和高强度螺栓连接。转动花篮螺栓可以调节导向绳的松紧度，导向绳穿过花篮螺栓后用3只钢丝绳卡固定。若安装地锚的位置遇到沙漠、水泥、石板、钢铁等无法使用螺旋地锚的表面，应使用混凝土重坨地锚，两个地锚相距应不少于4m，导向绳与地锚连接处用花篮螺栓和卸扣连接。转动花篮螺栓可以调节导向绳的松紧度，导向绳穿过花篮螺栓后用3只钢丝绳卡固定。地锚前方2m、两侧1m范围内不应有障碍物。

2）单导向绳式逃生装置

将支撑梁一端的卡座卡固在二层操作平台上方2.5~3.5m的井架横梁上，并用2只螺栓紧固，将带耳板的另一端探出操作平台0.5~0.6m。在支撑梁端部与井架之间卡固一根直径不小于12mm的钢丝绳，作为斜拉安全绳。使用卸扣将缓降器固定在支撑梁的耳板上。

用卸扣将导向绳一端的"鸡心环"与支撑梁上的耳板连接固定，另一端穿入导向滑轮后用3个绳卡固定在地锚上，导向绳应适度绷紧，剩余的钢丝绳应有序盘起，并捆扎固定在导向绳的绳卡处。地锚应使用螺旋地锚或混凝土重坨地锚固定。

3）初次安装、更换

逃生装置在初次安装和使用中整套更换新装置，应由制造商授权的专业人员进行安装、调试、培训和试滑。更换缓降器、手动控制器、地锚等关键部件的逃生装置，应进行试滑。

4）转井拆卸安装

逃生装置转井拆卸、安装应由经过培训的人员负责，不应拆卸缓降器、手动控制器等关键部件本身的固定部位，不应私自更换限速拉绳、导向绳。需要更换悬挂体固定绳、导向绳的连接固定螺栓、钢丝绳卡、花篮螺栓、卸扣等配件时，应与原配件的规格型号相同。

2. 使用

使用前，在二层操作平台上双手反复拉动缓降器两侧的限速拉绳，确认拉绳有较大的抗拉阻力，缓降功能有效。拉动限速拉绳时应拴挂好安全带。

将手动控制器的两个挂钩分别挂在安全带腰部两侧的D形环处并锁紧，锁紧手动控制器，使其受力后，摘下安全带尾绳挂钩，单手握住手动控制器的调节丝杠手轮，身体离开二层操作平台。离开二层操作台后，应旋转调节丝杠手轮，控制下滑速度保持匀速下滑。

即将到达落地点时，应旋转调节丝杠手轮，放慢下滑速度，缓慢接触落地点，站稳后摘下安全带挂钩，将防锁紧警示牌卡固在手动控制器滑动体和制动块之间。

逃生装置出现故障，滑行人员滞留在空中无法下滑时，不应摘掉牵引绳与手动控制器连接处的挂钩强行下滑。钢丝绳变形或断丝无法下滑时，应旋转手动控制器放松至最大间隙，晃动身体使手动控制器通过卡阻部位后调整手动控制器，匀速下滑。

3. 检查

逃生装置应由经过培训的人员负责日常管理，每月应对装置进行一次全面检查，并有记录。逃生装置安装、更换前和维修后应由制造商授权的专业人员进行检查。

日常检查应至少包括以下内容：

（1）悬挂体固定绳与悬挂体、悬挂体与缓降器、悬挂体与导向绳、导向绳与地锚等处的连接固定情况。

（2）缓降器的缓降情况。

（3）手动控制器的磨损情况。

（4）限速拉绳与手动控制器的连接情况。

（5）钢丝绳的磨损、折伤、断丝及锈蚀情况。

（6）导向滑轮的磨损情况。

（7）地锚的固定情况。

（8）安全带纤维部位的破损、断裂和开缝情况，金属环、扣和挂钩的裂纹、损伤情况。

（9）紧固件、连接件的固定连接情况。

（10）手动控制器防锁紧警示牌的卡固情况（落地点处的应卡固在手动控制器上，二层操作平台处的不应卡固）。

发现问题应立即停止使用，必要时应通知专业人员到现场维修，问题解决后方可使用。

4. 管理

首次使用逃生装置的人员，应由专业人员进行培训，培训合格后方可使用。每套逃生装置应至少配备2副配套的全身式安全带。

下滑人员落地点：

（1）宜选择在季风方向的上风口处。

（2）应避开道路、陡坡、坑洼、光线黑暗等危险区域。
（3）应设置缓冲沙坑或放置软垫。

逃生装置安装、拆卸、存放过程中不应与水、油品接触，不应受其他硬物的碰撞、挤压。手动控制器调节丝杠处的两个加油口应适当注油润滑，滑动体、制动块等部位应保持清洁。导向绳和限速拉绳不应相互缠绕，导向绳四周应和障碍物保持安全距离。导向绳上不应有油泥和冰瘤。

钢丝绳不应与锋利物品、焊接火花、酸碱物品或其他对钢丝绳有破坏性的物体接触；不应把钢丝绳用作电焊地线或吊重物使用；钢丝绳不应受挤压、弯折等。逃生装置拆卸后，钢丝绳应有序盘起，宜盘放直径为 400~500mm，并妥善保管。应定期组织逃生演练。

5. 维修与报废

使用期限满一年或累计下滑距离达到 1000m，应由制造商授权的单位检查维修 1 次。出现下列情况之一时，应及时更换相应的部件：
（1）缓降器有卡阻现象或缓降功能失效。
（2）手动控制器上的滑动体、制动块磨损沟槽达到 5mm。
（3）导向滑轮磨损沟槽达到 5mm。
（4）金属部件产生严重锈蚀或"氢脆"。

钢丝绳达到 SY/T 6666—2017《石油天然气工业用钢丝绳的选用和维护的推荐方法》规定的报废条件应报废。整套逃生装置的正常使用寿命为 5 年，到期应报废。

第二节　安全用电

一、触电危害

触电对人体危害有电伤和电击两种。

（一）电伤

电伤是由于发生触电而导致的人体外表创伤，通常有灼伤、电烙伤、皮肤金属化等。
（1）灼伤是指由于电的热效应而伤及人体皮肤、皮下组织、肌肉，甚至神经。灼伤引起皮肤发红、起泡、烧焦、坏死。
（2）电烙伤是指由电流的机械和化学效应造成人体触电部位的外部伤痕，通常是皮肤表面的肿块。
（3）皮肤金属化是指带电体金属通过触电点蒸发进入人体，导致局部皮肤呈现相应金属的特殊颜色。

（二）电击

电流通过人体，严重干扰人体正常生物电流，造成肌肉痉挛（抽筋）、神经紊乱，导致呼吸停止，心脏室性纤颤，严重威胁生命。

（三）影响触电危险程度的因素

1. 电流大小

人体内存在生物电流，一定限度的电流不会对人造成损伤，如一些电疗仪器就是利用电流刺激达到治疗的目的。

电流对人体的作用，见表3-4。

表 3-4　电流对人体作用

电流（mA）	对人体的作用
<0.7	无感觉
1	有轻微感觉
1~3	有刺激感，一般电疗仪器取此电流
3~10	感到痛苦，但可自行摆脱
10~30	引起肌肉痉挛，短时间无危险，长时间有危险
30~50	强烈痉挛，时间超过60s即有生命危险
50~250	产生心脏室性纤颤，丧失知觉，严重危害生命
>250	短时间内（1s以上）造成心脏骤停，体内造成电灼伤

2. 电流种类

电流种类不同对人体损伤也不同。直流电一般造成电伤，而交流电则是电伤与电击同时发生。研究发现，交流电处于40~100Hz时对人体危害最大，达到20000Hz时对人体危害较小。

3. 电流作用时间

电流对人体的伤害与作用时间密切相关，可以用电流与时间乘积（也称电击强度）来表示电流对人体的危害。一般而言，电击强度小于30mA·s可有效防止触电事故。

二、触电方式

按照人体触及带电体的方式和电流流过人体的途径，触电可分为单相触电、两相触电和跨步电压触电。

（一）单相触电

在低压电力系统中，若人站在地上接触到一根火线，即为单相触电或称单线触电。人体接触漏电的设备外壳，也属于单相触电。

（二）两相触电

人体不同部位同时接触两相电源带电体而引起的触电叫两相触电。

（三）接触电压、跨步电压触电

当电气设备发生接地故障，接地电流通过接地体向大地流散，在地面上形成电位分布时，若人在接地短路点周围行走，其两脚之间的电位差，就是跨步电压。由跨步电压引起的人体触电,称为跨步电压触电。

三、触电急救

(一) 触电的现场抢救

首先要切断电源,尽快使触电者脱离电源。

(1) 如果触电现场远离开关或不具备关断电源的条件,救护者可站在干燥木板上,用一只手抓住干燥的衣服将其拉离电源,也可用干燥木棒、竹竿等将电线从触电者身上挑开。

(2) 如触电发生在火线与大地间,可用干燥绳索将触电者身体拉离地面,或用干燥木板将人体与地面隔开,再设法关断电源。

(3) 如手边有绝缘导线,可先将一端良好接地,另一端与触电者所接触的带电体相接,将该相电源对地短路。

(二) 对不同情况的救治

(1) 触电者神志尚清醒,但感觉头晕、心悸、出冷汗、恶心、呕吐等,应让其静卧休息,减轻心脏负担。

(2) 触电者神志有时清醒,有时昏迷,应静卧休息,并请医生救治。

(3) 触电者无知觉,有呼吸、心跳,应使触电者舒适、安静地平卧,周围不围人,使空气流通,解开其衣服以利呼吸,并呼叫伤员或轻拍其肩部,以判断伤员是否意识丧失;禁止摆动伤员头部呼叫伤员;如天气寒冷,要注意保温,并速请医生诊治或送往医院。

(4) 触电者呼吸停止,但心跳尚存,应施行人工呼吸;如心跳停止,呼吸尚存,应采取胸外心脏按压法;如呼吸、心跳均停止,则须同时采用人工呼吸和胸外心脏按压法进行抢救;急救应当持续不间断,直至医生到来。

四、防触电技术

在低压配电系统中,有变压器中性点接地和不接地两种系统,相应的安全措施有接地保护和接零保护两种方式。

在正常情况下,电气设备的外壳是不带电的,但因绝缘损坏而漏电时,外壳就会带电,如人体触及就会触电,轻则"麻电",重则死亡。为保证操作人员安全,即使在电气设备因绝缘损坏而漏电,人员不慎触及也不会触电,对电气设备必须采用保护接地与保护接零两种措施。

(1) 将电气设备的外壳用导线同接地极可靠地连接起来,称为保护接地,如图3-19所示。

采用保护接地后,外壳已与大地相接,外壳的电位也是零电位,即使人触及外壳也不会有电流流过人体。因人与大地有一定的绝缘电阻,当人触及带电外壳时,人体的电位就比带电外壳的电位高,电流不会从低电位流向高电位,这就是采取保护接地的必要性。接地极电阻一般要求不得超过4Ω,通常采用埋在地中的铁棒、钢管等作为接地极。

图 3-19　保护接地示意图

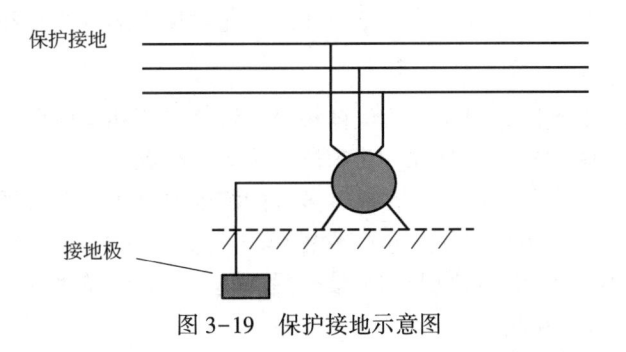

（2）在中线点直接接地的系统中，电气设备的外壳应采用保护接零（又称保护接中线）的方法，即将外壳与零线（中性线）可靠地连接起来，如图 3-20 所示。外壳接零线后，若电动机的一相绝缘损坏而碰壳时，则该相短路，电器保护动作，迅速切断电源，消除触电危险。

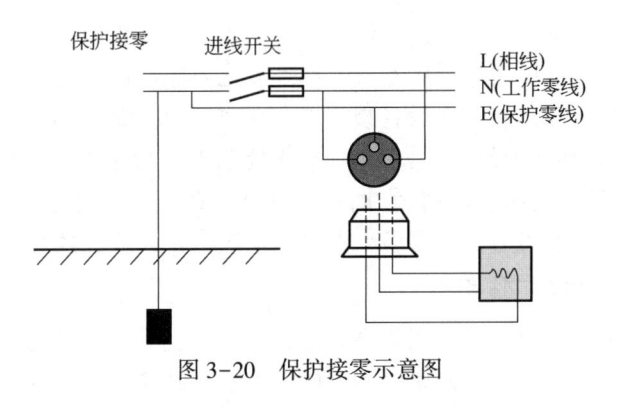

图 3-20　保护接零示意图

第三节　防火防爆

一、燃烧与爆炸

（一）燃烧条件与形式

燃烧是可燃物质（气体、液体或固体）与助燃物（氧或氧化剂）发生的伴有放热和发光的一种激烈的化学反应。它具有发光、发热、生成新物质三个特征。最常见、最普通的燃烧现象是可燃物在空气或氧气中燃烧。

1. 燃烧条件

燃烧必须同时具备三个条件，即可燃性物质、助燃性物质、点火源。每一个条件要有一定的量且相互作用，燃烧方可产生。常见的可燃性物质如柴油、木材、塑料等；常见的助燃性物质如空气、氧气等；常见的点火源有明火、高热物及高温表面、电火花、静电、雷电、摩擦与撞击、易燃物自行发热、绝热压缩、化学反应热及光线和射线等。

2. 燃烧形式

根据可燃物状态的不同，燃烧分为气体燃烧、液体燃烧和固体燃烧三种形式。

根据燃烧发生瞬间的特点，燃烧分为闪燃、着火和自燃三种形式。

液体的表面都有一定数量的蒸气存在，蒸气的浓度取决于该液体所处的温度，温度越高则蒸气浓度越大。在一定温度下，可燃性液体（包括少量可熔化的固体，如萘、樟脑、硫黄、石蜡、沥青等）表面的蒸气与空气混合后，达到一定的浓度时，遇点火源产生的一闪即灭的燃烧现象，称为闪燃。

闪点是指可燃性液体产生闪燃现象的最低温度。闪点是液体可以引起火灾危险的最低温度。液体的闪点越低，它的火灾危险性越大。

（二）火灾与爆炸的区别及破坏作用

1. 火灾与爆炸的区别

燃烧的主要特征是发光和发热，与压力无特别关系。爆炸的主要特征是压力的急剧上升和爆炸波的产生。燃烧和化学爆炸本质上都是氧化还原反应，但二者反应速度、放热速率和火焰传播速度都不同，前者比后者慢得多。例如：1kg 煤块和 1kg 煤气燃烧的热值都是 2931kJ，但前者以 10min 释放，后者爆炸只需要 0.2s，分别表现为缓慢燃烧和爆炸。燃烧和爆炸关系十分密切，有时难以将它们完全分开。在一定条件下，燃烧可以引起爆炸，爆炸也可以引起燃烧。事实上，在很多火灾爆炸事故中，火灾和爆炸是同时存在的。

2. 火灾与爆炸的破坏作用

火灾分酝酿期、发展期、猛烈期和衰灭期。火灾发生后，随着时间的延续，损失数量迅速增长，损失大约与时间的平方成比例，如火灾时间延长一倍，损失可能增加四倍。因此一旦发生火灾，应尽快地进行扑救，以减少损失。

爆炸具有突发性、瞬发性等特点，可能在极短的时间内爆炸已经结束，导致设备损坏、厂房倒塌、人员伤亡等巨大损失。爆炸通常伴随发热、发光、发声、压力上升、真空和电离等现象，具有很大的破坏作用。其破坏作用的大小与爆炸物的数量和性质、爆炸时的条件以及爆炸位置等因素有关。爆炸的破坏形式一般有直接的爆炸作用、冲击波的破坏作用、火灾以及可能的化学污染和人身伤害。

二、防火防爆措施

（一）基本原则

（1）控制可燃物和助燃物的浓度、温度、压力及混触条件，避免物料处于燃烧爆炸的危险状态。

（2）消除一切足以导致起火爆炸的点火源。

（3）采取各种阻隔手段，阻止火灾爆炸事故灾害的扩大。

（二）控制可燃物的措施

控制可燃物就是使可燃物达不到燃烧爆炸所需要的数量、浓度，或者使可燃物难燃烧或用不燃烧材料取而代之，从而消除发生燃烧爆炸的物质基础。

（1）控制气态可燃物，如通风、隔离、置换等。

（2）控制液态可燃物，如替代、稀释等。

（3）控制固态可燃物，如替代、防火涂料等。

（三）控制助燃物的措施

控制助燃物，就是使可燃性气体、液体、固体、粉体物料不与空气、氧气或其他氧化剂接触，或者将它们隔离开来，即使有点火源作用，也因为没有助燃物混合而不致发生燃烧爆炸。

（1）密闭设备系统，如连接形式、密封、管材、气密试验等。

（2）惰性化保护，如氮气保护（惰性化保护控制浓度通常比最低氧含量低4%，如最低氧含量为10%，则将氧气控制在6%左右）。

（3）隔绝空气，如遇空气或受潮、受热极易自燃的物品，可以隔绝空气进行安全储存。

（4）隔离储存，如将禁止混触的物质隔离储存。

（四）控制点火源的措施

1. 冷却法

冷却法即降低燃烧物质的温度。根据可燃物质能够持续燃烧的条件之一就是在火焰或热的作用下达到了各自的燃点这个条件，将灭火剂直接喷洒在燃烧着的物体上，使可燃物的温度降低到燃点以下，从而使燃烧停止。例如直流水的灭火机理主要就是冷却作用。另外，二氧化碳灭火时，其冷却的效果也很好。

2. 窒息法

窒息法即减少空气中氧的浓度。根据可燃物质的燃烧都必须在其最低氧气浓度以上进行，否则燃烧不能持续进行这一条件，通过降低燃烧物周围的氧气浓度起到灭火的作用。

3. 隔离法

隔离法即将正在燃烧的物质和相近的可燃物质隔离。根据发生燃烧必须具备可燃物这一条件，把可燃物与火源隔离开来，燃烧反应就会自动中止。火灾中切断可燃液体流向着火区的通道，拆除与火源相连的设备或易燃建筑物，设法筑堤阻拦已燃的可燃或易燃的液体外流，都是隔离灭火的措施。

4. 抑制法

抑制法即消除燃烧过程中的游离基。通过灭火剂参与燃烧的链式反应过程，使燃烧过程中产生的活泼游离基消失，形成稳定分子或低活性的游离基，从而使燃烧链式反应中断，燃烧停止。常用的干粉灭火剂的主要灭火机理就是化学抑制作用。

三、常用灭火剂

灭火剂是能够有效地破坏燃烧条件，使燃烧终止的物质。灭火剂的种类很多，有水、泡沫、干粉、二氧化碳等。

（一）水

水是不燃液体，用水灭火，取用方便，而且灭火效果好，因此，水仍是目前国内外普遍使用的主要灭火剂。水的灭火机理主要是冷却和窒息。

水不能用于扑救以下物质的火灾：

（1）与水反应能产生可燃气体，容易引起爆炸的物质，如轻金属遇水生成氢气、电石遇水生成乙炔气都能放出大量的热，且氢气和乙炔气与空气混合容易发生爆炸。

（2）非水溶性可燃、易燃液体火灾，不能用直流水扑救，但原油、重油可用雾状水扑救。

（3）直流水（密集水）不能用于扑救带电设备火灾，也不能扑救可燃粉尘聚集处的火灾。

（4）储存大量浓硫酸、浓硝酸的场所发生火灾，不能用直流水扑救，以免酸液发热飞溅。

（二）泡沫灭火剂

泡沫灭火剂指能够与水混溶，并可通过机械或化学反应产生灭火泡沫的灭火剂。泡沫的灭火机理主要是隔离，也有一定冷却作用。多数泡沫灭火剂是以浓缩液（泡沫液）的形式储存，以水溶液（混合液）的形式使用。泡沫液通过比例混合装置与压力水按规定的比例混合，形成泡沫溶液，然后通过泡沫产生器形成泡沫。

（三）干粉灭火剂

干粉灭火剂是干燥的、易于流动的细微粉末，一般以粉雾的形式灭火。干粉灭火剂是一种灭火效果好、速度快的有效灭火剂，干粉灭火主要依靠抑制作用。

（四）二氧化碳灭火剂

二氧化碳是一种气体灭火剂，在自然界中存在也较为广泛，价格低，获取容易，其灭火主要依靠窒息作用和部分冷却作用。

液态二氧化碳加压充装在灭火器中，当液态二氧化碳喷出时，迅速气化，并从周围空气中吸收大量的热，导致燃烧物体温度急剧下降，对燃烧物有一定冷却作用，同时增加空气中既不燃烧也不助燃的成分，降低了空气中氧气的含量。当燃烧区域空气中氧气的含量低于12%，或者二氧化碳的浓度达到30%~35%时，绝大多数的燃烧都会熄灭。

由于二氧化碳灭火剂具有灭火不留痕迹，有一定的绝缘性能等特点，因此适用于扑救600V以下的带电电器、贵重设备、图书资料、仪器仪表等场所的初起火灾，以及一般的液体火灾；不适用扑救轻金属火灾。特别是二氧化碳灭火剂的毒性问题，空气中含有10%浓度的二氧化碳就可以直接导致人员的死亡，而二氧化碳的最低设计浓度为34%，在此浓度下人员会迅速死亡。

四、火灾分类

不同种类的火灾，燃烧特性不同，其所采用的灭火方法和灭火手段也有所不同。根据GB/T 4968—2008《火灾分类》按照物质燃烧的特征可把火灾分为以下六类。

（一）A 类火灾

普通可燃固体物质着火称为 A 类火灾，如木材、棉花、绳索、衣服和煤炭火灾等。这类火灾的燃烧特点是不仅在物体表面燃烧，而且能深入内部，常常会死灰复燃。对 A 类火灾可用水、泡沫、干粉等灭火剂扑救，最佳灭火剂是水。

（二）B 类火灾

可燃液体和可熔化的固体物质着火称为 B 类火灾，如汽油、原油、油漆、酒精、沥青等引起的火灾。燃烧特点是表面液体蒸发燃烧，燃烧速度快，易扩散蔓延，易引起爆炸。对可燃液体发生的火灾，通常使用泡沫灭火剂具有较好的灭火效果。另外，可用二氧化碳、干粉灭火剂扑救。如果可能，必须尽快关阀断源。

（三）C 类火灾

C 类火灾是指可燃气体火灾，如液化石油气、天然气及各种可燃性气体所引起的火灾。这类火灾的燃烧特点是火焰温度高，速度快，爆炸危险性大。对 C 类火灾，通常使用二氧化碳、干粉灭火剂扑救。如果可能，必须尽快关阀断源，冷却降温。

（四）D 类火灾

可燃金属引起的火灾称为 D 类火灾，如钾、钠、镁、锂等所引起的火灾。这类火灾的特点是燃烧温度极高，不能用水扑救。对此类火灾必须使用专用灭火剂进行扑救，如特种石墨干粉和 7150 灭火剂或砂土。

（五）E 类火灾

E 类火灾是指电气火灾，也即所有通电设备发生的火灾，如电动机、电设备等着火。其灭火的原则是，首先切断电源，然后用二氧化碳和干粉等灭火剂扑救。如无法断电，则应采用不导电的灭火剂进行扑救，如二氧化碳和干粉灭火剂，并保持相应距离。对电子设备及宝贵的电气设备最好用二氧化碳灭火剂扑救。

（六）F 类火灾

F 类火灾是指烹饪器具内的烹饪物（如动植物油脂）火灾。该火灾应选择泡沫灭火剂灭火。

五、灭火器的维护保养

（一）外观检查

（1）保险销和铅封完好，未被开启喷射过。
（2）灭火器压力表的外表面不得有变形、损伤等。
（3）灭火器压力表的指针在绿区。在红色区域表示压力低，在黄色区域表示压力高。
（4）灭火器的喷嘴、软管畅通，不得有变形、开裂、损伤等。
（5）灭火器的压把、阀体等金属件不得有严重损伤、变形、锈蚀等缺陷。
（6）灭火器的橡胶、塑料件不得变形、变色、老化或断裂，否则必须更换。

（7）筒体严重变形、筒体严重锈蚀或连接部位、筒底严重锈蚀的灭火器必须报废。

（8）无法清楚识别生产厂名称和出厂日期（包括贴花脱落，或虽有贴花但已看不清）的灭火器必须报废。

（二）密封性检查

（1）二氧化碳储气瓶用称重法检验泄漏量。灭火器的年泄漏量不应大于灭火器额定充装量的5%或50g（取两者的小值）。

（2）储压式灭火器应采用测压法检验泄漏量。灭火器每年的压力降低值不应大于工作压力的10%。

（三）维护保养

灭火器的维修、再充装应由已取得维修许可证的专业单位承担。灭火器一经开启，必须重新充装。在每次使用后，必须送到维修单位检查，更换已损件，重新充装灭火剂和驱动气体。

维修后的灭火器的筒体应贴有永久性的维修和合格标识，维修标识上的维修单位名称、筒体的试验压力值、维修日期等内容应清晰，每次的维修铭牌不得相互覆盖。

（四）报废年限

（1）手提储压式干粉灭火器：10年。

（2）手提式二氧化碳灭火器：12年。

（3）推车储压式干粉灭火器：12年。

（4）推车式二氧化碳灭火器：12年。

六、钻井现场安全防火防爆要求

（一）消防管理要求

（1）建有消防安全制度，经常开展消防宣传教育培训；按规定进行防火巡查和防火检查；维护保养本单位、本岗位的消防设施器材；定期进行灭火训练，发生火灾时，积极参加扑救；保护火灾现场，协助火因调查。

（2）志愿消防队应做到有组织领导、有灭火手段、有职责分工、有教育培训计划、有灭火预案；会报火警，会使用灭火器具，会检查、发现、整改一般的火灾隐患，会扑救初期火灾，会组织人员疏散逃生；熟悉本单位火灾特点及处置对策，熟悉本单位消防设施及灭火器材情况和灭火疏散预案及水源情况；定期开展消防演练。

（3）井场消防器材应配备35kg干粉灭火器4具、8kg干粉灭火器10具、5kg二氧化碳灭火器7具、消防斧2把、消防钩2把、消防锹6把、消防桶8只、消防毡10条、消防砂不少于4m³、消防专用泵1台、φ19mm直流水枪2只、水罐与消防泵连接管线及快速接头1个、消防水龙带100m。机房应配备8kg干粉灭火器3具，发电房应配备7kg及以上二氧化碳灭火器2具。野营房区应按每40m²不少于1具4kg干粉灭火器进行配备。600V以上的带电设备不应使用二氧化碳灭火器灭火。

（4）消防器材应挂牌专人管理，并定期进行检查、维护和保养、不应挪作他用。消防器材摆放处应保持通道畅通，取用方便，悬挂牢靠，不应暴晒或雨淋。

（5）井场动火应按规定办理动火作业手续并落实各项防范措施后方可动火。

（6）在探井、高压油气井的施工中，供水管线上应装有消防管线接口，并备有消防水带和水枪。

（二）井场布置与防火间距

（1）油气井井口距高压线及其他永久性设施应不小于75m；距民宅应不少于100m；距铁路、高速公路应不小于200m；距学校、医院和大型油库等人口密集性、高危性场所应不小于500m。

（2）钻井现场设备、设置的布置应保持一定的防火间距。钻井现场的生活区与井口的距离应不小于100m。值班房、发电房、库房、化验室等井场工作房、油罐区、天然气储存处理装置距井口应不小于30m。发电房与油罐区、天然气储存处理装置相距应不小于20m。锅炉房距井口应不小于50m。在草原、苇塘、林区钻井时，井场周围应设防火隔离墙或宽度不小于20m的隔离带。

（3）井控装置的远程控制台应安装在井架大门侧前方、距井口不少于25m的专用活动房内，并在周围保持2m以上的行人通道；放喷管线出口距井口不小于75m（含硫井依据相关标准规定执行）。

（4）如遇到地形和井场条件等特殊情况不满足上述距离要求的，应进行专项评估，并采取或增加相应的安全保障措施，在确保安全的前提下，由设计部门调整基数条件。

（5）井场应设置危险区域图、逃生路线图、紧急集合点及两个以上的逃生出口，并有明显标识。

（三）设备与设施

（1）井场设备的布局应考虑风频、风向。井架大门宜朝向全年最小频率风向的上风侧。

（2）井场及周围应设置风向标。风向标可采用风袋、风飘带、风旗或其他适用的装置。风向标应设置在采光良好和照明良好处。设置位置可选择绷绳、工作现场周围的立柱、临时安全区、道路入口处、井架上、消防器材室等处。至少一个风向标应设置在施工现场及临时安全区其他人员视野之内。

（3）在油罐区、天然气储存处理装置、消防器材室及井场明显处，应设置防火防爆安全标识。

（4）内燃机排气管应无破损，并有火花消除装置，其出口不应指向循环罐，不宜指向油罐区。

（5）井场距井口30m以内的电气系统，包括电动机、开关、照明灯具、仪器仪表、电气线路及接插件、各种电动工具等在内的所有电气设备均应符合防爆要求。电气控制宜使用通用电气集中控制房或电动机控制房，地面敷设电气线路应使用电缆槽集中排放。钻台、机房、净化系统的电气设备、照明器具应分开控制。井架、钻台、机泵房、野营房的照明线路应各接一组专线。地质综合录井、测井等井场用电应设专线。探照灯的电源线路应在配电房内单独控制。发电机应配备超载保护装置。电动机应配备短路、过载保护装置。

(6) 井控装置的配套、安装、调试、维护应符合相关防火防爆安全技术。选择完井井口装置的型号、压力等级和尺寸系列应符合相关标准规范和设计的要求。司钻控制台和远程控制台气源应用专用管线分别连接。远程控制台电源应从发电机房内或集中控制房内用专线引出，并单独设置控制开关。井场应配备自动点火装置，并备有手动点火器。

(7) 宜在井口附近钻台上、下及井内钻井液循环出口等处的固定地点设置和使用可燃气检测报警仪器，并能及时发出声、光警报。含硫井配备与使用依据相关标准规定执行。

(8) 施工现场应有可靠的通信联络，并保持24h畅通。

(四) 施工作业

(1) 钻台、底座及机、泵房应无油污。

(2) 钻台上下及井口周围、机泵房不得堆放易燃易爆物品及其他杂物。

(3) 远程控制台及其周围10m内应无易燃易爆、易腐蚀物品。

(4) 井口附近的设备、钻台和地面等处应无油气聚集。

(5) 井场内严禁吸烟。

(6) 禁止在井场内擅自动用电焊、气焊（割）等明火。当需动用明火时，执行动火许可手续，并采取防火安全措施。

(7) 在生产过程中，对原油、废液等易燃易爆物质泄漏物或外溢物应迅速处理。

(8) 井场储存和使用易燃易爆物品的管理应符合国家有关危险化学品管理的规定。

(9) 钻开油气层后，所有车辆应停放在距井口30m以外。因工作需要，必须进入距离井口30m范围内的车辆，应安装阻火器或采取其他相应安全措施。

(10) 井控相关工作应符合防火防爆要求。井控操作和管理人员应按规定经过专门培训，取得井控操作合格证，并按期复审。

(五) 特殊情况的处理

(1) 钻井过程中的井控作业、溢流的处理和压井作业按井控相关要求执行。在有可燃气体溢出的情况下进行生产作业和紧急处理时，工作人员应身着防静电工作服，并采取防止工具摩擦和撞击产生火花的措施。

(2) 放喷天然气或中途测试打开测试阀有天然气喷出时，应立即点火燃烧。

(3) 井喷发生后，应指派专人不断地使用检测仪器对井场及附近的天然气等易燃易爆气体的含量进行测量，提供划分安全区的数据，划分安全作业范围。含硫油气在下风口100m、500m和1000m处各设一个检测点。进行测量的工作人员应佩戴正压式空气呼吸器，并有监护措施。

(4) 处理井喷时，应有医务人员和救护车在井场值班，并为之配备相应的防护器具。

(5) 钻井现场应考虑应急供电问题，设置应急电源和应急照明设施。

(6) 若井喷失控，应立即采取停柴油机和锅炉、关闭井场各处照明和电气设备、打开专用探照灯灭绝火种、组织警戒、疏散人员、注水防火、请示汇报和抢险处理等应急措施。含硫油气井的应急撤离措施按照相关要求执行。

(7) 在钻井过程中，遇有大量易燃易爆、有毒有害气体溢出等紧急情况，已经严重危及安全生产需要弃井或点火时，决策人宜由生产经营单位代表或其授权的现场总负责人担任，并列入应急处理方案中。

第四节　防雷防静电

一、防雷措施

（一）雷电的分类

雷电分为直击雷、闪电感应和雷击电磁脉冲。

1. 直击雷

直击雷是在云体上聚集很多电荷，大量电荷要找到一个通道来释放，有的时候是一个建筑物，有的时候是一个铁塔，有的时候是空旷地方的一个人，所以这些人或物体都变成电荷释放的通道，就会把人或者建筑物击伤。直击雷的电压峰值通常可达几万伏甚至几百万伏，其之所以破坏性很强，主要是因为雷云所蕴藏的能量在极短的时间就释放出来。

2. 闪电感应

闪电感应也称作感应雷，分为静电感应和电磁感应。

静电感应是由于带电积云接近地面，在架空线路导线或其他导电凸出物顶部感应出大量电荷引起的。在带电积云与其他客体放电后，架空线路导线或导电凸出物顶部的电荷失去束缚，以大电流、高电压冲击波的形式，沿线路导线或导电凸出物极快地传播。这种现象也说成是静电感应雷。

电磁感应是由于雷电放电时，巨大的冲击雷电流在周围空间产生迅速变化的强磁场引起的。这种迅速变化的磁场能在邻近的导体上感应出很高的电动势。如果是开口环状导体，开口处可能由此引起火花放电；如果是闭合导体环路，环路内将产生很大的冲击电流。这种现象也说成是电磁感应雷。

3. 雷击电磁脉冲

雷击电磁脉冲是一种干扰源，是雷电流经电阻、电感、电容耦合产生的电磁效应。所产生的电场和磁场能够耦合到电器或电子系统中，从而产生干扰性的浪涌电流或浪涌电压。其产生的高电位主要损坏电气设备及电子设备，造成计算机信息系统中断，或者产生电弧、电火花放电而引起火灾。

（二）雷电的危害

1. 电效应

雷电放电时，能产生高达数万伏甚至数十万伏的冲击电压，足以烧毁电力系统的发电机、变压器等电气设备和线路，引起绝缘击穿而发生短路，导致可燃、易燃、易爆物品着火和爆炸。

2. 热效应

当几十至上千安的强大雷电流通过导体时，在极短的时间内将转换成大量的热能。雷击点的发热能量可熔化 50~200mm³ 的钢，故在雷电通道中产生的高温，往往会酿成火灾。

3. 机械效应

由于雷电的热效应，还将使雷电通道中木材纤维缝隙和其他结构中间缝隙里的空气剧烈膨胀，同时使水分及其他物质分解为气体，因而在被雷击物体内部出现强大的机械压力，致使被击物体遭受严重破坏或造成爆炸。

（三）钻井井场雷电防护的基本要求

（1）钻井井场应根据所处位置的雷电环境，采取经济合理、切实有效的防护直击雷、闪电感应和雷击电磁脉冲的措施。

（2）钻井井场的接地应采用共用接地系统。电气和电子设备的金属外壳、机柜、机架、金属管（槽、盒）、屏蔽线缆金属外层的防雷接地、防静电接地、工作接地、保护接地均应等电位连接，并与共用接地系统连接，接地电阻值应按接入设备中要求的最小值确定。

（3）遇雷暴天气，应停止露天户外作业，人员不应在井架附近活动。

（四）钻井井场雷电防护的技术措施

1. 井架及钻台区

（1）井架顶部金属结构可作为接闪器，当天车等装置不在直击雷保护范围内时，应装设接闪器。

（2）井架本体可作为引下线，应保证电气连接。井场爆炸危险区域各部位连接处过渡电阻不应大于 0.03Ω，宜做等电位连接。

（3）井架应设置人工防雷接地装置，钻台区设备（液压站、绞车、动力钳、司钻房、偏房）及坡道、斜梯、安全滑道等应与钻台做等电位连接，可不单独设置接地装置。井架接地装置接地电阻不应大于 4Ω，接地点不应少于两处，且对称布置。

（4）固定在井架上的动力、控制、照明、信号及通信线缆，应采用屏蔽线缆或穿钢管敷设，钢管与井架做等电位连接。

2. 钻井泵组、固控及井控系统

（1）钻井泵应设置至少一处接地装置，接地电阻不应大于 4Ω。

（2）当多台电气设备（灌注泵、振动筛、离心机等）共用一个金属构架（底座、支架、拖橇）时，应就近与金属构架做等电位连接，可不单独设置防雷接地。金属构架应至少设置两处接地装置，如图 3-21 所示，接地电阻不应大于 4Ω。相邻的两个金属构架应两两做等电位连接。

（3）井控系统的远程控制装置应设置至少一处接地装置，接地电阻不应大于 4Ω。

3. 动力、电控系统

（1）发电房、配电房、电气控制房、录井房、测井房等金属活动房应设置至少两处接地装置，且对称分布，接地电阻不应大于 4Ω。相邻的两个金属活动房应两两做等电位连接，如图 3-22 所示。

（2）所有电气设备的金属外壳都应与其所在金属房体等电位连接。金属结构的门宜采用单独的金属软导线与房体可靠连接。对有特殊要求的设备，接地应满足设备说明书或生产厂家要求。

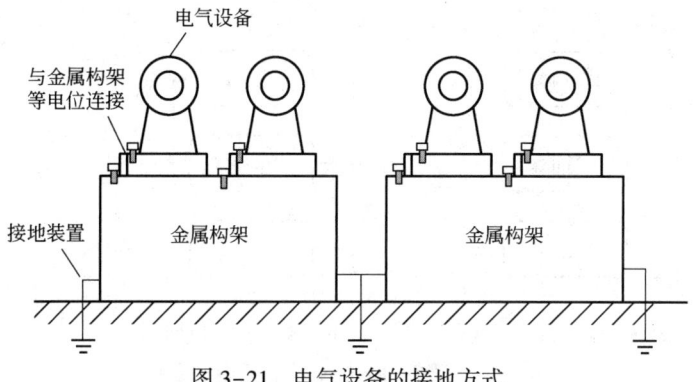

图 3-21　电气设备的接地方式

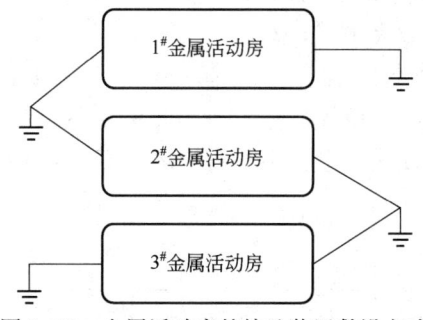

图 3-22　金属活动房的接地装置敷设方式

（3）动力线缆、通信线缆应采用穿金属线缆槽或钢管等屏蔽措施。金属线缆槽和钢管两端应与金属活动房的入、出户端做等电位连接并接地。金属线缆槽和钢管应整体电气导通。

（4）应在线路进入各类金属活动房处和防雷分区界面处安装适配的电涌保护器。

4. 电子系统

（1）仪表应在直击雷保护范围内，不在直击雷保护范围内的仪表等设备应装设接闪杆，接闪杆距离设备不应小于 0.5m。

（2）仪表、监控、报警器应与安装位置的金属构件、设备等电位连接并接地。

（3）仪表的信号电缆应采取屏蔽措施，屏蔽层两端应与设备或所在位置的金属构件、防雷装置等电位连接。

（4）仪表的进线端宜安装适配的电涌保护器。

（5）地质录井房的接地应经去耦合器与井场共用接地系统连接。

5. 燃料存放区

（1）柴油罐顶板钢体厚度不小于 4mm 时，不应装设接闪器。若小于 4mm 且不在直击雷保护范围内时，应装设防直击雷设备。采用独立接闪杆保护时，接闪杆及接地体至被保护的钢油罐及其附属的管道、电缆等的安全距离应大于 3m。

（2）柴油罐的接地不应少于两处，且对称分布，罐体及各附属电动机的接地电阻不应大于 4Ω。接地体距罐壁的安全距离应大于 3m。接地装置的敷设方式，如图 3-23 所示。

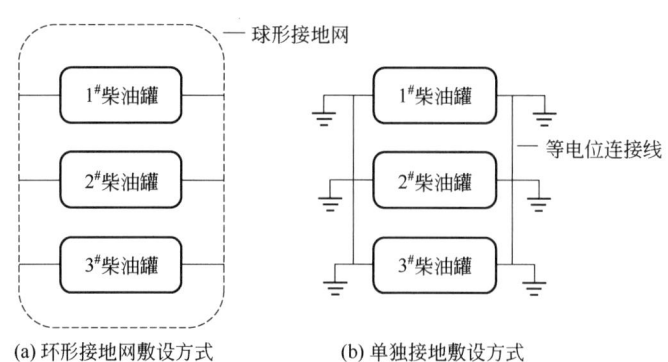

(a) 环形接地网敷设方式　　(b) 单独接地敷设方式

图 3-23　燃料存放区接地装置敷设方式

（3）油罐区的高架油罐、爬梯、操作台、油泵、输油管线、仪表等所有金属附件应电气导通，连接处过渡电阻不应大于 0.03Ω。

（4）油罐区输油管路的弯头、阀门、金属法兰盘等连接处的过渡电阻大于 0.03Ω 或少于五根螺栓连接的，连接处应用铜质线（片、带）跨接，跨接方式如图 3-24 所示。对由不少于五根螺栓连接的金属法兰盘，在非腐蚀环境下，可不跨接，但应构成电气通路。

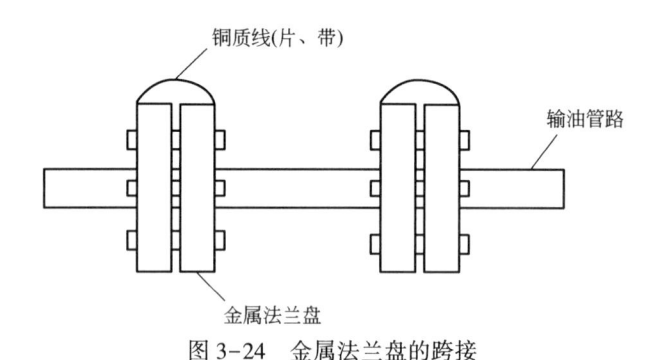

图 3-24　金属法兰盘的跨接

（5）储存压缩天然气（CNG）和液化天然气（LNG）的装置应设置两处接地，并就近与附近的金属活动房（装置、拖橇）做等电位连接。接地电阻不应大于 4Ω。

（6）输油管路的所有金属附件，包括护套的金属包覆层应接地。油罐的装卸油管应与罐体电气导通，接地电阻不应大于 4Ω。

（7）油品装卸车区应设置静电释放装置，接地电阻不应大于 100Ω，山区等高土壤电阻率地区不应大于 1000Ω。

6. 驻井房及生活区

（1）驻井房应至少设置两处接地装置，接地电阻不应大于 4Ω。相邻并排布置的驻井房应两两等电位连接。接地装置的敷设方式如图 3-21 所示。

（2）井场及生活区的旗杆等高耸金属物应做防雷接地，接地电阻应不大于 10Ω。

（3）生活区电缆入户端应安装适配的电涌保护器。

（4）天馈线路应在直击雷保护范围之内，应安装适配的电涌保护器。

（5）所有电气设备的金属外壳都应与其所在驻井房的金属房体等电位连接。

（五）钻井井场防雷装置的技术要求

1. 接地装置

（1）接地线宜采用镀锌铜编织带，截面积不应小于 50mm²，紧固件应采用热镀锌制品。接地线的敷设应尽可能做到短且直。

（2）接地线与接地端子或接地体的连接应牢固，且有良好导电性能。采用螺栓连接的，搭接面应光洁平整，无明显锈蚀。

（3）井场接地装置宜选用可快速安装拆卸、可反复多次使用的接地装置。

（4）人工垂直接地体宜采用圆钢，直径应大于 10mm。相邻接地体应就近等电位连接，并接入共用接地系统。

（5）在高土壤电阻率地区，接地电阻很难达到要求时，可采用多支线外引接地装置、接地体埋于较深的低电阻率土壤、换土或采用降阻剂等措施以降低接地电阻。

2. 等电位连接

（1）用于等电位连接的导体宜采用镀锌铜编织带，如图 3-25 所示，截面积应大于 16mm²。

图 3-25　镀锌铜编织带

（2）等电位连接导体与设备（装置）的螺杆形接线端子连接时，螺纹的氧化膜应除净，螺母接触面应平整，螺母与等电位连接导体间应加铜质搪锡平垫圈，并应有锁紧螺母，但不得加弹簧垫，如图 3-26 所示。

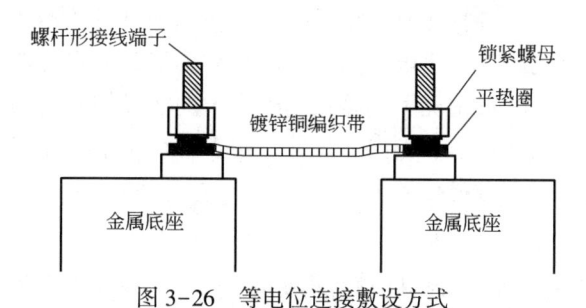

图 3-26　等电位连接敷设方式

3. 电涌保护器

（1）电涌保护器两端的连接导线应平直，并尽可能做到最短，其两端连接导线长度之和不应大于 0.5m。电涌保护器接地端可就近接至配电柜金属外壳上。

（2）多级电涌保护器安装时应考虑电涌保护器间的能量配合。

（3）当电涌保护器内部未设计有热脱扣装置时，应在其前端加装过电流保护装置。

（4）用于控制、网络、监控、通信系统的电涌保护器，应满足系统传输特性。

（5）电涌保护器的防爆等级应符合相关要求。

（六）钻井井场防雷装置的检测与检查

1. 检测

（1）钻井队防雷装置应由专业防雷检测机构定期检测，检测周期不应超过1年。

（2）检测内容应包括防雷装置规格型式、接地装置接地电阻、等电位连接情况、屏蔽措施、共用接地、电涌保护器等。

2. 检查

（1）防雷装置的检查分为定期检查和日常检查。定期检查应在井场设备安装完毕后以及雷雨季节到来前完成。日常检查应贯穿生产作业全过程。

（2）检查内容应包括：

① 接地装置、等电位连接导线等是否安装到位。若发现缺失或损坏，应补充或修复。

② 外部防雷装置的电气连续性。若发现有脱焊、松动和锈蚀等，应进行相应的处理，特别是在接地线与接地端子或接地体的连接处，应经常进行电气连续性测量。

③ 内部防雷装置和设备金属外壳、机架等电位连接是否良好。若发现连接处松动或断路，应修复或更换。

④ 各类电涌保护器的运行状况。若出现故障，应排除或更换。

⑤ 测试接地装置的接地电阻值。若测试值大于规定值，应采取有效的整改措施。

二、防静电措施

（一）静电的产生及其危害

所谓静电，是指在宏观范围内暂时失去平衡的相对静止的正电荷和负电荷。静电是由于物体的摩擦而产生的。两种物体紧密接触时，一物体把电子传给另一物体，失去电子的物体带正电，得到电子的物体带负电。因此，两种物体接触后再分离时两物体上就分别带有电荷，即产生了静电。一般情况下，越是电阻率大的非导体越容易带电。除不同的物质由于摩擦产生静电外，由于撕裂、剥离、拉伸、撞击等也可能产生静电。例如，钻井过程中的装卸散装料等，都会有静电荷产生。

1. 静电的特点

（1）静电电压很高。两种物质接触后再分离时，由于产生了静电，其间电压 U 与电量 Q 成正比，而与该带电系统的电容 C 成反比，即 $U=Q/C$。在短时间内，电荷量几乎维持不变；其间距离与相接触时的微小距离相比急剧增加，使其电容量急剧下降，从而导致电压达到很高的数值。

（2）静电产生感应。静电感应就是金属导体在静电场中，导体表面的不同部位感应出不同的电荷或导体上原有的电荷经感应重新分配的现象。因此，作业过程中产生的静电，可以在邻近的对地绝缘的金属导体上感应出电荷，甚至使其产生很高的电压。

（3）静电产生尖端放电。金属导体上的电荷分布在导体外表面上，导体表面的曲率越大，电荷分布的密度越大。因此，导体表面尖端附近电场较强，容易使周围的空气等介质电离，即发生尖端放电。

2. 静电的产生部位

（1）固体物质带电。固体物质大面积的摩擦，如传动皮带与皮带轮或导轮的摩擦，固体物质搅拌过程等，均可能产生静电。

（2）易燃可燃液体带电。易燃可燃液体流动时，相互碰撞、喷溅、与管壁摩擦或冲击容器壁，都能产生静电。例如，液体在管道中流动、向储罐中灌注液体等过程均容易产生静电。

（3）粉体带电。粉体物料在搅拌或高速运动时，由于粉体颗粒与颗粒之间以及粉体颗粒与管道壁、容器壁或其他器具之间的碰撞、摩擦会产生静电。

（4）压缩气体和液化气体带电。如乙炔、天然气、液化石油气等，气体中含有固体或液体杂质在高速喷出时与喷口发生强烈摩擦产生静电。

3. 静电的危害

静电技术在现代科技领域中发挥着极其重要的作用，如工业生产中的静电喷漆、静电除尘，办公用的静电复印等技术，然而它也可能造成人体电击、生产故障和火灾爆炸等事故。

如果在接地良好的导体上产生静电荷后，静电荷会很快泄漏到大地中去；但如果是绝缘体上产生静电，则电荷会越积越多，形成很高的电位。当带电体与不带电体或电位很低的物体接近时，如电位差达到300V以上，就会产生放电现象，并产生火花。静电放电的火花能量达到或大于周围可燃物的最小着火能量，而且可燃物在空气中的浓度或含量也在爆炸极限范围以内时，就能立刻引起燃烧或爆炸。

（二）静电的防护措施

静电放电引起火灾、爆炸事故的条件包括有产生静电电荷的条件、具备产生火花放电的电压、有引起火花放电的合适间隙、产生的电火花有足够的能量、在放电间隙的周围环境中有爆炸性混合物。上述5个条件只要消除其中一个就能达到防静电危害的目的。

1. 利用工艺控制方法减少产生静电

（1）减少传送皮带与带轮之间的摩擦，防止打滑现象，即皮带松紧要适当，尽可能采用导电胶带或传动效率较高的导电三角带。

（2）在输送可燃气体、易燃液体和易燃易爆物质的设备上，采用轴传动。

（3）限制易燃可燃液体在管道中的流速。

（4）灌装油品采用底部注油方式操作。

2. 静电接地

（1）凡是能够产生静电的管道、设备，均应连成一个连续的导电整体并加以接地。

（2）防雷、电气保护的接地系统可同静电接地共用。静电接地系统也可利用电气工作接地体，但不允许用三相四线制的零线系统。管道、设备用法兰连接的，至少应用两个以上螺栓作妥善连接，螺栓安装前其接触部位应除锈、加铅或镀锡垫圈。

（3）储罐如有避雷装置的，可不必另设静电接地（独立的避雷针的接地装置除外）。储罐应有两处以上的接地点，接地极之间的距离不应大于30m，接地点不应装在进液口附近。

（4）罐车卸车处，要装设专用的接地接头，以便接地使用。

3. 增加空气湿度

采用通风系统进行调湿、地面洒水、挂湿布条以及喷放水蒸气等方法。提高设备内部和设备周围空气的相对湿度，来增加空气的导电性能，以消除静电积聚。增湿空气不仅有利于静电的导出，还能提高爆炸性混合物的最小点火能量，有利于防爆。

4. 加抗静电添加剂

抗静电添加剂是一种表面活性剂，它可使非导体材料增加吸湿性或离子性，绝缘性能受到一定的破坏，以达到消除静电的目的。

5. 静置

经输油管注入容器、储罐的液体能带入一定量的静电荷，而液面电荷经液面导向器壁进而泄入大地需一定时间，经静置后，再进行取样、检测等工作。

6. 防止人体带电

在有火灾、爆炸危险的场合，操作人员不要穿化纤衣服，宜穿布底鞋或导电的胶底鞋；工作地面应采用导电性能好的水泥地面或采用导电橡胶的地板。

在井场入口、钻台梯子等处增设静电释放器，用于人员身体的静电释放。

7. 控制和消除易燃易爆物质

（1）在可能产生和积累静电的工艺过程中，在条件允许情况下，尽量用不燃或难燃材料代替可燃材料。

（2）密闭设备和管道，防止滴、漏、跑、冒可燃气体、易燃和可燃液体蒸气以及粉体类易燃物料。

（3）采用通风措施，保持一定的空间内不至于形成爆炸性混合物或沉积可燃性粉尘。

（4）在有火灾爆炸危险的设备内充入惰性介质，以稀释可燃物，防止形成爆炸性混合物等。

第五节　设备设施风险防控

安全使用设备设施是钻井施工过程中一项重要内容。日常工作中做好设备设施巡检工作，是减少事故发生、防范风险的重要手段。正常生产过程中班组人员按照各岗位巡检表在班前进行巡回检查，从而判断设备设施运转是否正常，是否存在安全隐患。现以司钻岗和副司钻岗为例，分析设备设施存在的主要风险，以及应采取的防控措施，司钻岗和副司钻岗的巡回检查表样式参考附录7、附录8。

一、司钻岗位

（一）死绳固定器

1. 主要风险

（1）固定松动，导致死绳固定器掉落，对作业人员造成物体打击事故。

（2）因传感器密封失效，管线及接头刺漏，高压液体刺出，对作业人员造成其他伤害。

（3）因死绳固定器防滑短节未按要求卡牢固定，或挡绳杆缺失，致使死绳固定器端大绳松脱，对作业人员造成物体打击事故。

2. 防控措施

（1）螺栓齐全、紧固、无余扣，背帽齐全。

（2）传感器密封良好，管线及接头不刺不漏。

（3）防滑短节3个绳卡牢固，间距100~150mm，防滑绳头与压板间距不大于100mm。挡绳杆固定完好无缺失。

（二）立管压力表

1. 主要风险

（1）因立管压力表不防震，压力表量程不符合要求，表盘不清洁，致使压力表指针不灵敏，表指示值不准确，造成司钻误操作，对作业人员造成其他伤害。

（2）因冬季未采取防冻措施，致使压力表处发生冻堵，导致压力表失灵，进而引发其他伤害。

2. 防控措施

（1）立管压力表使用耐震压力表，表盘清洁，指示灵敏、准确。

（2）冬季施工时，对压力表处进行保温处理。

（三）钻井参数仪

1. 主要风险

因钻井参数仪不灵敏、不准确、不清洁，致使显示数值不准确，造成司钻误操作，对作业人员造成物体打击事故。

2. 防控措施

（1）钻井参数仪外观清洁，连接牢固，显示灵敏、准确。

（2）指重表、灵敏表、记录仪读数一致。

（四）辅助刹车

1. 主要风险

（1）因辅助刹车缺水、漏气或断电、风机故障，致使刹车失灵，对人员造成物体打击事故。

（2）因辅助刹车锁定不牢靠，齿套松动、损坏，致使刹车失灵，对人员造成物体打击事故。

2. 防控措施

（1）应确保辅助刹车有效可靠，不漏水、不漏气、供电正常、冷却系统工作良好。

（2）应确保辅助刹车齿套摘挂灵活、锁定良好、运转正常。

（五）大绳及滚筒

1. 主要风险

（1）因活绳头固定失效，大绳从滚筒中脱出，游动系统无控制地下落，对作业人员造成物体打击事故。

（2）因钢丝绳磨损超标、断丝、严重锈蚀、扭结，造成大绳断裂，游动系统无控制下落，对作业人员造成物体打击事故。

（3）因滚筒固定松动，引发设备故障，对人员造成机械伤害。

2. 防控措施

（1）活绳头紧固牢靠，余量长度不小于 20cm。

（2）钢丝绳无断丝、严重锈蚀、扭结、压扁、磨损超标。

（3）滚筒螺栓紧固牢靠。

（六）滚筒高低速离合器

1. 主要风险

（1）因滚筒高低速离合器各固定螺栓松动、缺失，气囊、钢毂有油污，摩擦片磨损严重、缺失，致使起升功能消失，游动系统无控制下落，造成人员物体打击事故。

（2）因气路有异物或快速放气阀有卡阻，快速放气阀不放气，引发游动系统上顶下砸，对作业人员造成物体打击事故。

2. 防控措施

（1）滚筒高低速离合器各固定螺栓齐全、紧固，气囊、钢毂无油污，摩擦片无损坏或缺失。

（2）气路进、排气通畅无异物，快速放气阀灵敏可靠。

（七）刹车系统

1. 主要风险

（1）因液压站电动机、柱塞泵运转不正常、油量不够、油温过高、管线刺漏、液压系统压力不足，致使刹车功能下降，对人员造成物体打击伤害。

（2）因刹车块厚度小于 12mm，刹车钳松刹间隙超出规定范围，刹车盘有油污或磨损过度，冷却水道不畅通或缺水，致使刹车系统功能失效，对人员造成物体打击伤害。

2. 防控措施

（1）液压站液压油量合适，最高工作油温不大于 60°，电动机、柱塞泵运转正常，无杂音，液压工作系统压力符合规定要求。

（2）油缸及液压管线无渗漏，刹车盘无油污。

（3）刹车块厚度大于 12mm，工作群松刹间隙在 1~1.5mm，安全钳松刹间隙小于 0.5mm。

（4）冷却水道畅通，工作正常不漏水。

（八）防碰天车

1. 主要风险

（1）因数码防碰天车设置不正确，过卷式防碰天车顶杆弯曲或设置位置不正确，重锤式防碰天车引绳下端与重锤之间未用安全挂钩和开口销连接，致使防碰天车功能失效，未及时切断绞车动力，造成游动系统上顶天车下落对人员造成物体打击事故。

（2）因重锤式防碰天车的重锤下落范围有垫挂物，冬季未按要求进行活动，致使防碰天车气路冻堵不起作用，造成游动系统上顶天车下落对人员造成物体打击事故。

2. 防控措施

（1）数码防碰天车设置完成后，应进行上碰点、下砸点的测试，确保上、下限位设置合适，反应灵敏，减速段减速明显，刹车动作迅速。

（2）过卷式防碰天车顶杆过碰动作位置调节合适；过卷阀与滑道螺栓紧固到位；卫生清洁；过卷阀气管线走向合理固定牢固，不与大绳挂碰。

（3）重锤式防碰天车引绳下端与重锤之间用安全挂钩和开口销连接，插拔式防碰天车引绳下端与钢丝绳和上拉销连接后的受力方向与下拉销的插入方向所成的夹角不大于30°为最佳状态；钢丝绳用3个与绳径相符的绳卡固定，绳头包裹，无挂卡，松紧合适，不打扭、不打结。

（4）重锤下落范围无垫挂物，冬季每30min活动一次。

（5）滑大绳或倒大绳后，应对数码防碰天车和过卷阀重新进行校正，所设置的数字与游车实际刹车高度相一致。

（九）井控司钻操作台

1. 主要风险

因井控司钻操作台上的仪表损坏或各连接管路弯折、泄漏，致使操作台与远程控制台各压力表上的压力值不准确，司钻误操作，造成井喷及火灾事故。

2. 防控措施

司钻井控操作台仪表完好、准确，各连接管路无弯折和泄漏。司钻井控操作台与远程控制台各压力表压力值误差不大于1MPa。

（十）液压猫头

1. 主要风险

（1）因液压猫头端钢丝绳头固定松动，钢丝绳严重磨损、锈蚀、断丝超标，致使在使用过程中钢丝绳脱出或断裂，造成人员物体打击伤害。

（2）因液压猫头滑轮固定不紧固，护罩不齐全，未按时进行保养，致使液压猫头滑轮、导向滑轮固定松动，转动卡阻，护罩缺失，造成人员物体打击伤害。

（3）因液压旋转猫头支座固定不牢固，致使其变形、松动或断裂，造成人员物体打击伤害。

2. 防控措施

（1）钢丝绳头固定牢靠，钢丝绳符合使用标准。

（2）液压猫头滑轮按规定扭矩紧固，按时对滑轮处的黄油嘴进行注油保养，使其转动灵活，护罩齐全。

（3）应确保液压旋转猫头支座固定牢靠，无变形裂纹。

（十一）司钻操作房

1. 主要风险

（1）因控制手柄操作不灵活，致使设备启停失控，对人员造成其他伤害。

（2）因司钻操作房仪表显示不正常，致使司钻不能及时了解相关参数，造成司钻误操作，对人员造成其他伤害。

（3）因司钻操作房处总气压表压力低、气管线漏气等，各个气胎离合器进气不足，导致设备损坏或井下复杂。

（4）因司钻操作房内按钮、手轮缺失，标识不清楚，司钻误操作，对人员造成其他伤害。

（5）因刹车操作手柄（按钮）工作不正常，各管线连接渗漏，造成刹车系统功能异常，对人员造成物体打击事故。

（6）因电控箱各转换开关损坏，仪表、指示灯异常，充压气体未开启，防爆功能失效，使可燃气体进入造成火灾事故。

2. 防控措施

（1）控制手柄灵活好用、固定牢靠。

（2）仪表齐全、灵敏、准确、清洁。

（3）司钻操作房总气源压力为 0.65~0.8MPa，阀件、管线连接紧固不漏气。

（4）司钻操作房内按钮、手轮齐全灵活可靠、标识清楚。

（5）刹车操作手柄（按钮）工作正常，各管线连接无渗漏。

（6）电控箱各转换开关灵活好用，仪表灵敏、准确，各指示灯完好，箱内气压足够，电源线路走向符合规定要求，绝缘良好，防爆。

二、副司钻岗位

（一）循环罐、储备罐

1. 主要风险

（1）因罐内钻井液数量不足，当井漏或井喷发生时无法灌满井筒，导致井喷事故，对作业人员造成其他伤害。

（2）因连接管线密封不良，蝶阀开关卡滞，致使钻井泵吸入不良，造成井下复杂。

2. 防控措施

（1）罐内钻井液数量能够满足要求，并按要求进行搅拌。

（2）连接管线完好，蝶阀开关灵活。

（二）加重设备

1. 主要风险

（1）加重装置不能正常工作，发生溢流险情时不能对钻井液进行加重，造成井喷事故，对人员造成其他伤害。

（2）加重装置管线连接不牢固发生刺漏，对人员造成其他伤害。

2. 防控措施

（1）加重装置清洁完好，工作正常。

（2）加重管线连接处进行防脱保险，管线畅通无刺漏。

（三）钻井泵

1. 主要风险

（1）因空气包壳体与钻井泵排出五通连接螺栓松动、缺失，造成高压液体刺漏，对作业人员造成其他伤害。

（2）因空气包压盖螺栓松动、断裂，导致压盖飞出，对作业人员造成物体打击事故。

（3）因钻井泵皮带轮安装不到位、固定松动，导致皮带轮脱落，造成物体打击事故。

（4）因钻井泵皮带轮旋转部位和皮带裸露，将作业人员绞入，造成机械伤害。

（5）因钻井泵皮带翻转、跳槽、扭结缠绕、断折，导致皮带脱出，造成物体打击事故。

（6）因万向轴同轴度超标，连接螺栓松动，导致万向轴甩出，造成物体打击事故。

（7）万向轴旋转部位裸露，将作业人员绞入，造成机械伤害。

（8）因排出管线固定螺栓松动，密封失效，导致高压液体刺漏，对作业人员造成其他伤害。

（9）因误操作或其他原因致使工作压力过高，导致缸套爆裂、薄弱部位高压液体刺漏，对作业人员造成其他伤害。

（10）因安全阀溢流口放喷管线存在固定松动，未加安全绳或安全链等安装不到位，导致管线剧烈摆动，对作业人员造成物体打击事故或高压液体刺漏伤人事故。

（11）因喷淋泵皮带护罩松动、破损、运行不畅，对作业人员造成机械伤害，或造成机械事故。

（12）因本体有裂纹，导致吊重物时悬吊装置断裂，造成物体打击事故。

（13）因游动滑轮损坏、脱出导轨，导致滑轮脱落，造成物体打击事故。

（14）因润滑油不足、变质导致设备损坏，造成机械事故。

（15）因拉杆卡箍固定松动，导致部件损坏，造成机械事故。

（16）因拉杆运行部位裸露，作业人员接触运行部位，导致机械伤害事故。

（17）因压力表损坏、寒冷地区冬季未采取防冻措施，导致压力表失灵进而引发其他伤害。

2. 防控措施

（1）空气包壳体与钻井泵排出五通连接螺栓紧固，齐全。

（2）空气包压盖螺栓紧固，齐全。

（3）应将皮带轮安装紧固，固定牢靠。

（4）护罩安装齐全，固定牢靠，无变形、损坏。

（5）钻井泵水泥基础或钢木基础应使泵尽量保持水平，水平偏差不得超过3mm；皮带轮共面度应小于1mm；检查皮带张紧度，在两传动带轮中点位置向传动带施加10kg垂力，传动带下垂不超过10mm。

（6）钻井泵水泥基础或钢木基础应使泵尽量保持水平，水平偏差不得超过3mm；万向轴同轴度不超过0.2mm，万向轴花键轴向位移15~20mm；连接螺栓紧固，防退装置齐全，运转平稳。

（7）护罩安装齐全，固定牢靠，无变形、损坏。

（8）排出管线固定螺栓齐全紧固。

（9）安全阀灵活、可靠、无锈蚀。使用标准安全销，不能用其他物体代替。安全阀所定压力高于使用压力一个挡。

（10）安全阀溢流口放喷管线固定牢固并加安全绳或安全链；放喷管线与水平方向之间应具有不小于3°的向下倾角；放喷管线在吸入罐顶弯曲处的角度应不小于135°。

（11）喷淋泵皮带护罩完好、固定牢靠，运转正常，密封良好，润滑油脂充足。

（12）悬吊装置本体完好，无裂纹。

（13）游动滑轮转动灵活、完好无缺损。

（14）润滑油油质良好，油量充足。

（15）拉杆冷却好，符合要求。

（16）拉杆箱盖板齐全完好，并保持盖板常闭。

（17）压力表完好，示数准确，在检验有效期内，寒冷地区冬季施工做好防冻措施。

（四）高压管汇

1. 主要风险

（1）阀门损坏或开关卡阻，高压钻井液憋管线，对作业人员造成物体打击伤害。

（2）地面管线固定不牢，发生跳动，对作业人员造成其他伤害。

（3）各连接处密封不良，造成钻井液刺出，对作业人员造成其他伤害。

（4）高压水龙带与钢制管线连接处缺少保险链（绳），高压钻井液憋管线时造成活接头脱出，对作业人员造成物体打击伤害。

2. 防控措施

（1）阀门完好、手柄齐全、开关灵活。

（2）地面管汇固定牢固，不跳动。

（3）法兰、卡箍、活接头连接紧密，不刺不漏。

（4）各种保险链（绳）连接符合要求。

（五）防喷器组

1. 主要风险

（1）因防喷器组固定螺栓不齐全或螺栓不紧固，致使防喷器密封失效，造成井喷失控事故。

（2）因四通两翼阀门安装不到位、开关不灵活、未处于开启状态，或冬季未做好冬防保温措施，致使四通至节流及压井管汇通道受阻，造成井喷事故。

（3）因防溢管、防喷器保护伞固定不牢而掉落，对作业人员造成物体打击伤害。

（4）因天车、游车、转盘同轴度过大，致使钻具磨损防喷器，造成发生井控险情时防喷器不能实现有效密封。

（5）因手动锁紧装置损坏或操作不便，无法实现手动关井或液压关井后手动锁紧，造成井喷失控事故。

2. 防控措施

（1）防喷器组螺栓齐全、紧固、清洁、防腐、无刺漏，安装符合标准要求。

（2）四通两翼阀门齐全、完好、灵活，开关状态、位置正确。冬季施工时，检查内控管线、阀门冬防保温情况。

（3）防溢管、防喷器保护伞固定牢靠，安装标准。

（4）调整天车、游车、转盘同轴度不大于10mm，防喷器组用 ϕ16mm 压制钢丝绳和正反扣螺栓四角进行固定。

（5）手动锁紧杆完好可用，与防喷器明杆连接牢靠，手动锁紧杆与闸板锁紧轴角度偏差不大于30°；手动锁紧杆高度超过1.6m应安装符合标准要求的操作台；锁紧杆计数装置完好可用，并挂牌标识。

（六）节流、压井管汇

1. 主要风险

（1）因节流、压井管汇未按要求进行活动保养且开关标识不清楚，各阀门开关不灵活或开关状态不明确，不能正常完成放喷、节流循环及压井任务，造成井喷失控事故。

（2）因套压表不灵敏、不清洁、安装方向错误，在发生溢流时无法根据套压值进行关井及压井操作，造成井喷失控事故。

（3）因安装回收管线时未按要求安装保险链，在发生井控险情需要节流循环时不能有效防止管线抖动，造成螺栓松动或管线脱开伤人事故。

（4）因压井三通未配有2in活接头，或未做防腐处理，在发生井控险情需接外部设备进行压井时，不能实现快速连接，造成井喷失控事故。

（5）因低量程压力表下的截止阀关不死或处于常开位置，在发生溢流时高压流体的冲击使压力表损坏，导致压井失败造成井喷失控事故。

（6）因压井提示牌缺失或数据错误，致使发生溢流险情时处置错误，造成井喷失控事故。

2. 防控措施

（1）节流、压井管汇开关灵活正确，管汇固定牢靠，各阀门处于待命工况，且开关标识齐全、准确、清晰。

（2）套压表灵敏、清洁、方向正确。

（3）回收管线安装符合要求（地面基墩固定牢固，两端有防护链），固定牢靠。

(4) 压井三通配有 2in 活接头，并做防腐处理。

(5) 高低量程压力表齐全完好，符合要求并在检验有效期内。下部截止阀开关灵活，状态正确。

(6) 压井提示牌按要求位置摆放，各项数据清晰准确。

（七）液控管线

1. 主要风险

液控管线经过车辆碾压或老化等情况发生损坏、连接处密封不良，造成高压油刺出，对作业人员造成其他伤害。

2. 防控措施

(1) 液控管线无变形、损坏，各连接处不刺、不漏。

(2) 液控管线经过道路的地方有过桥保护。

（八）远程控制房

1. 主要风险

(1) 因液压管线接头密封失效，高压油刺漏，发生井控险情不能及时有效关井，造成井喷失控事故。

(2) 因远程控制台各压力值偏低，发生井控险情不能及时有效关井，造成井喷事故。

(3) 当电泵不能正常运转时，因气泵损坏或管路冻堵，不能正常补充压力，发生井控险情时不能正常关井，造成井喷事故。

(4) 因油箱内液压油油量不足，造成系统不能正常储能，发生井控险情不能有效关井，造成井喷事故。

(5) 因电泵损坏或电源未处于开位，电控箱旋钮不在自动位，电泵不能实现自动补充油压，发生井控险情不能有效关井，造成井喷事故。

(6) 因油水分离器、油雾器失效，相关气控阀件损坏或失效，发生井控险情不能有效关井，造成井喷事故。

(7) 因三位四通换向阀开关标识不清楚或无开关标识，发生井控险情时人员误操作，造成井喷失控事故。

(8) 因气管束端部连接部位密封不良，气管束相互窜气，致使控制对象误动作，发生井控险情时，造成井喷失控事故。

(9) 因在寒冷的冬季未对气泵及气管束做好冬防保温工作，致使供气管路及气管束发生冻堵，造成气泵不能正常工作或关井失败事故。

2. 防控措施

(1) 液压管线、管排连接完好，活接头连接紧密、无刺漏，接油盒清洁，无油污。

(2) 蓄能器压力值 17.5~21MPa，管汇压力值 10.5MPa，环形防喷器压力值 10.5MPa，气源压力值 0.65~0.8MPa。

(3) 气泵工作正常，气源压力表压力值为 0.65~0.8MPa，寒冷地区应采取防冻措施。

(4) 在待命工况下油箱油量在上、下限刻度之间。

(5) 电源开关处于接通状态，电控箱旋钮在自动位，电泵工作正常。

(6) 油水分离器、油雾器工作正常。

(7) 三位四通换向阀待命工况，标识清楚，全封闸板有防误操作装置，剪切闸板有限位装置。

(8) 气管束走向合理，连接正确，不漏气。

第四章 作业安全

第一节 常规作业风险防控

常规作业就是钻井施工过程中涉及的各项普通作业。在施工作业中，存在着许多人身、设备、井下等不安全因素。按照操作规程作业，是安全、优质、快速地完成钻井施工的重要保障。

一、铺收井场基础作业

（一）作业流程

作业应具备的条件→准备工作→设备和工具检查→平整基坑→铺设基础→收基础→作业关闭。

（二）主要风险及防控措施

1. 准备工作

风险：配合单位人员风险不清、配合不当伤人。

措施：所有参与作业人员及相关方现场负责人必须全部参会，会议中必须明确作业内容、工作方法和步骤，风险及防控措施具体明确，责任到人；对相关方作业成员进行现场安全教育培训，并严格落实作业现场监管；由钻台大班和副队长检验安装质量。

2. 平整基坑

风险1：装载机碰伤、夹伤作业人员。

措施：使用装载机时专人指挥，信号明确，作业危险区域人员严禁逗留。

风险2：使用十字镐和铁锹时碰伤、击伤作业人员。

措施：作业人员劳保护具齐全，站位合理，十字镐运行轨迹方向严禁站人，注意配合和提醒。

3. 铺设基础

风险1：挪移吊车时伤人或碰损设备设施。

措施：专人指挥吊车挪移、倒车，车辆运行范围严禁站人。

风险2：清理基础积土时基础掉落或土渣飞溅伤害。

措施：作业人员戴好护目镜，在基础侧面使用铁锹清理基础底面，肢体不得处于基础下方。

风险3：吊挂不牢靠，移动时碰伤砸伤。

措施：专人指挥，严格执行"十不吊"和"五个确认"；多块吊移时吊点牢靠，绳套兜全所有基础。

其他风险及措施：与"平整基坑"步骤风险2一致。

4. 收基础

风险1：基础被埋或冻结，强行吊装崩断绳套、吊耳断裂或基础摆动伤人。

措施：吊挂前挖开基础吊点和边缘；冬季先试吊、活动基础，必要时采取消冻措施。

风险2：基础叠放过高，滑落或坍塌伤人。

措施：在场地叠放时应对齐平正，不得叠放过高，且捆绑固定；装车时叠放不得超过车槽。

风险3：装车时吊物碰伤、夹伤、砸伤马槽上司索人员。

措施：吊基础至离车槽小于0.5m无摆动后，人员再靠近扶正，避免站在狭窄空间或运行轨迹前方，避免遮挡视线。

其他风险及措施：与"铺设基础"步骤风险一致。

二、安装拆卸钻机轨道作业

（一）作业流程

作业应具备的条件→准备工作→设备和工具检查→安装钻台机房轨道→安装钻井泵轨道→拆卸轨道→作业关闭。

（二）主要风险及防控措施

1. 准备工作

风险：风险不清、配合不当，造成人员伤害。

措施：在班前会或作业前安全会上明确任务、分工及作业步骤；识别风险，制定防控措施并责任到人，向参与作业人员及相关承包方交底；现场必须指定作业负责人及监管人员；由钻台大班和副队长检验安装质量。

2. 安装钻台机房轨道

风险1：摆放吊车、卡车移动碰伤夹伤。

措施：按分工落实专人指挥，严格执行起重作业"十不吊"及"五个确认"；井场内所有车辆移动，必须专人指挥。

风险2：测量出现误差，造成左右两侧滑道高低不平、设备安装不到位。

措施：复测基础时，人员将尺子拿平，专业人员操作水平仪，防止出现误差。

风险3：吊装中脱钩、断绳砸伤风险。

措施：作业前认真检查吊车吊钩锁舌是否完好、确保钢丝绳无断丝、打扭、压扁等现象；吊装作业期间禁止手扶被吊物，禁止吊物下穿行；司索人员拉好引绳站在安全位置。

风险4：钢丝绳夹手、扎手风险。

措施：选用合格吊索具，捆扎绳头，上提带劲时不得抓扶绳套，用绳套取挂钩推扶。

风险5：吊车摆动钢丝绳打伤人员。

措施：吊车司机听从吊装指挥人员手势信号，禁止未得到手势信号擅自操作吊车；人员站位安全，吊装指挥做好"五个确认"。

风险6：吊装拉筋时，摆动或掉落伤人。

措施：两头拴好引绳，并用引绳扶稳；人员站在安全位置，吊车司机平稳操作。

风险7：对销孔时夹手。

措施：使用撬杠校对销孔，严禁用手替代工具，严禁遮挡吊车司机和指挥人员视线。

风险8：大锤敲击作业飞溅、打击或落物伤人。

措施：检查好大锤及保险绳，敲击作业戴好护目镜，大锤运行轨迹方向及钻台下严禁站人。

3. 拆卸轨道

风险：销子未砸掉、冻土未清除，吊装时憋劲伤人或损坏设备。

措施：吊收轨道时先清除泥土，检查销子是否收完，吊车司机关注载荷，角度合适，避免憋劲。

其他风险及措施：参照"安装轨道"步骤风险。

三、安装机房底座作业

（一）作业流程

作业应具备的条件→准备工作→设备和工具检查→安装机房底座→安装加宽台、梯子及附件→作业关闭。

（二）主要风险及防控措施

1. 准备工作

风险：风险不清、配合不当，造成人员伤害。

措施：在班前会或作业前安全会上明确任务、分工及作业步骤；识别风险，制定防控措施并责任到人，向参与作业人员及相关承包商人员交底；现场必须指定作业负责人及监管人员；由机房大班和副队长检验安装质量。

2. 安装机房底座、加宽台、梯子及附件

风险1：千斤下陷或吊装位置不合理，吊车侧翻。

措施：选择好吊车停放位置；起吊前先试吊，如千斤地面下陷，及时将下陷位置填实。

风险2. 吊物摆动、碰撞及伤人风险。

措施：专人指挥，落实"五个确认"；四根绳套挂平，使用好引绳；注意观察被吊物走向，人员扶设备时不得在可能受挤压空间作业。

风险3：吊车旋转部位转动伤人。

措施：旋转区域禁止人员穿行停留。

风险4：拉引绳人员绊倒摔伤的风险。

措施：清理作业区域杂物，人员注意力集中。

风险5：对销孔夹手。

措施：使用撬杠调整，严禁将手指伸入销孔。

风险6. 大锤敲击作业飞溅、打击伤害。

措施：检查好大锤，敲击作业戴好护目镜，人员远离大锤运行轨迹方向。

风险7：人员滑跌伤害。

措施：清理干净底座上油污，注意观察脚下。

风险8：临边作业时坠落滑跌。

措施：第一时间优先安装机房底座护栏和扶梯，安装护栏或砸销子时与边沿保持距离、扶好站稳，杜绝用力过猛；底座连接好后及时扣合过渡盖板；2m以上须使用安全带。

风险9：加宽台倾斜下砸伤人。

措施：试吊平稳后再吊移安装；装加宽台先连接插销，严禁人员钻入加宽台下安装撑杆。

风险10：取、挂、扶绳套时夹手。

措施：使用专用取挂绳套工具，起吊时严禁手抓钢丝绳。

风险11：不使用或不正确使用工具伤人。

措施：取挂绳套使用好取挂钩，严禁肢体代替工具；人力抬扶盖板或加宽台时注意配合。

四、拆卸机房底座作业

（一）作业流程

作业应具备的条件→准备工作→设备和工具检查→拆卸加宽台及机房附件→拆卸机房底座→作业关闭。

（二）主要风险及防控措施

1. 准备工作

风险1：风险不清、配合不当，造成人员伤害。

措施：在班前会或作业前安全会上明确任务、分工及作业步骤；识别风险，制定防控措施并责任到人，向参与作业人员及相关承包商人员交底；现场必须指定作业负责人及监管人员。

风险2：排放冷却水时，场地环境污染。

措施：接水管引排至规定容器或地点回收。

2. 拆卸加宽台、机房附件、机房底座

风险1：千斤下陷或吊装位置不合理，吊车侧翻。

措施：选择好吊车停放位置；起吊前先试吊，如千斤地面下陷，及时将下陷位置填实。

风险 2. 吊物摆动、碰撞及伤人风险。

措施：专人指挥，落实五个确认；四根绳套挂平，使用好引绳；注意观察被吊物走向，人员扶设备时不得在可能受挤压空间作业。

风险 3：吊车旋转部位转动伤人。

措施：旋转区域禁止人员穿行停留。

风险 4：拉引绳人员绊倒摔伤风险。

措施：清理作业区域杂物，人员注意力集中。

风险 5：对销孔夹手。

措施：使用撬杠调整，严禁将手指伸入销孔。

风险 6. 大锤敲击作业飞溅、打击伤害。

措施：检查好大锤，敲击作业戴好护目镜，人员远离大锤运行轨迹方向。

风险 7：人员滑跌伤害。

措施：清理干净底座上油污，注意观察脚下。

风险 8：临边作业时坠落滑跌。

措施：拆卸护栏或砸销子时与边沿保持距离、扶好站稳，杜绝用力过猛；拆除加宽台时严禁站在加宽台上砸销子；2m 以上须使用安全带。

风险 9：加宽台倾斜下砸伤人。

措施：试吊平稳后再吊移安装；装加宽台先连接插销，严禁人员钻入加宽台下安装撑杆。

风险 10：取、挂、扶绳套时夹手。

措施：使用专用取挂绳套工具，起吊时严禁手抓钢丝绳。

风险 11：不使用或不正确使用工具伤人。

措施：取挂绳套使用好取挂钩，严禁肢体代替工具；人力抬扶盖板或加宽台时注意配合。

五、安装绞车平台作业

（一）作业流程

作业应具备的条件→准备工作→设备和工具检查→安装绞车底座→安装其余平台底座→安装加宽台、梯子和护栏→作业关闭。

（二）主要风险及防控措施

1. 准备工作

风险：风险不清、配合不当，造成人员伤害。

措施：在班前会或作业前安全会上明确任务、分工及作业步骤；识别风险，制定防控措施并责任到人，向参与作业人员及相关承包商人员交底；现场必须指定作业负责人及监管人员；由钻台大班和副队长检验安装质量。

2. 安装绞车底座、其余平台底座、加宽台、梯子和护栏

风险1：千斤下陷或吊装位置不合理，吊车侧翻。

措施：选择好吊车停放位置；起吊前先试吊，如千斤地面下陷，及时将下陷位置填实。

风险2. 吊物摆动、碰撞及伤人风险。

措施：专人指挥，落实五个确认；四根绳套挂平，使用好引绳；注意观察被吊物走向，人员扶设备时不得在可能受挤压空间作业。

风险3：吊车旋转部位转动伤人。

措施：旋转区域禁止人员穿行停留。

风险4：拉引绳人员绊倒摔伤风险。

措施：清理作业区域杂物，人员注意力集中。

风险5：对销孔夹手。

措施：使用撬杠调整，严禁将手指伸入销孔。

风险6. 大锤敲击作业飞溅、打击伤害。

措施：检查好大锤，敲击作业戴好护目镜，人员远离大锤运行轨迹方向。

风险7：人员滑跌伤害。

措施：清理干净底座上油污，注意观察脚下。

风险8：临边作业时坠落滑跌。

措施：第一时间优先安装平台护栏和扶梯，安装护栏或砸销子时与边沿保持距离、扶好站稳、杜绝用力过猛；平台底座连接好后及时扣合过渡盖板；2m以上须使用安全带。

风险9：加宽台倾斜下砸伤人。

措施：试吊平稳后再吊移安装；装加宽台先连接插销，严禁人员钻入加宽台下安装撑杆。

风险10：取、挂、扶绳套时夹手。

措施：使用专用取挂绳套工具，起吊时严禁手抓钢丝绳。

风险11：不使用或不正确使用工具伤人。

措施：取挂绳套使用好取挂钩，严禁肢体代替工具；人力抬扶盖板或加宽台时注意配合。

六、拆卸绞车平台作业

（一）作业流程

作业应具备的条件→准备工作→设备和工具检查→拆卸加宽台及平台附件→拆卸平台底座→作业关闭。

（二）主要风险及防控措施

1. 准备工作

风险1：风险不清、配合不当，造成人员伤害。

措施：在班前会或作业前安全会上明确任务、分工及作业步骤；识别风险，制定防控措施并责任到人，向参与作业人员及相关承包商人员交底；现场必须指定作业负责人及监管人员。

风险2：排放冷却水时，场地环境污染。

措施：接水管引排至规定容器或地点回收。

2. 拆卸加宽台、平台附件及平台底座

风险1：千斤下陷或吊装位置不合理，吊车侧翻。

措施：选择好吊车停放位置；起吊前先试吊，如千斤地面下陷，及时将下陷位置填实。

风险2. 吊物摆动、碰撞及伤人风险。

措施：专人指挥，落实五个确认；四根绳套挂平，使用好引绳；注意观察被吊物走向，人员扶设备时不得在可能受挤压空间作业。

风险3：吊车旋转部位转动伤人。

措施：旋转区域禁止人员穿行停留。

风险4：拉引绳人员绊倒摔伤风险。

措施：清理作业区域杂物，人员注意力集中。

风险5：对销孔夹手。

措施：使用撬杠调整，严禁将手指伸入销孔。

风险6. 大锤敲击作业飞溅、打击伤害。

措施：检查好大锤，敲击作业戴好护目镜，人员远离大锤运行轨迹方向。

风险7：人员滑跌伤害。

措施：清理干净底座上油污，注意观察脚下。

风险8：临边作业时坠落滑跌。

措施：拆卸护栏或砸销子时与边沿保持距离、扶好站稳，杜绝用力过猛；拆除加宽台时严禁站在加宽台上砸销子；2m以上须使用安全带。

风险9：加宽台倾斜下砸伤人。

措施：试吊平稳后再吊移安装；装加宽台先连接插销，严禁人员钻入加宽台下安装撑杆。

风险10：取、挂、扶绳套时夹手。

措施：使用专用取挂绳套工具，起吊时严禁手抓钢丝绳。

风险11：不使用或不正确使用工具伤人。

措施：取挂绳套使用好取挂钩，严禁肢体代替工具；人力抬扶盖板或加宽台时注意配合。

七、安装钻台底座（拼装式）作业

（一）作业流程

作业应具备的条件→准备工作→设备和工具检查→安装船型底座→安装大小马架及绞

车梁→安装转盘和绞车→安装铺台、护栏及逃生滑道→作业关闭。

(二) 主要风险及防控措施

1. 准备工作

风险：风险不清、配合不当，造成人员伤害。

措施：在班前会或作业前安全会上明确任务、分工及作业步骤；风险及防控措施清晰具体、责任到人，向所有作业人员（含承包商）交底；明确现场作业负责人及监管人员；由钻台大班和副队长检验安装质量。

2. 安装船型底座、大小马架、绞车梁、转盘、绞车、铺台、护栏及逃生滑道

风险1：吊车倾覆。

措施：吊车停放及支撑位置合理、地基夯实；吊点正确、吊挂牢靠，吊装过程关注重量显示仪，吊臂不可伸出过长；吊装船型底座等大件吊物时必须试吊。

风险2：吊索具断裂、吊物脱钩滑落伤人。

措施：正确选择并检查吊索具；理顺绳套，夹角不得超过120°；吊挂牢靠，棱角处衬垫；指挥人员落实"五个确认"；吊装过程中，作业半径范围严禁站人。

风险3：吊物摆动，碰撞、挤压人员。

措施：司机看好作业区域环境，平稳操作、服从指挥；指挥人员落实"五个确认"，吊装过程中用引绳稳定吊物，作业半径范围严禁站人。

风险4：吊装偏重吊物时，吊物倾斜或滑落伤人。

措施：正确选择吊点，吊挂牢靠，试吊平衡后再运移，吊移中平稳操作，用引绳稳定。

风险5：临时放置的钻台梯子滑落或碰撞掉落伤人。

措施：梯子放置平稳，上部用保险绳固定牢靠；吊装其他物件时避免碰撞。

风险6：高处临边作业时滑跌、坠落或落物伤人。

措施：在底座上作业或移动必须站稳扶牢，吊耳较高时使用长钩取挂绳套环，减少攀爬或靠近底座边沿；2m以上须正确使用安全带和防坠落装置，锚固点或生命线固定牢靠，优先安装可安装的护栏；高处作业工具拴牢尾绳，正确收纳和及时回收工具。

风险7：敲击作业导致物体打击或铁屑飞溅伤人。

措施：敲击前检查好大锤无卷边或手柄松动，敲击作业戴好护目镜，大锤运行方向及下方严禁站人。

风险8：对销孔或摘挂绳套时夹手。

措施：销孔提前清理干净；对孔时使用撬杠，摘挂绳套时使用绳套取挂器；此两项作业时人员不得阻挡吊车视线，吊车无明确指挥不得动作。

风险9：吊车收空绳套碰挂人员或设备。

措施：收绳套时拉开绳环，避开障碍物；吊车司机注意力集中，服从指令，禁止私自动作。

八、拆卸钻台底座（拼装式）作业

（一）作业流程

作业应具备的条件→准备工作→设备和工具检查→放井架前的拆卸→拆卸加宽台及人字架→拆卸转盘及绞车大梁→拆卸大小马架及船型底座→作业关闭。

（二）主要风险及防控措施

1. 准备工作

风险：风险不清、配合不当，造成人员伤害。

措施：在班前会或作业前安全会上明确任务、分工及作业步骤；风险及防控措施清晰具体、责任到人，向所有作业人员（含承包商）交底；明确现场作业负责人及监管人员。

吊装风险参考拆卸底座各步骤风险及措施。

2. 放井架前的拆卸、拆卸加宽台、人字架、转盘、绞车大梁、大小马架及船型底座

风险1：吊车倾覆或折断吊臂。

措施：吊车停放及支撑位置合理，地基夯实；吊点正确、吊挂牢靠，吊装过程关注重量显示仪，吊臂不可伸出过长；吊装船型底座等大件吊物时必须试吊。

风险2：吊索具断裂、吊物脱钩滑落伤人。

措施：正确选择并检查吊索具；理顺绳套，夹角不得超过120°；吊挂牢靠，棱角处衬垫；指挥人员落实"五个确认"，吊装过程中，作业半径范围严禁站人。

风险3：吊物摆动，碰撞、挤压人员。

措施：司机看好作业区域环境，平稳操作、服从指挥；指挥人员落实"五个确认"，吊装过程中用引绳稳定吊物，作业半径范围严禁站人。

风险4：吊装偏重吊物时，吊物倾斜或滑落伤人。

措施：正确选择吊点，吊挂牢靠，试吊平衡后再运移，吊移中平稳操作，用引绳稳定。

风险5：双吊车抬放转盘总成时，失稳或脱钩滑落。

措施：双车必须由一人指挥、信号明确，找准平衡点平稳移动，同时缓慢下放；危险区严禁逗留。

风险6：高处临边作业时滑跌、坠落或落物伤人。

措施：在底座上作业或移动必须站稳扶牢，吊耳较高时使用长钩取挂绳套环，减少攀爬或靠近底座边沿；2m以上须正确使用安全带和防坠落装置，锚固点或生命线固定牢靠，优先安装可安装的护栏；高处作业工具拴牢尾绳，正确收纳和及时回收工具。

风险7：敲击作业导致物体打击或铁屑飞溅伤人。

措施：敲击前检查好大锤无卷边或手柄松动，敲击作业戴好护目镜，大锤运行方向及下方严禁站人。

风险8：对销孔或摘挂绳套时夹手。

措施：销孔提前清理干净；对孔时使用撬杠，摘挂绳套时使用绳套取挂器；此两项作业时人员不得阻挡吊车视线，吊车无明确指挥不得动作。

风险9：砸掉连接销时，吊物憋劲弹出伤人。

措施：砸销子前，吊车垂直居中收紧绳套，上提载荷接近吊物重量，憋劲时应及时调整位置和载荷，严禁超载上提，砸销子时人员避开危险区。

风险10：吊车收空绳套碰挂人员或设备。

措施：收绳套时拉开绳环，避开障碍物；吊车司机注意力集中，服从指令，禁止私自动作。

九、安装钻台底座（起升式）作业

（一）作业流程

作业应具备的条件→准备工作→设备和工具检查→安装左右基座及延伸座→安装左右立柱及片架→安装立根台、上座及直梯→安装转盘及铺台等→作业关闭。

（二）主要风险及防控措施

1. 准备工作

风险：风险不清、配合不当，造成人员伤害。

措施：在班前会或作业前安全会上明确任务、分工及作业步骤；风险及防控措施清晰具体、责任到人，向所有作业人员（含承包商）交底；明确现场作业负责人及监管人员；由钻台大班和副队长检验安装质量。

2. 安装左右基座、延伸座、左右立柱、片架、立根台、上座、直梯、转盘及铺台等

风险1：吊车倾覆或吊臂折断。

措施：吊车停放及支撑位置合理，地基夯实；吊点正确、吊挂牢靠，吊装过程关注重量显示仪，吊臂不可伸出过长；吊装基座和转盘驱动总成等大件吊物时必须试吊。

风险2：吊索具断裂、吊物脱钩滑落伤人。

措施：正确选择并检查吊索具；理顺绳套，夹角不得超过120°；吊挂牢靠，棱角处衬垫；指挥人员落实"五个确认"，吊装过程中，作业半径范围严禁站人。

风险3：吊物摆动，碰撞、挤压人员。

措施：司机看好作业区域环境，平稳操作、服从指挥；指挥人员落实"五个确认"，吊装过程中用引绳稳定吊物，作业半径范围严禁站人。

风险4：吊装片架等偏重吊物时，吊物倾斜或滑落伤人。

措施：正确选择吊点，吊挂牢靠，试吊平衡后再运移，吊移中平稳操作，用引绳稳定。

风险5：双吊车抬放基座时，失稳或脱钩滑落。

措施：双车必须由一人指挥、信号明确，找准平衡点平稳移动，同时缓慢下放；危险区严禁逗留。

风险6：高处临边作业时滑跌、坠落或落物伤人。

措施：在底座上作业或移动必须站稳扶牢，吊耳较高时使用长钩取挂绳套环，减少攀爬或靠近底座边沿；2m以上须正确使用安全带和防坠落装置，锚固点或生命线固定牢靠，优先安装可安装的护栏。高处作业工具拴牢尾绳，正确收纳和及时回收工具。

风险7：敲击作业导致物体打击或铁屑飞溅伤人。

措施：敲击前检查好大锤无卷边或手柄松动，敲击作业戴好护目镜，大锤运行方向及下方严禁站人。

风险8：对销孔或摘挂绳套时夹手。

措施：销孔提前清理干净；对孔时使用撬杠，摘挂绳套时使用绳套取挂器；此两项作业时人员不得阻挡吊车视线，吊车无明确指挥不得动作。

风险9：吊车收空绳套碰挂人员或设备。

措施：收绳套时拉开绳环，避开障碍物；吊车司机注意力集中，服从指挥，禁止私自动作。

十、拆卸钻台底座（起升式）作业

（一）作业流程

作业应具备的条件→准备工作→设备和工具检查→拆卸加宽台和转盘→拆卸连接梁和立根台→拆卸前后片架及立柱→拆卸左右延伸座及基座→作业关闭。

（二）主要风险及防控措施

1. 准备工作

风险：风险不清、配合不当，造成人员伤害。

措施：在班前会或作业前安全会上明确任务、分工及作业步骤；风险及防控措施清晰具体、责任到人，向所有作业人员（含承包商）交底；明确现场作业负责人及监管人员。

吊装风险参考拆卸底座各步骤风险及措施。

2. 拆卸加宽台、转盘、连接梁、立根台、前后片架、立柱、左右延伸座及基座

风险1：吊车倾覆或吊臂折断。

措施：吊车停放及支撑位置合理，地基夯实；吊点正确、吊挂牢靠，吊装过程关注重量显示仪，吊臂不可伸出过长；吊装基座和转盘驱动总成等大件吊物时必须试吊。

风险2：吊索具断裂、吊物脱钩滑落伤人。

措施：正确选择并检查吊索具；理顺绳套，夹角不得超过120°；吊挂牢靠，棱角处衬垫；指挥人员落实"五个确认"，吊装过程中，作业半径范围严禁站人。

风险3：吊物摆动、碰撞、挤压人员。

措施：司机看好作业区域环境，平稳操作、服从指挥；指挥人员落实"五个确认"，吊装过程中用引绳稳定吊物，作业半径范围严禁站人。

风险4：吊装片架等偏重吊物时，吊物倾斜或滑落伤人。

措施：正确选择吊点，吊挂牢靠，试吊平衡后再运移，吊移中平稳操作，用引绳

稳定。

风险5：双吊车抬放基座时，失稳或脱钩滑落。

措施：双车必须由一人指挥、信号明确，找准平衡点平稳移动，同时缓慢下放；危险区严禁逗留。

风险6：高处临边作业时滑跌、坠落或落物伤人。

措施：在底座上作业或移动必须站稳扶牢，吊耳较高时使用长钩取挂绳套环，减少攀爬或靠近底座边沿；2m以上须正确使用安全带和防坠落装置，锚固点或生命线固定牢靠，优先安装可安装的护栏；高处作业工具拴牢尾绳，正确收纳和及时回收工具。

风险7：敲击作业导致物体打击或铁屑飞溅伤人。

措施：敲击前检查好大锤无卷边或手柄松动，敲击作业戴好护目镜，大锤运行方向及下方严禁站人。

风险8：对销孔或摘挂绳套时夹手。

措施：销孔提前清理干净；对孔时使用撬杠，摘挂绳套时使用绳套取挂器；此两项作业时人员不得阻挡吊车视线，吊车无明确指挥不得动作。

风险9：砸掉连接销时，吊物憋劲弹出伤人。

措施：砸销子前，吊车垂直居中收紧绳套，上提载荷接近吊物重量，憋劲时应及时调整位置和载荷，严禁超载上提，砸销子时人员避开危险区。

风险10：吊车收空绳套碰挂人员或设备。

措施：收绳套时拉开绳环，避开障碍物；吊车司机注意力集中，服从指令，禁止私自动作。

十一、高位安装钻台偏房作业

（一）作业流程

作业应具备的条件→准备工作→设备和工具检查→安装偏房支架→吊装偏房→作业关闭。

（二）主要风险及防控措施

1. 准备工作

风险1：风险不清、配合不当，造成人员伤害。

措施：在当班作业前安全会上识别风险，制定防控措施，并向本单位及承包商所有作业人员交底；现场必须指定作业负责人及监管人员；由钻台大班和副队长检验安装质量。

风险2：去除捆绑固定时物件不稳滑落伤人。

措施：人员不得站在可能滑落方向一侧。

2. 安装偏房支架

风险1：挪移吊车，碰伤夹伤。

措施：专人指挥吊车的挪移、倒车，车辆运行范围严禁站人，抬放垫板过程中人员合理站位，密切配合。

风险2：吊物脱落或吊挂不平，碰挂伤人。

措施：严格落实吊装作业"十不吊""五个确认"，正确选择吊挂点，试吊重心平稳，作业人员使用好引绳，严禁站在危险区域。

风险3：钻台、人字梁（炮台）高处临边作业坠落伤人。

措施：高处临边作业系好安全带，尾绳在锚固点或生命线上拴挂牢靠，攀爬人字梁（炮台）时使用好防坠落装置或双钩安全带，作业或移动时站稳扶好，无作业平台的高处取绳套时使用长钩。

风险4：对固定销孔时夹手。

措施：用撬杠调整销孔位置，调整时严禁吊车动作，严禁用手触摸销孔或放在可能挤压位置。

风险5：敲击作业时物体打击、飞溅伤害。

措施：人员佩戴好护目镜，不在大锤运行轨迹方向，作业点下方严禁人员进入。

3. 吊装偏房

风险及措施：参照安装偏房支架风险2至风险5。

十二、高位拆卸钻台偏房作业

（一）作业流程

作业应具备的条件→准备工作→设备和工具检查→吊移偏房→拆卸偏房支架→作业关闭。

（二）主要风险及防控措施

1. 准备工作

风险1：风险不清、配合不当，造成人员伤害。

措施：在当班作业前安全会上识别风险，制定防控措施，并向本单位及承包商所有作业人员交底；现场必须指定作业负责人及监管人员。

风险2：井架未放倒拆卸液压管线时液压盘刹未锁死造成游车下砸。

措施：拆卸液压管线前对液压盘刹锁死。

风险3：拆卸线缆时高压或触电伤害。

措施：停液压站，电控房内进行断电，上锁挂签。

2. 吊移偏房

风险1：挪移吊车，碰伤夹伤。

措施：专人指挥吊车挪移、倒车，车辆运行范围严禁站人，抬放垫板过程中人员合理站位，密切配合。

风险2：吊物脱落或吊挂不平，碰挂伤人。

措施：严格落实吊装作业"十不吊""五个确认"，正确选择吊挂点，试吊重心平稳，作业人员使用好引绳，严禁站在危险区域。

风险3：高处临边作业坠落伤人。

措施：高处临边作业系好安全带，尾绳在锚固点或生命线上拴挂牢靠，作业或移动时站稳扶好，无作业平台的高处挂绳套时使用长钩。

风险4：敲击作业时物体打击、飞溅伤害。

措施：人员佩戴好护目镜，不在大锤运行轨迹方向，作业点下方严禁人员进入。

3. 拆卸偏房支架

风险及措施：参照吊移偏房风险2至风险4。

十三、低位安装钻台偏房作业

（一）作业流程

作业应具备的条件→准备工作→设备和工具检查→安装偏房支架→吊装偏房→作业关闭。

（二）主要风险及防控措施

1. 准备工作

风险1：风险不清、配合不当，造成人员伤害。

措施：在当班作业前安全会上识别风险，制定防控措施，并向本单位及承包商所有作业人员交底；现场必须指定作业负责人及监管人员。

风险2：去除捆绑固定时物件不稳滑落碰撞、挤压人员。

措施：人员不得站在可能滑落方向一侧。

2. 安装偏房支架

风险1：挪移吊车，碰伤夹伤。

措施：专人指挥吊车挪移、倒车，车辆运行范围严禁站人，抬放垫板过程中人员合理站位，密切配合。

风险2：吊物脱落或吊挂不平，碰挂伤人。

措施：严格落实吊装作业"十不吊""五个确认"，正确选择吊挂点，试吊重心平稳，作业人员使用好引绳，严禁站在危险区域。

风险3：钻台高处临边作业坠落伤人。

措施：高处临边作业系好安全带，尾绳在锚固点或生命线上拴挂牢靠，作业或移动时站稳扶好，无作业平台的高处取绳套时使用长钩。

风险4：对固定销孔时夹手。

措施：用撬杠调整销孔位置，调整时严禁吊车动作，严禁用手触摸销孔或放在可能挤压位置。

风险5：敲击作业时物体打击、飞溅伤害。

措施：人员佩戴好护目镜，不在大锤运行轨迹方向，作业点下方严禁人员进入。

3. 吊装偏房

风险及措施：参照安装偏房支架风险2至风险5。

十四、低位拆卸钻台偏房作业

（一）作业流程

作业应具备的条件→准备工作→设备和工具检查→吊移偏房→拆卸偏房支架→作业关闭。

（二）主要风险及防控措施

1. 准备工作

风险：风险不清、配合不当，造成人员伤害。

措施：在当班作业前安全会上识别风险，制定防控措施，并向本单位及承包商所有作业人员交底；现场必须指定作业负责人及监管人员。

2. 吊移偏房

风险1：挪移吊车时伤人或碰损设备设施。

措施：专人指挥吊车挪移、倒车，车辆运行范围严禁站人，抬放垫板过程中人员合理站位，密切配合。

风险2：吊物脱落或吊挂不平，碰挂伤人。

措施：严格落实吊装作业"十不吊""五个确认"，正确选择吊挂点，试吊重心平稳，作业人员使用好引绳，严禁站在危险区域。

风险3：钻台高处临边作业坠落伤人。

措施：高处临边作业系好安全带，尾绳在锚固点或生命线上拴挂牢靠，作业或移动时站稳扶好。

风险4：敲击作业时物体打击、飞溅伤害。

措施：人员佩戴好护目镜，不在大锤运行轨迹方向，作业点下方严禁人员进入。

3. 拆卸偏房支架

风险及措施：参照吊移偏房支架风险2至风险4。

十五、安装 K 型井架作业

（一）作业流程

作业应具备的条件→准备工作→设备和工具检查→安装井架下段→安装井架主体及附件→安装天车头及悬吊绳索→安装二层台→作业关闭。

（二）主要风险及防控措施

1. 准备工作

风险：风险不清、配合不当，造成人员伤害。

措施：在当班作业前安全会上识别风险，制定防控措施，并向本单位及承包商所有作业人员交底；现场必须指定作业负责人及监管人员；由钻台大班和副队长检验安装质量；

第四章 作业安全

首次安装井架必须经过厂家技术人员或单位设备管理人员现场培训指导。

2. 安装井架下段

风险1：吊车千斤支撑不实、带载荷侧翻或摔损井架。

措施：千斤打平，严格落实吊装作业"十不吊"。

风险2：吊点选择不当，井架失衡摆动伤人。

措施：正确选用安装专用吊点挂绳套，安装前先试吊找平，起吊时人员保持安全距离，引绳长度和牵引位置适当。

风险3：绳套断裂或脱钩，吊物砸伤、碰伤人员。

措施：绳套载荷匹配、检查合格、吊挂牢靠，棱刃处衬垫，吊物1.5倍半径内严禁逗留。

风险4：吊车操作失误或过猛，吊物砸伤、碰伤人员。

措施：专人指挥、信号明确；吊车司机精力集中、平稳操作，找准重心、避免憋劲；安装人员不遮挡司机视线。

风险5：两台吊车配合不当造成吊物滑落或摆动伤人。

措施：两台吊车配合，由1名吊装指挥统一指挥，吊车动作时鸣笛或使用对讲机沟通，操作平稳。

风险6：井架安装人员高处坠落。

措施：安装前检查井架各部位生命线处于待用状态；人员上井架使用双尾绳安全带，拴挂正确牢靠，移动时站稳扶好、交替挂尾绳钩；安装前找好位置及躲避路线、避免碰挂。

风险7：销子弹出或铁屑飞溅伤人。

措施：销孔对正再装销子；敲击及配合人员戴好护目镜，销子下方及运动方向严禁站人或穿行。

风险8：高处工具掉落伤人。

措施：井架上不存放杂物，工具完好，尾绳拴挂牢靠。

风险9：安装销子（螺栓）夹手、切手或撬杠弹起伤人。

措施：吊车对正销（螺栓）孔耳板后再用撬杠微调，调整时吊车严禁动作、严禁用手直接探试销孔。

风险10：取挂绳套夹手或碰挂伤人。

措施：使用专用钩，并送扶绳套避免碰挂，吊车平稳操作。

3. 安装井架主体及附件

风险1：横梁、拉筋摆动，碰伤井架人员。

措施：吊装拉筋时两端引绳拴牢牵稳；吊车匀速慢转。

风险2：小支架支撑位置不当，导致井架担空变形、憋劲。

措施：支撑在井架横梁正下方，地面夯实、左右平衡。

风险3：鹅颈管转动或水龙带憋劲伤人或夹手。

措施：鹅颈管加保险绳拉紧拴牢，吊挂时避免憋劲，吊带拴挂牢靠，严禁把手放在鹅颈管与井架空隙之间。

风险 4：装载机推移或拖移调整支架时碰撞、倾倒或绳套断裂伤人。

措施：推移、拖移调整时专人指挥，车辆行进轨迹及绳套附近严禁站人。

其他风险及措施：同安装井架下段风险 1 至风险 10。

4. 安装天车头及悬吊绳索

风险 1：高处坠落或落物伤害。

措施：安装天车、二层台前，在地面全面检查天车和二层台附件，避免安装后发现问题需要高位处理。

风险 2：对装天车台、上螺栓时夹手。

措施：天车台用枕木支撑稳，对正上螺栓时吊车严禁动作、严禁用手代替工具。

风险 3：穿挂悬吊绳索夹手、扎手。

措施：提前检查绳索，处理绳头及毛刺；拉拽时戴好手套，协调用力；穿绳时严禁手抓滑轮或伸进滑轮槽。

风险 4：装载机推移或拖移调整大支架时碰撞倾倒，绳套断裂伤人。

措施：推移、拖移调整时专人指挥，车辆行进轨迹及绳套附近严禁站人。

其他风险及措施：同安装井架下段风险 1 至风险 10。

5. 安装二层台

风险 1：井架上站位不当，二层台及附件夹伤、挤伤。

措施：提前检查捆绑二层台附件；井架上人员选择合理站位；吊车司机平稳操作，避免操作过猛或憋劲。

风险 2：安装撑杆时，撑杆下落摆动伤人。

措施：安装时，人员先站在井架上用绳索将撑杆拉至销孔附近固定，然后进行对孔穿销子。

其他风险及措施：同安装井架下段风险 1 至风险 10。

十六、拆卸 K 型井架作业

（一）作业流程

作业应具备的条件→准备工作→设备和工具检查→拆移二层台倒换小支架→拆卸天车头及悬吊系统→拆卸井架主体及附件→拆卸方梁及井架下段→作业关闭。

（二）主要风险及防控措施

1. 准备工作

风险 1：风险不清、配合不当，造成人员伤害。

措施：在当班作业前安全会上识别风险，制定防控措施，并向本单位及承包商所有作业人员交底；现场必须指定作业负责人及监管人。

风险 2：拆电、气、液线路时触电、高压伤害或高处坠落。

措施：严格遵守操作规程，先关闭再拆除，专人监护，攀爬及高处坠落正确使用双尾绳安全带。

拆起放井架大绳风险及措施：见对应 HSE 作业程序。

2. 拆移二层台倒换小支架

风险 1：吊车千斤支撑不实、带载荷侧翻或摔损井架。

措施：千斤打平，避开垫方和暗洞，严禁超载及歪拉斜吊。

风险 2：吊点选择不当，井架失衡摆动伤人。

措施：正确选用安装专用吊点挂绳套，安装前先试吊找平，起吊时人员保持安全距离，引绳长度和牵引位置适当。

风险 3：绳套断裂或脱钩，吊物砸伤、碰伤人员。

措施：绳套载荷匹配、检查合格、吊挂牢靠，棱刃处衬垫，吊物 1.5 倍半径内严禁逗留。

风险 4：吊车操作失误或过猛，吊物砸伤、碰伤人员。

措施：专人指挥、信号明确；吊车司机精力集中、平稳操作，找准重心、避免憋劲；安装人员不遮挡司机视线。

风险 5：井架拆卸人员高处坠落。

措施：拆卸前检查井架各部位生命线处于待用状态；人员上井架使用双尾绳安全带，拴挂正确牢靠，移动时站稳扶好、交替挂尾绳钩；安装前找好位置及躲避路线，避免碰挂。

风险 6：销子飞出或工具掉落伤人。

措施：销子下方及运动方向严禁站人或穿行，井架上不存放杂物，工具完好，尾绳拴挂牢靠。

风险 7：二层台撑杆或附件捆绑不牢，摆动伤人。

措施：拆卸撑杆销子时，先用棕绳固定撑杆或用吊车悬吊、引绳扶正；二层台附件捆绑牢靠，避免踩空。

风险 8：装载机推移或拖移调整支架时碰撞、倾倒，绳套断裂伤人。

措施：推移、拖移调整时由专人指挥装载机，车辆行进轨迹及绳套附近严禁站人。

3. 拆卸天车头及悬吊系统

风险 1：两台吊车配合不当造成吊物滑落或摆动伤人。

措施：两台吊车配合，由 1 名吊装指挥员统一指挥，吊车动作时鸣笛或使用对讲机沟通，操作平稳。

风险 2：抽、盘绳索夹手、扎手。

措施：提前检查绳索，处理绳头及毛刺；拉拽时戴好手套，协调用力；抽绳时严禁手抓滑轮或伸进滑轮槽。

其他风险及措施：同拆移二层台风险 1 至风险 6。

4. 拆卸井架主体及附件

风险 1：横梁、拉筋摆动，碰伤井架人员。

措施：吊车悬吊拉筋（梁）时对正、提直绳套，避免憋劲，拉筋两端引绳拴牢牵稳；吊车匀速慢转。

风险 2：鹅颈管转动或水龙带憋劲伤人或夹手。

措施：砸松活接头，释放扭劲再旋开；吊挂时避免憋劲，吊带拴挂牢靠，严禁把手放在鹅颈管与井架空隙之间。

风险3：井架笼梯开合夹伤、碰伤人员。

措施：松开笼梯护链时及时合紧，捆绑牢靠。

风险4：装载机推移或拖移调整支架时碰撞、倾倒，绳套断裂伤人。

措施：推移、拖移调整时由专人指挥装载机，车辆行进轨迹及绳套附近严禁站人。

其他风险及措施：同拆移二层台风险1至风险6。

5. 拆卸方梁及井架下段

风险：砸掉井架下段安装销后，井架失衡摆动伤人。

措施：吊车找正提平，砸销子及配合人员在基座上站位合理，撤离路线畅通，引绳两边牵稳。

其他风险及措施：同安拆移二层台风险1至风险6。

十七、安装井架人字架（翻转型）作业

（一）作业流程

作业应具备的条件→准备工作→设备和工具检查→安装人字架两侧支腿→安装圆梁→安装支腿拉筋→翻转并固定人字架→作业关闭。

（二）主要风险及防控措施

1. 准备工作

风险：风险不清、配合不当，造成人员伤害。

措施：在作业前安全会上识别风险，制定防控措施，并向本单位及承包商所有作业人员交底；现场必须指定作业负责人及监管人员；由钻台大班和副队长检验安装质量。

2. 安装人字架两侧支腿、圆梁、支腿拉筋

风险1：吊车支撑不稳或超负荷吊装折断吊臂或倾翻。

措施：吊车停放及支撑位置合理，地基夯实；吊点正确、吊挂牢靠，吊装过程关注重量显示仪，吊臂不可伸出过长；吊物过重时必须试吊。

风险2：钢丝绳套打滑、割断，下砸坠落。

措施：有吊耳挂吊耳，没吊耳使用磁性吊耳调整吊物重心。

风险3：人员攀爬井架、取挂绳套坠落伤害。

措施：作业人员攀爬井架时使用好双钩安全带、生命线。

风险4：大锤敲击作业飞溅、打击伤害。

措施：检查好大锤，敲击作业戴好护目镜，人员远离大锤运行轨迹方向及销子运动方向。

风险5：校正销孔夹伤手。

措施：提前清理销孔泥土，到位后需要清理时必须使用工具，对正销孔时使用撬杠，严禁用手探摸销孔。

风险6：放置方木时滑跌伤人，或方木掉落砸人。

措施：两人使用吊车、装载机吊放方木，或2人用引绳提拉，井架上人员系好安全带，拴挂牢靠；方木放置到位，卡在槽钢内，或用铁丝捆扎，场地人员保持安全距离。

风险7：圆梁摆动、碰撞，挤压人员。

措施：绳套挂平、牢靠不移位，使用两根引绳控制摆动。

风险8：高处作业人员坠落或落物伤害。

措施：高处作业人员在井架方梁上作业，使用好安全带，工具拴尾绳，圆梁下方设置隔离区，严禁人员进入。

3. 翻转并固定人字架

风险1：翻转人字梁时绳套断裂，下砸伤害。

措施：使用符合要求、完好的绳套，拴挂牢靠；翻转时人员远离。

风险2：吊车负荷不足、千斤下陷或吊装位置不合理，吊车侧翻。

措施：吊车选择好停靠位置，严格落实"十不吊""五个确认"；必要时使用双吊车翻转人字架。

风险3：人员取绳套、临边作业时坠落伤害。

措施：作业人员使用好双钩安全带、防坠落装置及生命线；无通道的圆梁采取骑跨方式，压低重心，禁止站立行走；钻台作业人员使用双钩安全带，挂在钻台安全带撑杆处。

风险4：翻转人字梁时起井架大绳未摆顺损伤大绳，人员未离开危险区域造成伤害。

措施：翻转人字梁前摆顺起井架大绳，人员离开危险区域。

十八、拆卸井架人字架（翻转型）作业

（一）作业流程

作业应具备的条件→准备工作→设备和工具检查→翻人字架放至井架下段→拆卸圆梁→拆卸人字架两侧支腿→摆放捆绑→作业关闭。

（二）主要风险及防控措施

1. 准备工作

风险：风险不清、配合不当，造成人员伤害。

措施：在作业前安全会上识别风险，制定防控措施，并向本单位及承包商所有作业人员交底；现场必须指定作业负责人及监管人员。

2. 翻人字架放至井架下段

风险1：翻转人字架时绳套断裂，下砸伤害。

措施：使用符合要求、完好的绳套卸扣，拴挂牢靠；翻转时人员远离。

风险2：吊车负荷不足、千斤下陷或吊装位置不合理，吊车侧翻。

措施：吊车选择好停靠位置；执行好"五个确认"；正式起吊前，应先进行试吊，如千斤地面下陷，及时将基础位置填实；必要时使用双吊车翻转人字架。

风险3：上、下人字架、圆梁挂绳套、临边作业时坠落伤害。

措施：登高人员使用双钩安全带；上、下人字架时，使用好防坠落装置；上、下通过圆梁，安全带尾绳挂钩挂在生命线上，圆梁无通道的，人员骑跨在圆梁上移动，压低重心，禁止站立；钻台作业人员使用双钩安全带，挂在钻台安全带撑杆处。

风险4：放置方木时滑跌伤人，或方木掉落砸人。

措施：两人使用吊车、装载机吊放方木，或2人用引绳提拉；井架上人员系好安全带，拴挂牢靠；方木放置到位，卡在槽钢内，或用铁丝捆扎，场地人员保持安全距离。

3. 拆卸圆梁

风险1：圆梁摆动、碰撞，挤压人员。

措施：绳套挂平，确保牢靠不移位，起吊前砸销子人员离开危险区域，使用两根引绳控制摆动。

风险2：大锤敲击作业飞溅、打击伤害。

措施：检查好大锤，敲击作业戴好护目镜，人员远离大锤运行轨迹方向及销子运动方向。

风险3：高处作业人员坠落或落物伤害。

措施：高处作业人员使用好安全带，工具拴尾绳，圆梁下方设置隔离区，严禁人员进入；砸连接销人员站在井架方梁上，严禁人员在圆梁上砸销子。

4. 拆卸人字架两侧支腿

风险1：大锤敲击作业飞溅、打击伤害。

措施：检查好大锤，敲击作业戴好护目镜，人员远离大锤运行轨迹方向及销子运动方向。

风险2：下放支腿时拉筋未及时拉斜，无法下放。

措施：下放支腿时用引绳将拉筋拉斜，确保下放正常。

风险3：支腿绳套拴挂不平，支腿摆动、碰撞，挤压人员。

措施：绳套挂平，使用好引绳控制吊物摆动。

5. 摆放捆绑

风险：被吊物摆动、碰撞，挤压人员。

措施：绳套挂平，使用引绳控制摆动。

十九、安装井架人字架（整体吊装型）作业

（一）作业流程

作业应具备的条件→准备工作→设备和工具检查→地面组装人字架→整体吊装人字架→作业关闭。

（二）主要风险及防控措施

1. 准备工作

风险：风险不清、配合不当，造成人员伤害。

措施：在当班作业前安全会上识别风险，制定防控措施，并向本单位及承包商所有作

业人员交底；现场必须指定作业负责人及监管人员，由钻台大班和副队长检验安装质量。

2. 地面组装人字架

风险1：摆放吊车移动，碰伤、夹伤人员风险。

措施：按分工落实专人指挥，严格执行起重作业"十不吊"及"五个确认"；井场内所有车辆移动，必须专人指挥。

风险2：吊装中吊物碰伤、夹伤人员风险。

措施：起吊前正确选择吊挂点；吊装指挥人员站在吊车司机视线范围内进行指挥；司索人员拉好引绳，禁止手扶被吊物，吊车千斤腿周围禁止站人，吊臂下禁止穿行，吊车转盘旋转范围半径内禁止站人。

风险3：敲击作业异物溅入眼部风险。

措施：人员戴好护目镜，大锤运行方向禁止站人。

风险4：抬支腿垫板时砸伤脚部，垫方木时夹手。

措施：推荐使用碳纤维垫板，或垫板固定于支腿上，抬垫板时两人配合得当，同起同放，防止砸伤；吊车吊起人字梁或圆梁停稳后，司索人员将方木垫在人字梁或圆梁合适位置。

风险5：对销孔时肢体代替工具造成夹手。

措施：安装人字梁和圆梁对销孔时，禁止将手放入销孔内；销孔不正时，使用撬杠进行校对销孔；安装期间吊装指挥人员站在吊车司机视线范围之内。

风险6：人员抬拉筋安装时夹伤手部风险。

措施：两人以上抬拉筋时，动作一致，配合得当。

3. 整体吊装人字架

风险1：取、挂绳套时人员高处坠落风险。

措施：攀爬时使用双钩安全带倒换前行，到达作业地点后先选择牢固的高位锚固点拴挂好安全尾绳后再开始作业。

风险2：钢丝绳套断裂，支腿下砸伤风险。

措施：作业中严禁人员站在支腿正下方；禁止使用降级吊索具，绳套拴挂牢靠，禁止将绳套挂在人字梁棱角处起吊。

其他风险及措施：起吊人字架至底座、安装支腿销子是对正销孔作业、敲击作业的风险及控制措施与组装人字架风险2、风险3、风险5一致。

二十、拆卸井架人字架（整体吊装型）作业

（一）作业流程

作业应具备的条件→准备工作→设备和工具检查→整体吊卸人字架→拆解人字架→作业关闭。

（二）主要风险及防控措施

1. 准备工作

风险：风险不清、配合不当，造成人员伤害。

措施：在当班作业前安全会上识别风险，制定防控措施，并向本单位及承包商所有作业人员交底；现场必须指定作业负责人及监管人员。

2. 整体吊卸人字架

风险1：移动摆放吊车碰伤、夹伤。

措施：车辆移动由专人指挥，驾驶员观察环境，精力集中。

风险2：钻台上作业、挂绳套时人员高处坠落风险。

措施：钻台底座2m以上作业系好安全带；上、下攀爬时使用双钩安全带，双钩交替使用倒换前行，在圆梁上方行进时应将安全带挂在生命线上，并降低重心，尽量避免直立行走；到达作业地点后先选择牢固的高位锚固点拴挂好安全尾绳后再开始作业。

风险3：敲击作业异物溅入眼部风险。

措施：人员佩戴护目镜，大锤运行方向禁止站人。

风险4：人字梁摆动挤伤、碰伤人员风险。

措施：起吊人字梁时人员站在安全位置，牵好引绳；吊装指挥人员站在吊车司机视线范围内进行指挥；吊车周围、人字梁周围禁止闲杂人员靠近；非作业人员禁止上钻台，钻台下无闲杂人员。

风险5：钢丝绳套断裂，支腿下砸伤害风险。

措施：作业中严禁人员站在支腿正下方，绳套拴挂牢靠，禁止将绳套挂在人字梁棱角处起吊。

风险6：垫枕木时压伤手风险。

措施：吊车下放人字梁停稳后，作业人员将方木垫在圆梁两端位置。

3. 拆解人字架

风险1：吊装中脱钩、吊物下砸，钢丝绳伤人风险。

措施：拆卸支腿撑杆时，应使用绳套穿过活动腿间隙并加装衬垫防割绳或使用卸扣连接销孔的方式。

风险2：取绳套时吊车摆动绳套夹手风险。

措施：吊车司机未收到吊装指挥人员手势信号，禁止擅自操作吊车。

风险3：支腿与圆梁分离时圆梁从枕木滚落伤人。

措施：活动支腿分离时应站在支腿靠吊车侧，不得站在圆梁两侧。

风险4：支腿与圆梁分离时应力突然释放摆动伤人。

措施：拆解时保证吊物重心与吊钩处于铅垂线上，需要活动时应缓慢活动，严禁大范围做上提下放及转动吊臂操作；拆解过程中吊车司机注意力要集中。

其他风险及措施：敲击作业、人字梁摆动挤伤、碰伤人员风险及措施同整体吊卸人字梁风险3、风险4一致。

二十一、安装高位绞车作业

（一）作业流程

作业应具备的条件→准备工作→设备和工具检查→试起吊→安装绞车及加宽台→安装

电磁刹车→安装传动及其他→作业关闭。

(二) 主要风险及防控措施

1. 准备工作

风险：风险不清、配合不当，造成人员伤害。

措施：在作业前安全会上识别风险，制定防控措施，并向现场所有作业人员及承包商交底；严格落实作业许可，并指定作业负责人及监管人员。

2. 试起吊

风险：清理绞车底部泥污时被压伤。

措施：吊车制动可靠，停止动作；人员严禁将肢体伸进绞车下方；指挥人员严格落实"五个确认"。

3. 安装绞车、加宽台、电磁刹车、传动及其他

风险1：吊车千斤下陷，重心失稳甚至倾翻。

措施：吊车停放位地面稳固，千斤垫板居中；试吊时认真检查，如千斤下陷，及时夯实地基。

风险2：临边作业时高处坠落或落物伤人。

措施：正确使用安全带和防坠落装置，避免靠近钻台边沿，高处工具拴牢尾绳。

风险3：吊物摆动伤人或碰撞设备。

措施：带载起吊前找准重心；吊臂移动伸缩时平稳操作；吊移中用引绳稳定吊物，远离危险区。

风险4：双吊车起吊时，吊物脱钩滑落。

措施：双车必须由一人指挥、信号明确，找准平衡点平稳移动，同时缓慢下放；危险区严禁逗留。

风险5：摘挂绳套夹手，收绳套时蹭挂。

措施：摘挂绳套时吊车严禁动作，严禁用手代替取挂器；收绳套时拉开绳环，避开障碍物。

风险6：撬杠憋劲，弹伤作业人员。

措施：用撬杠调整设备时，间距不可过大，下放缓慢；严禁用身体推靠，撬杠上端严禁正对胸口。

风险7：扳手打滑，碰伤、夹伤。

措施：提前检查螺栓及螺纹磨损状况，扳手匹配安放到位，用力时站稳扶牢，握姿和方向正确。

风险8：用大锤敲击紧固时，铁屑异物飞溅伤人。

措施：敲击作业戴好护目镜，使用工具扶正扳手，配合人员严禁站在大锤运行方向。

风险9：临边作业时高处坠落或落物伤人。

措施：正确使用安全带和防坠落装置，避免靠近钻台边沿，钻台下站稳扶牢，高处工具拴牢尾绳。

二十二、拆卸高位绞车作业

（一）作业流程

作业应具备的条件→准备工作→设备和工具检查→拆卸绞车及加宽台固定→拆卸电磁刹车→吊移绞车下钻台→作业关闭。

（二）主要风险及防控措施

1. 准备工作

风险1：风险不清、配合不当，造成人员伤害。

措施：在作业前安全会上识别风险，制定防控措施，并向现场所有作业人员及承包商交底；严格落实作业许可，并指定作业负责人及监管人员。

风险2：拆除管线和电缆时滑跌坠落或落物伤人。

措施：攀爬时踩稳抓牢，2m以上要系安全带，禁止从高处抛扔管线和工具。

2. 拆卸绞车、加宽台固定、电磁刹车和吊移绞车下钻台

风险1：吊车千斤下陷，重心失稳甚至倾翻。

措施：吊车停放位地面稳固，千斤垫板居中；试吊时认真检查，如千斤下陷，及时夯实地基。

风险2：临边作业时高处坠落或落物伤人。

措施：正确使用安全带和防坠落装置，避免靠近钻台边沿，高处工具拴牢尾绳。

风险3：吊物摆动伤人或碰撞设备。

措施：带载起吊前找准重心；吊臂移动伸缩时平稳操作；吊移中用引绳稳定吊物，远离危险区。

风险4：双吊车起吊时，吊物脱钩滑落。

措施：双车必须由一人指挥、信号明确，找准平衡点平稳移动，同时缓慢下放；危险区严禁逗留。

风险5：摘挂绳套夹手，收绳套时蹭挂。

措施：摘挂绳套时吊车严禁动作，严禁用手代替取挂器；收绳套时拉开绳环，避开障碍物。

风险6：撬杠憋劲，弹伤作业人员。

措施：用撬杠调整设备时，间距不可过大，下放缓慢；严禁用身体推靠，撬杠上端严禁正对胸口。

风险7：扳手打滑，碰伤、夹伤。

措施：提前检查螺栓及螺纹磨损状况，扳手匹配安放到位，用力时站稳扶牢，握姿和方向正确。

风险8：用大锤敲击紧固时，铁屑异物飞溅伤人。

措施：敲击作业戴好护目镜，使用工具扶正扳手，配合人员严禁站在大锤运行方向。

风险9：临边作业时高处坠落或落物伤人。

措施：正确使用安全带和防坠落装置，避免靠近钻台边沿，钻台下站稳扶牢，高处工具拴牢尾绳。

二十三、安装低位绞车作业

（一）作业流程

作业应具备的条件→准备工作→设备和工具检查→试起吊→吊放绞车就位→吊装电磁刹车（机械钻机）→固定设备→安装附件→作业关闭。

（二）主要风险及防控措施

1. 准备工作

风险：风险不清、配合不当，造成人员伤害。

措施：在作业前安全会上识别风险，制定防控措施，并向现场所有作业人员及承包商交底；严格落实作业许可，并指定作业负责人及监管人员。

2. 试起吊

风险1：打垫板、取挂绳套时人员夹手。

措施：与吊车司机信号联系明确，配合到位，司索人员使用好绳套取挂器。

风险2：清理绞车底部泥污时被压伤。

措施：吊车制动可靠，停止动作，人员严禁将肢体伸进绞车下方，清理时专人监护。

3. 吊放绞车就位、吊装电磁刹车（机械钻机）

风险1：吊车千斤下陷，重心失稳甚至倾翻。

措施：吊车停放位地面稳固，千斤垫板居中；试吊时认真检查，如千斤下陷，及时夯实地基。

风险2：吊物摆动伤人或碰撞设备。

措施：带载起吊时找准重心；吊臂移动伸缩时平稳操作，注意观察；吊移中用引绳稳定吊物；就位前绞车与平台前护栏之间严禁站人。

风险3：双吊车起吊时，吊物脱钩滑落。

措施：双车必须由一人指挥，信号明确，找准平衡点平稳移动，同时缓慢下放；危险区严禁逗留。

风险4：取挂绳套夹手，收绳套时弹伤。

措施：使用好绳套取挂器，摘挂绳套时吊车严禁动作；收绳套时拉开绳环，避开障碍物。

风险5：撬杠憋劲，弹伤作业人员。

措施：用撬杠调整设备时，间距不可过大，下放缓慢；严禁用身体推靠，撬杠上端严禁正对胸口。

4. 固定设备、安装附件

风险1：扳手打滑，碰伤、夹伤。

措施：提前检查螺栓及螺纹磨损状况，扳手匹配安放到位，用力时站稳扶牢，握姿和方向正确。

风险2：用大锤敲击紧固时，铁屑异物飞溅伤人。

措施：敲击作业戴好护目镜，使用工具扶正扳手，配合人员严禁站在大锤运行方向。

二十四、拆卸低位绞车作业

（一）作业流程

作业应具备的条件→准备工作→设备和工具检查→拆卸绞车附属设备→拆卸吊离绞车→作业关闭。

（二）主要风险及防控措施

1. 准备工作

风险1：风险不清、配合不当，造成人员伤害。

措施：在作业前安全会上识别风险，制定防控措施，并向现场所有作业人员及承包商交底；严格落实作业许可，并指定作业负责人及监管人员。

风险2：拆除管线和电缆时滑跌坠落或落物伤人。

措施：攀爬时踩稳抓牢，2m以上要系安全带，禁止从高处抛扔管线和工具。

2. 拆卸绞车附属设备、拆卸吊离绞车

风险1：吊车千斤下陷，重心失稳甚至倾翻。

措施：吊车停放位地面稳固，千斤垫板居中；试吊时认真检查，如千斤下陷，及时夯实地基。

风险2：临边作业时高处坠落或落物伤人。

措施：正确使用安全带和防坠落装置，避免靠近钻台边沿，高处工具拴牢尾绳。

风险3：吊物摆动伤人或碰撞设备。

措施：带载起吊前找准重心；吊臂移动伸缩时平稳操作；吊移中用引绳稳定吊物，远离危险区。

风险4：双吊车起吊时，吊物脱钩滑落。

措施：双车必须由一人指挥，信号明确，找准平衡点平稳移动，同时缓慢下放；危险区严禁逗留。

风险5：摘挂绳套夹手，收绳套时蹭挂。

措施：摘挂绳套时吊车严禁动作，严禁用手代替取挂器；收绳套时拉开绳环，避开障碍物。

风险6：撬杠憋劲，弹伤作业人员。

措施：用撬杠调整设备时，间距不可过大，下放缓慢；严禁用身体推靠，撬杠上端严禁正对胸口。

风险7：扳手打滑，碰伤、夹伤。

措施：提前检查螺栓及螺纹磨损状况，扳手匹配安放到位，用力时站稳扶牢，握姿和方向正确。

风险8：用大锤敲击时，铁屑异物飞溅伤人。
措施：敲击作业戴好护目镜，使用工具扶正扳手，配合人员严禁站在大锤运行方向。
风险9：排绳器滑落伤人或人员滑跌。
措施：安装排绳器扶正放好后立刻对角戴好固定螺栓，人员上固定时吊车禁止动作；使用作业平台，人员不得攀爬在无护栏的设备上。

二十五、安装机房动力设备作业

（一）作业流程

作业应具备的条件→准备工作→设备和工具检查→吊放柴油机至底座→校正固定柴油机→安装万向轴及护罩→安装排气管及油气管线→作业关闭。

（二）主要风险及防控措施

1. 准备工作

风险：风险不清、配合不当，造成人员伤害。
措施：在班前会或作业前安全会上识别风险，制定防控措施，并向本单位及承包商所有作业人员交底；现场必须指定作业负责人及监管人员；由机房大班统一把控安装标准。

2. 吊放柴油机至底座

风险1：挪移吊车，碰伤、夹伤。
措施：专人指挥吊车挪移、倒车，车辆运行范围严禁站人，抬放垫板过程中人员合理站位，密切配合。
风险2：设备吊装时吊车倾覆，吊物摆动夹伤、碰伤人员。
措施：严格落实吊装作业"十不吊""五个确认"，千斤支撑基础可靠，吊车司机精力集中操作平稳，指挥信号明确，作业人员站位合理，使用好引绳，相互提醒，严禁站在危险区域。
风险3：挂绳套时夹伤人员，收紧绳套时挂坏设备。
措施：正确使用绳套取挂器，收紧绳套时注意观察是否有刮擦情况。
风险4：对正柴油机固定螺栓孔时，夹伤手指。
措施：专人指挥，平稳下放，禁止用肢体代替工具检查螺孔，严禁将手放在被吊物下。
风险5：人员底座坑洞跌落伤害。
措施：作业时注意力集中，关注脚下坑洞。

3. 校正固定柴油机

风险：使用工具打滑夹伤、碰伤，敲击作业时物体打击、飞溅伤害。
措施：在作业过程中，正确使用手工具，敲击作业时扳手拴好引绳，人员佩戴好护目镜，不在大锤运行轨迹方向。

4. 安装万向轴及护罩

风险1：万向轴脱离砸伤人员。

措施：吊装拴挂牢靠，不得拴挂在一端，防止从花键处脱落。

风险2：安装护罩时夹伤、碰伤。

措施：人员密切配合，抬放动作一致。

5. 安装排气管及油气管线

风险：高处安装排气管时人员跌落、落物伤人或手部碰伤。

措施：系好安全带，使用防坠落杆挂好尾绳，作业时站稳扶好；扶正排气管固定螺栓孔时手不得放在连接法兰之间。

二十六、拆卸机房动力设备（柴油机）作业

（一）作业流程

作业应具备的条件→准备工作→设备和工具检查→拆除连接附件及固定→吊移柴油机→作业关闭。

（二）主要风险及防控措施

1. 准备工作

风险1：风险不清、操配合不当，造成人员伤害。

措施：在班前会或作业前安全会上识别风险，制定防控措施，并向本单位及承包商所有作业人员交底；现场必须指定作业负责人及监管人员。

风险2：拆除气管线未泄压，物体打击伤害。

措施：气瓶压力全部释放。

2. 拆除连接附件及固定

风险1：挪移吊车，碰伤、夹伤。

措施：专人指挥吊车挪移、倒车，车辆运行范围严禁站人，抬放垫板过程中人员合理站位，密切配合。

风险2：高处拆除排气管时跌落或落物伤人。

措施：系好安全带，使用防坠落杆挂好尾绳，作业时站稳扶好。

风险3：使用工具打滑夹伤、碰伤，敲击作业时物体打击、飞溅伤害。

措施：在作业过程中，正确使用手工具，敲击作业时扳手拴好引绳，人员佩戴好护目镜，不在大锤运行轨迹方向。

风险4：万向轴脱离砸伤人员。

措施：吊装拴挂牢靠，不得拴挂在一端；使用支架固定时，用铅丝从两个万向节捆绑，防止从花键处脱落。

风险5：拆卸搬运护罩时碰撞、挤压伤害。

措施：搬运时人员密切配合，必要时使用吊车吊移。

3. 吊移柴油机

风险1：设备吊装时吊车倾覆，吊物摆动夹伤、碰伤人员。

措施：严格落实吊装作业"十不吊""五个确认"，千斤支撑基础可靠，吊车司机精

力集中，操作平稳，指挥信号明确；作业人员站位合理、使用好引绳，相互提醒，严禁站在危险区域。

风险 2：取挂绳套时夹伤人员。

措施：正确使用绳套取挂器。

风险 3：人员底座坑洞跌落伤害。

措施：作业时注意力集中，关注脚下坑洞。

二十七、安装机房传动设备（联动机）作业

（一）作业流程

作业应具备的条件→准备工作→设备和工具检查→吊放联动机至底座→安装联动机皮带及校正→安装护罩及节能发电机→作业关闭。

（二）主要风险及防控措施

1. 准备工作

风险：风险不清、配合不当，造成人员伤害。

措施：在班前会或作业前安全会上识别风险，制定防控措施，并向本单位及承包商所有作业人员交底；现场必须指定作业负责人及监管人员；由机房大班统一把控安装标准。

2. 吊放联动机至底座

风险 1：挪移吊车，碰伤、夹伤。

措施：专人指挥吊车挪移、倒车，车辆运行范围严禁站人，抬放垫板过程中人员合理站位，密切配合。

风险 2：设备吊装时吊车倾覆，吊物摆动夹伤、碰伤人员。

措施：严格落实吊装作业"十不吊""五个确认"，千斤支撑基础可靠，吊车司机精力集中操作平稳，指挥信号明确；作业人员站位合理，使用好引绳，相互提醒，严禁站在危险区域。

风险 3：取挂绳套时夹伤人员。

措施：正确使用绳套取挂器。

风险 4：人员底座坑洞跌落伤害。

措施：作业时注意力集中，关注脚下坑洞。

3. 安装联动机皮带及校正

风险 1：使用工具打滑夹伤、碰伤，敲击作业时物体打击、飞溅伤害。

措施：在作业过程中，正确使用手工具，敲击作业时扳手拴好引绳，人员佩戴好护目镜，不在大锤运行轨迹方向。

风险 2：拆卸安装及搬运护罩时碰撞、挤压伤害。

措施：搬运时人员密切配合，必要时使用吊车吊移。

风险 3：穿皮带、装校正垫片时挤压伤害。

措施：皮带轮下枕木支撑牢固后再穿皮带，校正垫片放好后再取皮带轮支撑枕木。

其他风险及措施：与吊放联动机至底座的风险 2、风险 3、风险 4 一致。

4. 安装护罩及节能发电机

风险及措施：与吊放联动机至底座的风险 2、风险 3、风险 4，安装联动机皮带及校正的风险 1、风险 2 一致。

二十八、拆卸机房传动设备（联动机）作业

（一）作业流程

作业应具备的条件→准备工作→设备和工具检查→拆除连接附件及固定→拆卸节能发电机→拆卸联动机固定及皮带→吊移联动机→作业关闭。

（二）主要风险及防控措施

1. 准备工作

风险 1：风险不清、操作配合不当，造成人员伤害。

措施：在班前会或作业前安全会上识别风险，制定防控措施，并向本单位及承包商所有作业人员交底；现场必须指定作业负责人及监管人员。

风险 2：拆卸泵皮带护罩时碰撞、挤压伤害。

措施：使用吊车吊移护罩，使用好引绳，人员在安全位置。

2. 拆除连接附件及固定

风险 1：挪移吊车，碰伤、夹伤。

措施：专人指挥吊车挪移、倒车，车辆运行范围严禁站人，抬放垫板过程人员合理站位密切配合。

风险 2：万向轴脱离砸伤人员。

措施：吊装拴挂牢靠，不得拴挂在一端，使用支架固定时，用铅丝从两个万向节捆绑，防止从花键处脱落。

风险 3：拆除气管线未泄压物体打击伤害。

措施：气瓶压力全部释放。

3. 拆卸节能发电机

风险 1：使用工具打滑夹伤、碰伤，敲击作业时物体打击、飞溅伤害。

措施：在作业过程中，正确使用手工具，敲击作业时扳手拴好引绳，人员佩戴好护目镜，不在大锤运行轨迹方向。

风险 2：吊物摆动夹伤、碰伤人员。

措施：严格落实吊装作业"十不吊""五个确认"，千斤支撑基础可靠，指挥信号明确，吊车司机精力集中，平稳操作；作业人员在安全区域使用好引绳，相互提醒，严禁站在危险区域。

4. 拆卸联动机固定及皮带

风险 1：拆卸搬运及安装护罩时碰撞、挤压伤害。

措施：搬运时人员密切配合，必要时使用吊车吊移。

风险2：取皮带时挤压伤害。

措施：皮带轮下枕木支撑牢固后再抽取皮带。

风险3：人员底座坑洞跌落伤害。

措施：作业时注意力集中，关注脚下坑洞。

其他风险及措施：与拆卸节能发电机风险一致。

5. 吊移联动机

风险1：设备吊装时吊车倾覆，吊物摆动夹伤、碰伤人员。

措施：严格落实吊装作业"十不吊""五个确认"，千斤支撑基础可靠，吊车司机精力集中操作平稳，指挥信号明确；作业人员站位合理，使用好引绳，相互提醒，严禁站在危险区域。

风险2：取挂绳套时夹伤人员伤害。

措施：正确使用绳套取挂器。

风险3：人员底座坑洞跌落伤害。

措施：作业时注意力集中，关注脚下坑洞。

二十九、安装机房传动设备（传动箱）作业

（一）作业流程

作业应具备的条件→准备工作→设备和工具检查→安装传动箱→安装液力耦合器→安装变速箱节能发电机→安装万向轴护罩及管线→作业关闭。

（二）主要风险及防控措施

1. 准备工作

风险：风险不清、配合不当，造成人员伤害。

措施：在班前会或作业前安全会上识别风险，制定防控措施，并向本单位及承包商所有作业人员交底；现场必须指定作业负责人及监管人员；由机房大班统一把控安装标准。

2. 安装传动箱、液力耦合器、变速箱节能发电机

风险1：挪移吊车，碰伤、夹伤。

措施：专人指挥吊车挪移、倒车，车辆运行范围严禁站人，抬放垫板过程中人员合理站位，密切配合。

风险2：设备吊装时吊车倾覆，吊物摆动夹伤、碰伤人员。

措施：严格落实吊装作业"十不吊""五个确认"，千斤支撑基础可靠，吊车司机精力集中操作平稳，指挥信号明确；作业人员站位合理，使用好引绳，相互提醒，严禁站在危险区域。

风险3：取挂绳套时夹伤人员。

措施：正确使用绳套取挂器。

风险4：使用工具打滑夹伤、碰伤，敲击作业时物体打击、飞溅伤害。

措施：在作业过程中，正确使用手工具，敲击作业时扳手拴好引绳，人员佩戴好护目镜，不在大锤运行轨迹方向。

风险5：人员底座坑洞跌落伤害。

措施：作业时注意力集中，关注脚下坑洞。

3. 安装万向轴护罩及管线

风险1：拆卸安装及搬运护罩时碰撞、挤压伤害。

措施：搬运时人员密切配合，必要时使用吊车吊移。

风险2：安装电气线路触电。

措施：电工专人安装，上锁挂签，能量隔离。

其他风险及措施：与安装传动箱、耦合器、发电机一致。

三十、拆卸机房传动设备（传动箱）作业

（一）作业流程

作业应具备的条件→准备工作→设备和工具检查→拆卸万向轴护罩及管线→吊移传动箱→吊移液力耦合器→吊移节能发电机→作业关闭。

（二）主要风险及防控措施

1. 准备工作

风险1：风险不清、操作配合不当，造成人员伤害。

措施：在班前会或作业前安全会上识别风险，制定防控措施，并向本单位及承包商所有作业人员交底；现场必须指定作业负责人及监管人员。

风险2：拆卸搬运护罩时碰撞、挤压伤害。

措施：搬运时人员密切配合，必要时使用吊车吊移。

风险3：拆卸万向轴脱离掉落砸伤人员。

措施：吊装万向轴拴挂牢靠、平衡，不得拴挂在一端；用铅丝从两个万向节捆绑，防止从花键处脱落。

2. 拆卸万向轴护罩及管线

风险1：挪移吊车，碰伤、夹伤。

措施：专人指挥吊车挪移、倒车，车辆运行范围严禁站人，抬放垫板过程中人员合理站位，密切配合。

风险2：拆卸电气线路触电、拆卸气管线未泄压物体打击伤害。

措施：电气线路由电工专人拆卸，上锁挂签，能量隔离；气瓶压力全部释放。

拆卸护罩、万向轴风险及措施：与准备工作中风险2、风险3一致。

3. 吊移传动箱、吊移液力耦合器、吊移节能发电机

风险1：拆卸时使用工具打滑夹伤、碰伤，敲击作业时物体打击、飞溅伤害。

措施：在作业过程中，正确使用手工具，敲击作业时扳手拴好引绳，人员佩戴好护目镜，不在大锤运行轨迹方向。

风险2：设备吊装时吊车倾覆，吊物摆动夹伤、碰伤人员。

措施：严格落实吊装作业"十不吊""五个确认"，千斤支撑基础可靠，吊车司机精力集中操作平稳，指挥信号明确；作业人员站位合理、使用好引绳，相互提醒，严禁站在危险区域。

风险3：取挂绳套时夹伤人员。

措施：正确使用绳套取挂器。

风险4：人员底座坑洞跌落伤害。

措施：作业时注意力集中，关注脚下坑洞。

三十一、安装柴油发电机组作业

（一）作业流程

作业应具备的条件→准备工作→设备和工具检查→吊装电控房→吊装发电机组→安装电控房连接电缆→摆放电缆槽铺设电缆→安装电缆及接地→作业关闭。

（二）主要风险及防控措施

1. 准备工作

风险：风险不清、配合不当，造成人员伤害。

措施：在班前会或作业前安全会上识别风险，制定防控措施，并向本单位及承包商所有作业人员交底；现场必须指定作业负责人及监管人员；由大班电工（电气工程师）负责检验安装质量。

2. 吊装电控房

风险1：挪移吊车，碰伤、夹伤。

措施：专人指挥吊车挪移、倒车，车辆运行范围严禁站人，抬放垫板过程中人员合理站位，密切配合。

风险2：设备吊装时吊车倾覆，吊物摆动夹伤、碰伤人员。

措施：严格落实吊装作业"十不吊""五个确认"，千斤支撑基础可靠，吊车司机精力集中，操作平稳，指挥信号明确；作业人员站位合理、正确使用引绳，相互提醒，严禁站在危险区域。

风险3：挂绳套时夹伤人员，收紧绳套时挂坏设备。

措施：正确使用绳套取挂器，收紧绳套时注意观察是否有挂擦情况。

3. 吊装发电机组

风险：安装排气管高处坠落。

措施：使用梯子登上房顶，作业时选择安全站位，系好安全带，尾钩挂在生命线上。

其他风险及措施：吊装作业风险与吊装电控房风险2、风险3一致。

4. 安装电控房连接电缆

风险1：拉电缆扭伤、滑跌伤害。

措施：多人配合，统一指挥，步调一致。

风险2：安装紧固电缆时高处坠落。

措施：登高作业时正确使用梯子，人员站稳，专人稳固梯子。

风险3：触电伤害。

措施：两人以上配合作业，连接各电缆前检查确认对应控制开关应处于断开位置，上锁挂签，专人监护。

5. 摆放电缆槽铺设电缆

风险：吊放电缆槽碰伤、砸伤。

措施：与吊装电控房风险措施2、措施3一致。

6. 安装电缆及接地

风险：触电伤害。

措施：两人以上配合作业，连接各电缆前检查确认对应控制开关应处于断开位置，上锁挂签，专人监控。

三十二、拆卸柴油发电机组作业

（一）作业流程

作业应具备的条件→准备工作→设备和工具检查→拆卸设备电缆及接地→吊移电缆槽→拆卸吊移发电机组→吊移电控房→作业关闭。

（二）主要风险及防控措施

1. 准备工作

风险：风险不清、配合不当，造成人员伤害。

措施：在班前会或作业前安全会上识别风险，制定防控措施，并向本单位及承包商所有作业人员交底；现场必须指定作业负责人及监管人员。

2. 拆卸设备电缆及接地

风险1：触电伤害。

措施：两人以上配合作业，拆卸各电缆前检查确认所有控制开关处于断开位置，发电机组停止运行。

风险2：拆卸电缆时高处坠落。

措施：登高作业时正确使用梯子，人员站稳，专人稳固梯子。

风险3：拉电缆扭伤、滑跌伤害。

措施：多人配合，统一指挥，步调一致。

3. 吊移电缆槽

风险1：挪移吊车，碰伤、夹伤。

措施：专人指挥吊车挪移、倒车，车辆运行范围严禁站人，抬放垫板过程中人员合理站位，密切配合。

风险2：吊放电缆槽碰伤、砸伤。

措施：严格落实吊装作业"十不吊""五个确认"，千斤支撑基础可靠，吊车司机精力集中，操作平稳，指挥信号明确；作业人员站位合理，正确使用引绳，相互提醒，严禁站在危险区域。

风险 3：挂绳套时夹伤人员。

措施：正确使用绳套取挂器。

4. 拆卸吊移发电机组

风险 1：拆卸排气管高处坠落。

措施：登高作业时正确使用梯子，作业时选择安全站位，规范使用安全带，尾钩挂在生命线上。

风险 2：油污洒落污染环境。

措施：及时清理土工膜与油污，按要求处置。

其他风险及措施：吊装作业风险与吊移电缆槽风险 1 至风险 3 一致。

5. 吊移电控房

风险与措施：吊装作业风险与吊移电缆槽风险 1 至风险 3 一致。

三十三、安装柴油罐组作业

（一）作业流程

作业应具备的条件→准备工作→设备和工具检查→安装底罐组→安装高架罐→连接管线安装电路→作业关闭。

（二）主要风险及防控措施

1. 准备工作

风险：风险不清、配合不当，造成人员伤害。

措施：在班前会或作业前安全会上识别风险，制定防控措施，并向本单位及承包商所有作业人员交底；现场必须指定作业负责人及监管人员。

2. 安装底罐组

风险 1：挪移吊车，碰伤、夹伤。

措施：专人指挥吊车挪移、倒车，车辆运行范围严禁站人，抬放垫板过程中人员合理站位，密切配合。

风险 2：吊装时吊车倾覆，吊物摆动夹伤、碰伤人员。

措施：严格落实吊装作业"十不吊""五个确认"，千斤支撑基础可靠，吊车司机精力集中，操作平稳，指挥信号明确，正确使用引绳，罐与罐之间或者夹角处严禁站人。

风险 3：取挂绳套时夹伤人员。

措施：正确使用绳套取挂器。

3. 安装高架罐

风险 1：高处坠落、滑跌。

措施：正确使用安全带，作业时脚下站稳。

风险2：对正销孔时夹手。

措施：使用撬杠校正销孔，严禁用手对正。

风险3：安装销子时敲击飞溅或物体打击伤害。

措施：作业人员正确佩戴护目镜，使用工具扶销子，人员不得在大锤运行轨迹范围。

其他风险及措施：参照安装底罐组风险2、风险3。

4. 连接管线安装电路

风险：触电伤害。

措施：切断电控房油罐组电源，上锁挂签，电工专人安装。

其他风险及措施：参照安装高架罐风险1。

三十四、拆卸柴油罐组作业

（一）作业流程

作业应具备的条件→准备工作→设备和工具检查→拆卸管线电路→拆卸高架罐→拆卸底罐组→作业关闭。

（二）主要风险及防控措施

1. 准备工作

风险：风险不清、配合不当，造成人员伤害。

措施：在班前会或作业前安全会上识别风险，制定防控措施，并向本单位及承包商所有作业人员交底；现场必须指定作业负责人及监管人员。

2. 拆卸管线电路

风险1：触电伤害。

措施：切断电控房油罐组电源，上锁挂签，电工专人安装。

风险2：高处坠落、滑跌。

措施：正确使用安全带，作业时脚下站稳。

风险3：拆卸油管线油料洒落污染环境。

措施：使用工具回收管线内残余油料。

3. 拆卸高架罐

风险1：挪移吊车，碰伤、夹伤。

措施：专人指挥吊车挪移、倒车，车辆运行范围严禁站人，抬放垫板过程中人员合理站位，密切配合。

风险2：挂绳套时高处坠落。

措施：上、下罐时正确使用差速器，在罐上作业正确佩戴安全带。

风险3：吊装时吊车倾覆，吊物摆动夹伤、碰伤人员。

措施：严格落实吊装作业"十不吊""五个确认"，千斤支撑基础可靠，吊车司机精力集中、操作平稳，指挥信号明确，正确使用引绳，罐与罐之间或者夹角处严禁站人。

风险 4：取挂绳套时夹伤人员。
措施：正确使用绳套取挂器。
风险 5：砸销子时敲击飞溅或物体打击伤害。
措施：作业人员正确佩戴护目镜，人员不得在大锤运行轨迹和销子飞出轨迹范围。

4. 拆卸底罐组

风险：罐面作业高处坠落风险。
措施：人员罐面站稳，注意脚下。
其他风险及措施：参照安装高架罐组风险 3 至风险 5。

三十五、起升井架（拼装式底座）作业

（一）作业流程

作业应具备的条件→准备工作→设备和工具检查→试起井架→起升井架→固定井架及起井架大绳→作业关闭。

（二）主要风险及防控措施

1. 准备工作

风险 1：风险不清、配合不当，造成人员伤害。
措施：在作业前安全会上识别风险，制定防控措施，并向本单位及承包商所有作业人员交底；现场必须指定作业负责人及监管人员。
风险 2：人员高处坠落风险。
措施：人员上井架佩戴安全带，规范使用生命线。
风险 3：排滚筒大绳时机械伤害、物体打击伤害。
措施：平稳操作绞车，缓慢转动滚筒，防止人员卷入滚筒或大绳弹跳伤人，排绳使用大锤时戴好护目镜，大锤运行轨迹方向严禁站人。

2. 试起井架

风险 1：大绳夹在挡杆与滑轮之间，损伤起井架大绳。
措施：起升时专人负责查看起井架大绳拉紧情况。
风险 2：试起井架时井架下砸伤人。
措施：准备起井架时对危险区域警示隔离，试起井架时平稳操作，专人负责清理危险区域人员。

3. 起升井架

风险 1：井架上留有物件，下砸伤人。
措施：检查井架各部位是否留有物件。
风险 2：配重不足，井架倾倒风险。
措施：水柜加满水，满足起升井架要求。
风险 3：井架大绳卡阻或断裂，造成设备损伤。
措施：起井架各滑轮润滑转动良好，滑轮挡销紧固，与滑轮间隙合适；低挡平稳拉起

井架，起升过程中无特殊情况不能摘气开关放气和刹车。

风险 4：缓冲装置操作不当，与刹把操作配合失误，致使井架变形。

措施：按操作要求收缓冲液压缸顶杆，井架靠自重停靠到位，刹把操作时认真观察指重表。

风险 5：刹把操作失误或控制失灵拉倒井架。

措施：严格设备检查，确保灵敏可靠；按操作要求操作刹把，发现异常及时停车。

风险 6：起升过程中指重表读数突然增加。

措施：停止起升，检查大绳、滑轮无异常后将井架放至大支架，仔细检查，排除故障后再起升。

风险 7：起井架时，拉挂水龙带、井架绳索。

措施：提前将水龙带、绳索摆放合适，避免起升过程中人员进入危险区域调整。

4. 固定井架及起井架大绳

风险 1：人员上井架作业高处坠落，高处落物伤人。

措施：攀爬时正确使用防坠落装置，高处作业工具拴有尾绳，高处作业下方警示隔离，严禁站人。

风险 2：固定 U 形卡时，人员夹伤手。

措施：将 U 形卡缺口对正，从人字架端缓慢推入。

风险 3：大绳吊索拴挂不牢，大绳高处掉落。

措施：大绳吊索、气动绞车吊钩拴挂牢靠。

风险 4：吊放平衡锁或起升三脚架人员夹伤、碰伤。

措施：合理使用气动小绞车、手工具、吊带配合吊放三脚架；人员推扶时，手不得放在可能受挤压位置。

三十六、放井架（拼装式底座）作业

（一）作业流程

作业应具备的条件→准备工作→设备和工具检查→挂起放井架大绳→拆卸井架固定及铺台→顶开并下放井架至支架→作业关闭。

（二）主要风险及防控措施

1. 准备工作

风险 1：风险不清、配合不当，造成人员伤害。

措施：在作业前安全会上识别风险，制定防控措施，并向本单位及承包商所有作业人员交底；现场必须指定作业负责人及监管人员。

风险 2：人员上井架作业高处坠落，高处落物伤人。

措施：攀爬时正确使用防坠落装置，作业时尾绳拴挂牢靠，高处作业工具拴牢尾绳，高处作业下方警示隔离，严禁站人。

风险 3：吊装游车支架房或大门坡道、大支架碰撞、掉落。

措施：严格执行吊装作业"十不吊""五个确认"。

2. 挂起放井架大绳

风险1：人员上井架作业高处坠落，高处落物伤人。

措施：攀爬时正确使用防坠落装置，作业时尾绳拴挂牢靠，高处作业工具拴牢尾绳，高处作业下方警示隔离，严禁站人。

风险2：大绳吊索拴挂不牢，大绳高处掉落。

措施：大绳吊索、气动绞车吊钩拴挂牢靠。

风险3：挂大绳、平衡滑轮（三脚架）时，人员夹伤、碰伤。

措施：合理使用气动小绞车、手工具、吊带配合挂大绳及平衡滑轮（三脚架）；人员推扶时，手放在正确位置。

风险4：上提吨位过大造成大绳及井架损伤。

措施：严格控制上提吨位。

3. 拆卸井架固定及铺台

风险1：挪移吊车，碰伤、夹伤。

措施：专人指挥吊车挪移、倒车，车辆运行范围严禁站人，抬放垫板过程中人员合理站位，密切配合。

风险2：吊物脱落或吊挂不平，碰挂伤人。

措施：严格落实吊装作业"十不吊""五个确认"，正确选择吊挂点，试吊重心平稳，作业人员正确使用引绳，严禁站在危险区域。

其他风险及控制措施：高处作业风险与"挂起放井架大绳"风险1一致。

4. 顶开并下放井架至支架

风险1：缓冲装置操作不当，致使井架挤压变形。

措施：缓冲装置操作人员与刹把操作人员配合得当，认真观察指重表变化。

风险2：放井架时拉翻底座，耳板断裂摔落井架。

措施：钻机水柜必须加满水配重，连接耳板检查无损伤。

风险3：下放速度过快或刹车失灵，摔落井架或下砸伤人。

措施：刹把操作必须与辅助刹车配合，控制速度，严禁猛刹猛放，放井架时警戒隔离，危险区域无人。

风险4：用装载机调整大支架位置时，车辆碰伤人员。

措施：专人指挥装载机推拉大支架，其他人员保持安全距离。

风险5：拆卸导向滑轮挡销时高处坠落或使用工具伤手。

措施：安全带尾绳拴挂牢靠，高挂低用；使用工具时防止打滑碰撞。

三十七、起升井架及底座（起升式底座）作业

（一）作业流程

作业应具备的条件→准备工作→设备和工具检查→试起井架→起升井架→固定井架及起井架大绳→起升、固定底座→作业关闭。

(二) 主要风险及防控措施

1. 准备工作

风险1：风险不清、配合不当，造成人员伤害。

措施：在作业前安全会上识别风险，制定防控措施，并向本单位及承包商所有作业人员交底；现场必须指定作业负责人及监管人员。

风险2：人员高处坠落。

措施：人员上井架正确佩戴安全带，使用生命线。

风险3：排滚筒大绳时机械伤害、物体打击伤害。

措施：平稳操作绞车，缓慢转动滚筒，防止人员卷入滚筒或大绳弹跳伤人，排绳使用大锤时正确佩戴护目镜，大锤运行轨迹方向严禁站人。

2. 试起井架

风险1：大绳夹在挡杆与滑轮之间，损伤起井架大绳。

措施：起升时专人负责查看起井架大绳拉紧情况。

风险2：试起井架时井架下砸伤人。

措施：准备起井架时对危险区域警示隔离，试起井架时平稳操作，专人负责清理危险区域人员。

3. 起升井架

风险1：井架上留有物件，下砸伤人。

措施：检查井架各部位是否留有物件。

风险2：井架大绳卡阻或断裂，造成设备损坏或井架摔倒。

措施：起井架各滑轮润滑转动良好，滑轮挡销紧固，与滑轮间隙合适；低挡平稳拉起井架，起升过程中无特殊情况不得摘气开关放气和刹车。

风险3：缓冲装置操作不当，与刹把操作配合失误，致使井架变形。

措施：按操作要求收缓冲液压缸顶杆，井架靠自重靠到位，刹把操作时认真观察指重表。

风险4：刹把操作失误或控制失灵拉倒井架。

措施：严格检查设备，确保灵敏可靠，按要求操作刹把，发现异常及时停车。

风险5：起升过程中指重表读数突然增加。

措施：停止起升，检查大绳、滑轮无异常后将井架放至大支架，仔细检查，排除故障后再起升。

风险6：起井架时，拉挂水龙带、井架绳索。

措施：提前将水龙带、绳索摆放合适，避免起升过程中人员进入危险区域调整。

4. 固定井架及起井架大绳

风险1：人员上井架作业高处坠落，高处落物伤人。

措施：攀爬时正确使用防坠落装置，高处作业工具拴挂尾绳，高处作业下方警示隔离，严禁站人。

风险2：固定U形卡时，人员夹伤手。

措施：将U形卡缺口对正，从人字架端缓慢推入。

风险3：大绳吊索拴挂不牢，大绳高处掉落。

措施：大绳吊索、气动绞车吊钩拴挂牢靠。

风险4：吊放起升三脚架时，人员夹伤、碰伤。

措施：合理使用气动小绞车、手工具、吊带配合吊放三脚架；人员推扶时，手不得放在可能受挤压位置。

5. 起升、固定底座

风险：敲击作业时物体打击、飞溅伤害。

措施：人员正确佩戴护目镜，大锤运行轨迹方向严禁站人。

其他风险及措施：与"试起井架"风险、"起升井架"风险2至风险5、"固定井架及起井架大绳"风险1、风险3、风险4一致。

三十八、放井架及底座（起升式底座）作业

（一）作业流程

作业应具备的条件→准备工作→设备和工具检查→挂起放底座大绳→下放底座→挂起放井架大绳→顶开并下放井架至支架→作业关闭。

（二）主要风险及防控措施

1. 准备工作

风险1：风险不清、配合不当，造成人员伤害。

措施：在作业前安全会上识别风险，制定防控措施，并向本单位及承包商所有作业人员交底；现场必须指定作业负责人及监管人员。

风险2：人员上井架作业高处坠落，高处落物伤人。

措施：攀爬时正确使用防坠落装置，作业时尾绳拴挂牢靠，高处作业工具拴牢尾绳，高处作业下方警示隔离，严禁站人。

风险3：吊装作业风险。

措施：严格执行吊装作业"十不吊""五个确认"，具体风险及控制措施见拆卸钻台底座（起升式）作业、高位拆卸钻台偏作业要求。

2. 挂起放底座大绳

风险1：人员高处坠落，高处落物伤人。

措施：攀爬时正确使用防坠落装置，作业时尾绳拴挂牢靠，高处作业工具拴牢尾绳，高处作业下方警示隔离，严禁站人。

风险2：人员站位不当，大绳打扭弹起伤人。

措施：挂大绳时人员站在侧面。

风险3：大绳吊索拴挂不牢，大绳掉落。

措施：大绳吊索、气动绞车吊钩拴挂牢靠。

风险4：挂大绳、三脚架时，人员夹伤、碰伤。

措施：合理使用气动小绞车、手工具、吊带配合挂大绳及三脚架，人员推扶时，手放在正确位置。

风险5：上提大绳吨位过大，造成大绳及井架损伤。

措施：严格控制上提吨位。

3. 下放底座

风险1：缓冲装置操作不当，致使底座挤压变形。

措施：缓冲装置操作人员与刹把操作人员配合得当，认真观察指重表变化。

风险2：下放速度过快或刹车失灵，摔落底座或下砸伤人。

措施：刹把操作必须与辅助刹车配合，控制速度，严禁猛刹猛放，放井架、底座时警戒隔离，专人清理危险区域人员。

风险3：敲击作业时物体打击、飞溅伤害。

措施：人员佩戴护目镜，大锤运行轨迹方向严禁站人。

4. 挂起放井架大绳

风险与控制措施：与"挂起放底座大绳"风险一致。

5. 顶开并下放井架至支架

风险1：用装载机调整大支架位置时，车辆碰伤人员。

措施：专人指挥装载机推拉大支架，其他人员保持安全距离。

风险2：拆卸导向滑轮挡销时高处坠落或使用工具伤手。

措施：安全带尾绳拴挂牢靠，高挂低用；使用工具时防止打滑碰撞。

其他风险及措施：与"下放底座"风险一致。

三十九、安装起放井架大绳作业

（一）作业流程

作业应具备的条件→准备工作→设备和工具检查→理顺起放井架大绳→安装井架导向滑轮大绳→装人字架导向滑轮大绳→安装锁节（牛鼻子）连接销→作业关闭。

（二）主要风险及防控措施

1. 准备工作

风险：风险不清、配合不当，造成人员伤害。

措施：在班前会或作业前安全会上明确任务、分工及作业步骤，识别风险，制定防控措施并责任到人，向参与作业人员及相关承包商人员交底；现场必须指定作业负责人及监管人员。

2. 理顺起放井架大绳

风险1：挪移吊车时碰伤、夹伤。

措施：专人指挥吊车挪移、倒车，车辆运行范围严禁站人，抬放垫板过程中人员合理站位，密切配合。

风险2：人员扶大绳时毛刺划伤手。

措施：扶大绳时戴手套，避开有毛刺部位。

风险3：吊索具断裂下砸伤人。

措施：按标准检查吊索具，卸扣连接牢固可靠，不得缠绕打扭，吊物下方范围严禁站人。

风险4：起吊大绳时用力不当，扭劲释放伤人。

措施：起吊时缓慢操作，观察大绳摆动，严禁人员站在扭劲释放范围内。

3. 安装井架导向滑轮大绳、装人字架导向滑轮大绳

风险1：吊锁节穿过井架到外侧时蹭挂、摆动伤人。

措施：指挥吊车控制速度，人员站在安全位置牵引引绳，控制锁节方向及摆动幅度。

风险2：撬杠、管钳打滑，人员失稳碰伤。

措施：检查工具，站稳，均匀用力。

风险3：高处作业人员坠落、落物伤害。

措施：高处作业人员使用安全带，拴挂正确牢靠，高处工具完好，尾绳拴挂牢靠，严禁场地人员在作业区域穿行或逗留。

风险4：起井架大绳扭劲释放反弹伤人。

措施：安装挡绳杆时观察大绳摆动，严禁站在大绳摆动范围内。

风险5：安装挡绳杆时滑轮转动夹伤手。

措施：安装挡绳杆时严禁将手放在滑轮与挡绳杆之间。

4. 安装锁节（牛鼻子）连接销

风险1：井架作业人员高处坠落。

措施：人员上井架使用双尾绳安全带，拴挂正确牢靠，移动时站稳并正确使用生命线，交替使用尾绳钩；作业前观察逃生路线，避免碰挂。

风险2：安装锁节时物体打击伤害。

措施：人员在锁节前方井架上安全位置作业，场地人员远离起井架大绳摆动范围，避免碰挂。

风险3：销子或工具掉落伤人。

措施：销子下方及运动方向严禁站人或穿行，井架上不得存放杂物，工具完好，尾绳拴挂牢靠。

四十、拆卸起放井架大绳作业

（一）作业流程

作业应具备的条件→准备工作→设备和工具检查→拆大绳锁节连接销→拆人字架导向滑轮大绳→拆井架导向滑轮大绳→抽盘起放井架大绳→作业关闭。

（二）主要风险及防控措施

1. 准备工作

风险：风险不清、配合不当，造成人员伤害。

措施：在班前会或作业前安全会上明确任务、分工及作业步骤，识别风险，制定防控措施并责任到人，向参与作业人员及相关承包商人员交底；现场必须指定作业负责人及监管人员。

2. 拆大绳锁节连接销、人字架导向滑轮大绳、井架导向滑轮大绳

风险1：挪移吊车时，碰伤、夹伤。

措施：专人指挥吊车挪移、倒车，车辆运行范围严禁站人，抬放垫板过程中人员合理站位，密切配合。

风险2：井架作业人员高处坠落。

措施：人员上井架使用双尾绳安全带，拴挂正确牢靠，移动时使用生命线，站稳抓牢，交替使用尾绳钩；高处工具尾绳拴挂牢靠，场地人员严禁在作业区域穿行或逗留。

风险3：拆卸锁节时物体打击伤害、落物伤害。

措施：人员在锁节前方井架上安全位置作业，场地人员远离起井架大绳摆动范围，避免碰挂。

风险4：销子飞出或工具掉落伤人。

措施：销子下方及运动方向严禁站人或穿行，井架上不得存放杂物，工具完好，尾绳拴挂牢靠。

风险5：撬杠打滑，人员失稳碰伤。

措施：检查工具，站稳，均匀用力。

风险6：拆挡绳杆时滑轮转动夹伤手。

措施：拆挡绳杆时严禁将手放在滑轮与挡绳杆之间。

风险7：起井架大绳扭劲释放反弹伤人。

措施：拆除挡绳杆时观察大绳摆动，严禁站在大绳脱出的方向。

3. 抽盘起放井架大绳

风险1：人员盘大绳时毛刺划伤手。

措施：拉大绳时佩戴手套，避开有毛刺部位。

风险2：吊锁节穿过井架到内侧时蹭挂、摆动伤人。

措施：指挥吊车控制速度，人员在安全位置牵引引绳，控制锁节方向及摆动幅度。

风险3：吊索具断裂下砸伤人。

措施：按标准检查吊索具，卸扣连接牢固可靠，不得缠绕打扭，吊物下方范围严禁站人。

风险4：多人配合盘大绳用力不当，砸伤人。

措施：多人配合用力一致，同起同放。

四十一、抽钻井大绳作业

（一）作业流程

作业应具备的条件→准备工作→设备和工具检查→摆抽绳器→拆死绳固定→抽绞车滚筒大绳→拆活绳固定→抽大绳→作业关闭。

（二）主要风险及防控措施

1. 准备工作

风险：风险不清、配合不当，造成人员伤害。

措施：在班前会或作业前安全会上明确任务、分工及作业步骤，识别风险，制定防控措施并责任到人，向参与作业人员及相关承包商人员交底；现场必须指定作业负责人及监管人员。

2. 摆抽绳器

风险1：吊装抽绳器时吊物掉落、倾翻、碰撞。

措施：严格执行吊装作业"十不吊""五个确认"。

风险2：接电源未断电对人的伤害。

措施：上锁挂签、专人监护、断电、验电、接地良好。

3. 拆死绳固定

风险1：死绳扭劲释放反弹伤人。

措施：拆死绳时人员抓牢死绳，使用挡绳杆压住，一圈一圈按次序拆下。

风险2：扳手打滑，人员失稳碰伤。

措施：检查工具，站稳，均匀用力。

4. 抽绞车滚筒大绳

风险1：抽绳器排大绳时夹伤手，毛刺扎伤。

措施：排抽绳器滚筒大绳使用钻杆钩子，严禁用手抓。

风险2：抽绳时大绳摆动、打扭伤人。

措施：专人平稳操作抽绳器，受力运动绳索区域严禁人员穿行逗留，抽绳前理顺大绳，避免打扭。

风险3：抽大绳时绞车滚筒刹车未释放，拉翻抽绳器伤人。

措施：绞车滚筒刹车释放，专人平稳操作抽绳器，绞车刹把操作人员与抽绳器操作人员使用对讲机联系明确。

5. 拆活绳固定

风险1：活绳头扭劲释放反弹、过人字架滑落伤人。

措施：用引绳固定活绳，拆锁绳器时双管钳配合卡牢；抽绳时人员离开危险区域。

风险2：使用切割工具，烫、烧伤或发生火灾。

措施：使用切割设备专人监护，劳保护具齐全，灭火器材到位，清理绞车滚筒内油污。

6. 抽大绳

风险1：抽大绳时快绳头从井架上甩落打伤人员。

措施：井架区域专人监护，人员严禁在抽绳器至天车头井架区域穿行或逗留。

风险2：拆除电源线时触电伤害。

措施：上锁挂签、专人监护、断电、验电。

其他风险措施：参照抽绞车滚筒大绳风险 1、风险 2、风险 3。

四十二、低位穿钻井大绳作业

(一) 作业流程

作业应具备的条件→准备工作→设备和工具检查→摆抽绳器→穿引绳→穿大绳→紧固活绳头排滚筒大绳→紧固死绳端固定大绳→作业关闭。

(二) 主要风险及防控措施

1. 准备工作

风险：风险不清、配合不当，造成人员伤害。

措施：在班前会或作业前安全会上明确任务、分工及作业步骤，识别风险，制定防控措施并责任到人，向参与作业人员及相关承包商人员交底；现场必须指定作业负责人及监管人员。

其他风险与措施：吊装作业风险参照摆抽绳器风险 1~4。

2. 摆抽绳器

风险 1：挂、取、扶绳套时夹手。

措施：使用专用取挂绳套工具，起吊时严禁用手扶钢丝绳。

风险 2：吊抽绳器碰伤、夹伤。

措施：吊装指挥及吊车司机必须保证视线清晰、联络畅通，起吊时确认危险区无人，司索人员按规定使用引绳。

风险 3：吊移中脱钩、断绳砸伤、碰伤。

措施：起吊前检查吊钩、吊耳、吊索具；确认吊挂方式可靠，吊物覆盖范围严禁站人。

风险 4：吊钩挂空绳套起放、摆动时，碰伤或挂翻设施。

措施：吊车司机严格听从指挥人员信号，慢起慢放，密切观察动态，有障碍物时，用手或引绳扶送绳套至空旷区。

风险 5：接电源未断电对人的伤害。

措施：上锁挂签、专人监护、断电、验电、接地良好。

3. 穿引绳

风险 1：人员拉引绳时毛刺划伤手。

措施：拉引绳时戴手套，避开有毛刺部位。

风险 2：穿引绳时滑轮转动夹伤手。

措施：穿引绳转动滑轮时严禁将手放在滑轮与挡绳杆之间。

风险 3：高处作业人员坠落伤害。

措施：高处作业人员使用双钩安全带，移动时交替使用尾钩。

风险 4：高处使用工具落物伤害。

措施：高处工具完好，尾绳拴挂牢靠，场地人员严禁在作业区域穿行或逗留。

4. 穿大绳

风险1：蛇皮锁套滑脱，或引绳拉断绳头甩动伤人。

措施：蛇皮锁套与活绳头连接可靠牢固，用扎丝在蛇皮锁套上捆扎2~3道。

风险2：大绳卡阻，跳槽拉动抽绳器或游车伤人。

措施：专人平稳操作抽绳器，滑轮处专人监护，发现异常使用对讲机及时沟通，受力绳索区域严禁人员穿行逗留。

风险3：活绳头过人字架导向轮滑落伤人。

措施：穿大绳钻台人员停止作业，对钻台区域专人监控，人员离开危险区域。

5. 紧固活绳头排滚筒大绳、死绳端固定大绳

风险1：绳头扭劲释放反弹伤人。

措施：滚筒缠绳时双人配合抓牢大绳，用引绳固定牢固绳头再牵拉，紧固锁绳器时双管钳配合紧固。

风险2：绳头紧固不牢，造成井架摔落，游车下砸伤人。

措施：紧固活绳头专人负责，值班干部确认，备绳绳卡符合标准，卡位合理。

风险3：排绳时卷入滚筒或夹伤。

措施：排绳前绞车护罩安装齐全，严禁站在绞车上，严禁使用肢体代替工具，使用大锤撬杠。

风险4：高处、临边作业人员坠落、落物伤害。

措施：参照穿引绳措施3、措施4。

风险5：吊绑大绳与井架时夹伤、碰伤作业人员。

措施：吊绑大绳时严禁交叉作业，高处作业人员正确使用安全带，工具系有尾绳，安全带高挂抵用。

四十三、安装顶驱作业

（一）作业流程

作业应具备的条件→准备工作→设备和工具检查→安装导轨→安装顶驱→连接最后一节导轨→安装附件→作业关闭。

（二）主要风险及防控措施

1. 准备工作

风险1：风险不清、配合不当，造成人员伤害。

措施：在作业前安全会上明确任务、分工及作业步骤，识别风险，制定防控措施并责任到人，向参与作业人员及相关承包商人员交底；现场必须指定作业负责人及监管人员。

风险2：安装游动电缆支架、导轨调节板时人员高处坠落、高空落物伤害。

措施：在起井架前安装好电缆支架、导轨调节板，如井架起升后安装，作业人员佩戴双钩安全带，上、下井架使用防坠落装置，高处作业工具拴有尾绳，作业点下方警示隔离。

风险3：吊装作业时起重伤害。

措施：严格执行"十不吊"，落实"五个确认"。

2. 安装导轨

风险1：吊装作业时起重伤害。

措施：严格执行"十不吊"，落实"五个确认"；专人指挥吊车，手势清楚，吊车司机操作平稳，正确使用引绳。

风险2：游车起吊前两节导轨时，碰挂井架横梁，摆动碰伤作业人员。

措施：上提第1节导轨时，使用气动绞车配合上提扶正导轨。

风险3：刹把操作过快，导轨摆动碰伤人员。

措施：司钻平稳操作刹把，缓慢上提游车，连接轨道时人员站在井架大腿两侧。

风险4：高处坠落、落物伤害。

措施：作业人员佩戴双钩安全带，上、下井架使用防坠落装置，作业时系牢安全带尾绳，高处作业工具拴有尾绳，作业点下方警示隔离。

风险5：取挂绳套夹手伤害。

措施：正确使用绳套专用取挂器。

风险6：敲击作业物体打击、飞溅伤害。

措施：敲击作业佩戴护目镜，人员不得在大锤运行轨迹方向，使用专用工具扶正连接销。

3. 安装顶驱

风险1：千斤下陷或吊装位置不合理，配合不当吊车侧翻。

措施：吊车选择合适停靠位置，吊车后支腿尽量靠近延伸底座；正式起吊前，先进行试吊，如千斤地面下陷，及时将下陷位置填实，上提顶驱时专人指挥，游车、吊车配合，上提速度应保持一致。

风险2：游车摆动碰伤人员。

措施：专人指挥，平稳缓慢下放上提游车，防止摆动过大伤人。

风险3：高处坠落、落物伤害。

措施：作业人员佩戴双钩安全带，上、下井架使用防坠落装置，作业时系牢安全带尾绳，高处作业工具拴有尾绳，作业点下方警示隔离。

风险4：顶驱直立外力作用倾倒伤人。

措施：顶驱直立后用一根 ϕ25mm 绳套穿过顶驱运移架，绕至井架方梁后用 12t 卸扣相连，防止倾倒。

4. 连接最后一节导轨

风险与措施：与"安装导轨"一致。

5. 安装附件

风险：高处坠落、落物伤害。

措施：作业人员佩戴双钩安全带，上、下井架使用防坠落装置，作业时系牢安全带尾绳，高处作业工具拴有尾绳，作业点下方警示隔离。

四十四、拆卸顶驱作业

（一）作业流程

作业应具备的条件→准备工作→设备和工具检查→拆卸附件固定顶驱→拆卸最下端导轨→安装运移架吊移顶驱→拆卸导轨→作业关闭。

（二）主要风险及防控措施

1. 准备工作

风险：风险不清、配合不当，造成人员伤害。

措施：在作业前安全会上明确任务、分工及作业步骤，识别风险，制定防控措施并责任到人，向参与作业人员及相关承包商人员交底；现场必须指定作业负责人及监管人员。

2. 拆卸附件固定顶驱

风险1：拆卸水龙带、吊环时，摆动坠落砸伤人员。

措施：拆卸水龙带、吊环前使用气动绞车上提带劲，牵引引绳控制摆动。

风险2：高处坠落、落物伤害。

措施：高处作业佩戴双钩安全带，尾绳拴挂牢靠，工具拴有保险绳；拆电缆和液压管线时使用气动绞车吊起带劲，逐根拆卸下放，禁止人员站在电缆下方。

3. 拆卸最下端导轨

风险1：拆连接销夹手伤害。

措施：待游车停稳后作业人员再拆卸连接销，严禁将手指放入销孔和用肢体代替手工具。

风险2：高处坠落、落物伤害。

措施：高处作业佩戴双钩安全带，尾绳拴挂牢靠，工具拴有保险绳；高处作业面下方隔离，严禁人员进入。

4. 安装运移架吊移顶驱

风险1：运移架碰坏顶驱附件。

措施：专人指挥，平稳操作游车和气动绞车。

风险2：游车、吊车配合不当，损坏设备或伤人。

措施：专人指挥，同时缓慢操作吊车与刹把，其他人员站在井架大腿两侧。

风险3：吊装作业时起重伤害。

措施：严格执行"十不吊"，落实"五个确认"；专人指挥吊车，手势清楚，吊车司机操作平稳，正确使用引绳，取挂绳套使用专用取挂器。

风险4：顶驱直立外力作用倾倒伤人。

措施：顶驱直立后用一根 $\phi 25mm$ 绳套穿过顶驱运移架，绕至井架方梁后用 10t 卸扣相连，防止倾倒。

5. 拆卸导轨

风险1：刹把操作过快，导轨摆动碰伤人员。

措施：司钻平稳操作刹把，缓慢上提、下放游车。

风险2：游车下放最后两节导轨时，发生倾翻碰伤作业人员。

措施：游车下放最后两节导轨时，使用气动绞车吊起上端，配合扶正。

其他风险与措施：

（1）高处坠落、落物伤害、拆连接销夹手伤害风险：与拆卸最下端导轨风险1、风险2一致。

（2）游车吊车配合不当、起重伤害风险：与安装运移架吊移顶驱风险2、风险3一致。

四十五、安装钻井泵（带传动）作业

（一）作业流程

作业应具备的条件→准备工作→设备和工具检查→安装校正2#钻井泵→安装校正1#钻井泵→安装泵皮带护罩→安装附件及管汇→作业关闭。

（二）主要风险及防控措施

1. 准备工作

风险：风险不清、配合不当，造成人员伤害。

措施：在作业前安全会上识别风险，制定防控措施，并向本单位及承包商所有作业人员交底；现场必须指定作业负责人及监管人员。

2. 安装校正钻井泵

风险1：挪移吊车，碰伤、夹伤。

措施：专人指挥吊车挪移、倒车，车辆运行范围严禁站人，抬放垫板过程中人员合理站位，密切配合。

风险2：吊车千斤下陷或吊车倾覆。

措施：吊车停放区地基夯实，垫板居中，支撑牢靠，有下陷迹象及时夯实；吊装中严格执行"十不吊""五个确认"，操作平稳，吊装危险区域严禁站人。

风险3：吊装时人员挤压伤害。

措施：人员不得在可能挤压部位作业。

风险4：拴挂绳套时绳索受力夹伤人员手部。

措施：拴挂绳套时使用绳套取挂器，吊车停止动作，指挥人员确认拴挂牢靠后再指挥起吊。

风险5：安装皮带时夹手。

措施：安装皮带使用专用钩，使用盘泵套筒盘泵，肢体严禁放在皮带与皮带轮之间，严禁站在皮带轮上作业。

风险6：联动机上取皮带及泵上装皮带滑跌坠落伤人。

措施：取皮带时站稳抓牢，泵上作业佩戴安全带，尾绳拴挂在泵检修吊架上，防止滑跌。

3. 安装泵皮带护罩

风险1：使用工具打滑碰伤、夹伤手部，人员用力过猛闪伤腰部。

措施：作业时选择适当工具，打牢打实，操作平稳。

风险2：抬放护网时配合不当造成人员伤害。

措施：人员相互协调配合默契，同起同放，不得将手放在可能被夹伤、挤伤部位，不得站在狭小空间。

其他风险与措施：吊装作业参照以上风险。

4. 安装附件及管汇

风险1：吊移管线时偏重，绳套滑移摆动伤人。

措施：管线吊点居中，使用卸扣捆绑牢靠，防止滑移；不规则吊物吊点在吊物重心上，吊钩与吊点垂直，吊移时人员站在安全位置，正确牵拉引绳。

风险2：敲击作业时物体打击或飞溅伤人。

措施：人员敲击作业时佩戴护目镜，用力适当，击打准确，禁止站在大锤运行轨迹方向。

四十六、拆卸钻井泵（带传动）作业

（一）作业流程

作业应具备的条件→准备工作→设备和工具检查→拆卸高压管和上水管→拆卸底座固定及泵皮带→吊移钻井泵→作业关闭。

（二）主要风险及防控措施

1. 准备工作

风险：风险不清、配合不当，造成人员伤害。

措施：在班前会或作业前安全会上识别风险，制定防控措施，并向本单位及承包商所有作业人员交底；现场必须指定作业负责人及监管人员。

2. 拆卸高压管、上水管、底座固定及泵皮带

风险1：吊移管线时偏重，绳套滑移摆动伤人。

措施：管线吊点居中，使用卸扣捆绑牢靠，防止滑移，吊移时人员站到安全位置，正确牵引引绳。

风险2：拆卸活接头时物体打击或飞溅伤人。

措施：人员敲击作业时佩戴护目镜，用力适当，击打准确，不得站在大锤运行轨迹方向。

风险3：上水管线倾倒伤人。

措施：绳套捆拴平衡并锁紧，吊移时人员远离，拉稳引绳。

风险4：抬放护网时配合不当造成人员伤害。

措施：作业人员配合抬放护网时应站在同侧，同起同放。

风险5：挪移吊车时碰伤、夹伤。

措施：专人指挥吊车挪移、倒车，车辆运行范围严禁站人，抬放垫板过程中站位合理，密切配合。

风险6：吊装时人员挤压伤害。

措施：人员不得在可能挤压区域作业。

风险7：拴挂绳套时绳索受力夹伤人员手部。

措施：吊车停止动作后，人员使用绳套取挂器挂绳套，指挥人员确认拴挂牢靠后再指挥起吊。

风险8：在泵上高处作业滑跌风险。

措施：作业人员正确使用安全带，尾绳拴挂在泵检修吊架上，不得站在皮带轮上作业。

3. 吊移钻井泵

风险：吊泵时千斤下陷或吊车倾覆。

措施：吊车停放位置地基夯实，垫板居中，支撑牢靠，有下陷迹象及时夯实；吊泵时先试吊检查确认，吊装中严格执行"十不吊""五个确认"，操作平稳，吊装危险区域严禁站人。

其他风险：参照以上步骤中的吊装风险及措施。

四十七、安装钻井泵（轴传动）作业

（一）作业流程

作业应具备的条件→准备工作→设备和工具检查→吊放安装钻井泵→安装并校正万向轴→安装附件及管汇→作业关闭。

（二）主要风险及防控措施

1. 准备工作

风险：风险不清、配合不当，造成人员伤害。

措施：在班前会或作业前安全会上识别风险，制定防控措施，并向本单位及承包商所有作业人员交底；现场必须指定作业负责人及监管人员。

2. 吊放安装钻井泵，安装并校正万向轴

风险1：挪移吊车，碰伤、夹伤。

措施：专人指挥吊车挪移、倒车，车辆运行范围严禁站人，抬放垫板过程中站位合理，密切配合。

风险2：吊车千斤下陷或吊车倾覆。

措施：吊车停放位置地基夯实，垫板居中，支撑牢靠，有下陷迹象及时夯实；吊装中严格执行"十不吊""五个确认"，操作平稳，吊装危险区域严禁站人。

风险3：吊装时人员挤压伤害。

措施：人员不得在可能挤压部位作业。

风险4：拴挂绳套时绳索受力夹伤人员手部。

措施：拴挂绳套时使用绳套取挂器，吊车停止动作，指挥人员确认拴挂牢靠后再指挥起吊。

风险5：吊移万向轴时花键脱出伤人。

措施：吊移前固定花键。

风险6：安装万向轴法兰时夹手。

措施：作业人员使用引绳和撬杠等工具抬起法兰、调整螺孔位置，严禁用手代替工具。

风险7：安装护罩时碰伤、夹伤。

措施：作业人员密切配合，使用工具调整位置。

风险8：作业人员在泵上作业滑跌风险。

措施：作业人员正确佩戴安全带，尾绳拴挂在泵检修吊架上，严禁人员站在万向轴或护罩上作业。

3. 安装附件及管汇

风险1：吊移管线时偏重，绳套滑移摆动伤人。

措施：管线吊点居中，使用卸扣捆绑锁死，防止滑移，吊钩与吊点垂直，吊移时人员站到安全位置，正确使用引绳。

风险2：敲击作业时物体打击或飞溅伤人。

措施：作业人员敲击时佩戴护目镜，用力适当，击打准确，人员不得站在大锤运行轨迹方向。

四十八、拆卸钻井泵（轴传动）作业

（一）作业流程

作业应具备的条件→准备工作→设备和工具检查→拆卸高压管和上水管→拆卸万向轴及底座拉筋→吊移钻井泵→作业关闭。

（二）主要风险及防控措施

1. 准备工作

风险：风险不清、配合不当，造成人员伤害。

措施：在班前会或作业前安全会上识别风险，制定防控措施，并向本单位及承包商所有作业人员交底；现场必须指定作业负责人及监管人员。

2. 拆卸高压管、上水管、万向轴及底座拉筋

风险1：吊移管线时偏重，绳套滑移摆动伤人。

措施：起吊管线时吊点居中，使用卸扣拴牢，防止滑移，吊钩与吊点垂直，吊移时人员站到安全位置，正确牵拉引绳。

风险2：砸活接头物体打击或飞溅伤人。

措施：敲击作业人员佩戴护目镜，用力适当，击打准确，人员不得站在大锤运行轨迹方向。

风险3：上水管线倾倒伤人。

措施：绳套捆拴平衡并锁紧，吊移时人员远离危险区域，正确牵拉引绳。

风险4：吊移万向轴时花键脱落伤人。

措施：起吊前将花键捆扎牢靠。

风险5：吊离万向轴时法兰夹手。

措施：使用大锤和撬杠配合将法兰分离，严禁使用肢体抬扶或晃动万向轴。

风险6：吊装时人员挤压伤害。

措施：人员不得站在可能挤压部位作业。

风险7：取挂绳套时绳索受力夹伤人员手部。

措施：作业人员使用绳套取挂器取挂绳套时，吊车停止动作，指挥人员确认正常后再指挥起吊。

风险8：泵上高处作业滑跌风险。

措施：正确佩戴安全带，尾绳拴挂在泵检修吊架上，严禁站在皮带轮上作业。

3. 吊移钻井泵

风险：吊泵时千斤下陷或吊车倾覆。

措施：吊车停放处地基夯实，垫板居中，支撑牢靠，有下陷迹象及时夯实；吊泵前先试吊确认，吊装时严格执行"十不吊""五个确认"，吊车司机操作平稳，吊装危险区域严禁站人。

其他风险：参照以上步骤中的吊装风险及措施。

四十九、安装钻井泵（电驱）作业

（一）作业流程

作业应具备的条件→准备工作→设备和工具检查→吊放钻井泵及电动机→安装调整泵皮带→安装附件及管汇→作业关闭。

（二）主要风险及防控措施

1. 准备工作

风险：风险不清、配合不当，造成人员伤害。

措施：在班前会或作业前安全会上识别风险，制定防控措施，并向本单位及承包商所有作业人员交底；现场必须指定作业负责人及监管人员。

2. 吊放钻井泵及电动机，安装调整泵皮带

风险1：挪移吊车，碰伤、夹伤。

措施：专人指挥吊车挪移、倒车，车辆运行范围严禁站人，抬放垫板过程中站位合理，密切配合。

风险2：吊车千斤下陷或吊车倾覆。

措施：吊车停放区地基夯实，垫板居中，支撑牢靠，有下陷迹象及时夯实；吊装中严格执行"十不吊""五个确认"，操作平稳，吊装危险区域严禁站人。

风险3：吊装时人员挤压伤害。

措施：人员不得在可能挤压部位作业。

风险4：拴挂绳套时绳索受力夹伤作业人员手部。

措施：拴挂绳套时使用绳套取挂器，吊车停止动作，指挥人员确认拴挂牢靠后再指挥起吊。

风险5：挂、盘皮带时夹手。

措施：挂皮带使用专用钩，盘泵使用盘泵套筒，严禁将肢体放在皮带与皮带轮之间，严禁站在皮带轮上作业。

风险6：泵上作业滑跌风险。

措施：正确佩戴安全带，尾绳拴挂在泵检修吊架上，严禁站在皮带轮上作业。

风险7：抬放护网时配合不当人员伤害。

措施：作业人员同侧抬放护网，同起同放。

3. 安装附件及管汇

风险1：吊移管线时偏重，绳套滑移摆动伤人。

措施：管线吊点居中，使用卸扣捆拴牢靠，防止滑移，吊钩与吊点垂直，吊移时人员站到安全位置，正确牵拉引绳。

风险2：敲击作业物体打击或飞溅伤人。

措施：作业人员佩戴护目镜敲击，用力适当，击打准确，人员不得站在大锤运行轨迹方向。

风险3：安装电源线时触电风险。

措施：先将电控房泵电源线断开，验证后上锁挂签。

五十、拆卸钻井泵（电驱）作业

（一）作业流程

作业应具备的条件→准备工作→设备和工具检查→拆卸高压管和上水管→拆卸泵皮带及电动机→吊移钻井泵→作业关闭。

（二）主要风险及防控措施

1. 准备工作

风险1：风险不清、配合不当，造成人员伤害。

措施：在班前会或作业前安全会上识别风险，制定防控措施，并向本单位及承包商所有作业人员交底；现场必须指定作业负责人及监管人员。

风险2：拆卸电源线时触电风险。

措施：先断电，后上锁挂签。

2. 拆卸高压管、上水管、泵皮带及电动机

风险1：吊移管线时偏重，绳套滑移摆动伤人。

措施：起吊管线时吊点居中，使用卸扣捆拴牢靠，防止滑移，吊钩与吊点垂直，吊移时人员站到安全位置，正确牵拉引绳。

风险2：砸活接头物体打击或飞溅伤人。

措施：作业人员敲击时佩戴护目镜，用力适当，击打准确，人员不得站在大锤运行轨迹方向。

风险3：上水管线倾倒伤人。

措施：绳套捆拴平衡并锁紧，吊移时人员远离，拉稳引绳。

风险4：抬放护网时配合不当人员伤害。

措施：作业人员同侧抬放护网，同起同放，作业人员不得将肢体放入运动物体之间。

风险5：挪移吊车，碰伤、夹伤。

措施：专人指挥吊车挪移、倒车，车辆运行范围严禁站人，抬放垫板过程中站位合理，密切配合。

风险6：吊装时人员挤压伤害。

措施：人员不得在可能挤压部位作业。

风险7：拴挂绳套时绳索受力夹伤人员手部。

措施：拴挂绳套时使用绳套取挂器，吊车停止动作，指挥人员确认拴挂牢靠后再指挥起吊。

风险8：泵上作业滑跌风险。

措施：正确佩戴安全带，尾绳拴挂在泵检修吊架上，严禁站在皮带轮上作业。

3. 吊移钻井泵

风险：吊泵时千斤下陷或吊车倾覆。

措施：吊车停放区地基夯实，垫板居中，支撑牢靠，有下陷迹象及时夯实；吊泵必须试吊并坚持确认，吊装中严格执行"十不吊""五个确认"，操作平稳，吊装危险区域严禁站人。

其他风险及措施：参照以上吊装风险及措施。

五十一、安装连接钻井泵地面管汇作业

（一）作业流程

作业应具备的条件→准备工作→设备和工具检查→吊放阀门组及管线→安装连接高低压管线→固定管线安装保险绳→作业关闭。

（二）主要风险及防控措施

1. 准备工作

风险：风险不清、配合不当，造成人员伤害。

措施：在班前会或作业前安全会上识别风险，制定防控措施，并向本单位及承包商所有作业人员交底；现场必须指定作业负责人及监管人员。

2. 吊放阀门组及管线

风险1：挪移吊车，碰伤、夹伤。

措施：专人指挥吊车挪移、倒车，车辆运行范围严禁站人，抬放垫板过程中人员合理

站位，密切配合。

风险2：吊移阀门组、管线时碰撞挤压或吊物掉落伤害。

措施：严格落实吊装作业"十不吊""五个确认"，专人指挥，信号明确，站位正确，规范使用引绳。

风险3：挂绳套时夹伤人员。

措施：取挂绳套正确使用绳套取挂器。

3. 安装连接高低压管线

风险1：敲击作业飞溅、物体打击伤害。

措施：作业人员规范佩戴护目镜，不得站在大锤运行轨迹方向。

风险2：肢体代替工具伤害。

措施：在作业过程中严禁用肢体代替工具，正确使用撬杠、绳索等工具。

其他风险及措施：与吊放阀门组风险2、风险3一致。

4. 固定管线安装保险绳

风险：钢丝绳套反弹，毛刺扎手。

措施：作业人员佩戴手套，缠绕钢丝绳时进行理顺，保险绳去毛刺，多余绳套扎紧，防止摆动伤害。

五十二、拆卸钻井泵地面管汇作业

（一）作业流程

作业应具备的条件→准备工作→设备和工具检查→拆卸管线固定及保险绳→拆卸高低压管汇→作业关闭。

（二）主要风险及防控措施

1. 准备工作

风险：风险不清、配合不当，造成人员伤害。

措施：在班前会或作业前安全会上识别风险，制定防控措施，并向本单位及承包商所有作业人员交底；现场必须指定作业负责人及监管人员。

2. 拆卸管线固定及保险绳

风险：钢丝绳套反弹，毛刺扎手。

措施：作业人员佩戴手套，拆除钢丝绳时防止摆动，去除保险绳毛刺，多余绳套扎紧，防止摆动伤害。

3. 拆卸高低压管汇

风险1：挪移吊车，碰伤、夹伤。

措施：专人指挥吊车挪移、倒车，车辆行驶范围严禁站人，抬放垫板过程中人员合理站位，密切配合。

风险2：吊移阀门组、管线时碰撞挤压或吊物掉落伤害。

措施：严格落实吊装作业"十不吊""五个确认"，专人指挥，信号明确，正确使用引绳。

风险3：挂绳套时夹伤人员。

措施：取挂绳套时正确使用绳套取挂器。

风险4：敲击作业飞溅、物体打击伤害。

措施：作业人员佩戴护目镜，不得站在大锤运行轨迹方向，敲击人员站位正确。

风险5：肢体代替工具伤害。

措施：在作业过程中严禁用肢体代替工具，正确使用撬杠、绳索等工具。

五十三、安装循环罐作业

（一）作业流程

作业应具备的条件→准备工作→设备和工具检查→吊装循环罐→安装梯子及加宽台→安装连通管铺板及电路→作业关闭。

（二）主要风险及防控措施

1. 准备工作

风险：风险不清、配合不当，造成人员伤害。

措施：在班前会或作业前安全会上识别风险，制定防控措施，并向本单位及承包商所有作业人员交底；现场必须指定作业负责人及监管人员。

2. 吊装循环罐、安装梯子及加宽台

风险1：挪移吊车，碰伤、夹伤。

措施：专人指挥吊车挪移、倒车，车辆行驶范围严禁站人，抬放垫板过程中人员合理站位，密切配合。

风险2：设备吊装时吊车倾覆，吊物摆动夹伤、碰伤人员。

措施：严格落实吊装作业"十不吊""五个确认"，千斤支撑基础可靠。吊车司机精力集中，操作平稳；指挥信号明确，正确使用引绳，作业人员站位合理，严禁站在循环罐之间等危险区域。

风险3：取挂绳套时夹伤人员。

措施：取挂绳套时正确使用绳套取挂器。

风险4：安装加宽台时下落砸伤人员。

措施：加宽台吊索拴挂牢靠，严禁挂在花篮板、撑杆耳板等位置；安装撑杆时人员站在加宽台外侧，坐槽式撑杆用引绳配合插放，加宽台下方严禁站人。

风险5：罐上临边作业坠落伤害。

措施：罐上作业与罐边沿和坑洞保持距离，保持脚下清洁，罐和加宽台就位后第一时间安装护栏。

3. 安装连通管铺板及电路

风险1：敲击作业飞溅、物体打击伤害。

措施：作业人员佩戴护目镜，不得站在大锤运行轨迹方向。
风险2：安装连通管、铺板时夹手。
措施：作业时不得将手放在易挤压位置。
风险3：安装电气线路触电。
措施：由专职电工安装，断电、上锁挂签。

五十四、拆卸循环罐作业

（一）作业流程

作业应具备的条件→准备工作→设备和工具检查→拆卸连通管铺板及电路→拆卸加宽台、梯子、护栏→吊装循环罐→作业关闭。

（二）主要风险及防控措施

1. 准备工作

风险1：风险不清、配合不当，造成人员伤害。
措施：在班前会或作业前安全会上识别风险，制定防控措施，并向本单位及承包商所有作业人员交底；现场必须指定作业负责人及监管人员。
风险2：拆卸吊移罐上设备设施风险。
措施：见拆卸振动筛、离心机、一体机等HSE作业程序。

2. 拆卸连通管铺板及电路

风险1：敲击作业飞溅、物体打击伤害。
措施：作业人员佩戴护目镜，不得站在大锤运行轨迹方向。
风险2：拆卸连通管、铺板时夹手。
措施：作业人员不得将手放在易挤压位置。
风险3：拆卸电气线路触电。
措施：由电工专人拆卸，上锁挂签，能量隔离。

3. 拆卸加宽台、梯子、护栏

风险1：挪移吊车，碰伤、夹伤。
措施：专人指挥吊车挪移、倒车，车辆行驶范围严禁站人，抬放垫板过程中人员合理站位，密切配合。
风险2：拆卸加宽台时下落砸伤人员。
措施：严禁挂在花篮板、撑杆耳板等位置，吊挂平稳后拆卸撑杆，作业人员不得在加宽台下方抬放。
风险3：循环罐上临边作业坠落伤害。
措施：作业时注意脚下坑洞，防止滑跌。

4. 吊装循环罐

风险1：设备吊装时吊车倾覆，吊物摆动夹伤、碰伤人员。
措施：严格落实吊装作业"十不吊""五个确认"，千斤支撑基础可靠，吊车司机精力集中操作平稳，指挥信号明确，正确使用引绳，严禁站在循环罐之间等危险区域。

风险2：吊装循环罐时罐面物件掉落伤害。

措施：专人检查罐面物件固定情况。

风险3：取挂绳套时夹伤人员。

措施：取挂绳套时正确使用绳套取挂器。

其他风险及措施：挪移吊车风险与拆卸护栏风险1一致。

五十五、安装振动筛作业

（一）作业流程

作业应具备的条件→准备工作→设备和工具检查→安装振动筛及附件→作业关闭。

（二）主要风险及防控措施

1. 准备工作

风险：风险不清、配合不当，造成人员伤害。

措施：在班前会或作业前安全会上明确任务、分工及作业步骤，识别风险，制定防控措施并责任到人，向参与作业人员及相关承包商人员交底；现场必须指定作业负责人及监管人员。

2. 安装振动筛及附件

风险1：循环罐坑洞跌落伤人。

措施：循环罐作业必须注意脚下，避免失足不慎掉入坑洞造成人员受伤。

风险2：清理固控设备底座下面泥砂污染环境。

措施：地面铺设土工膜，集中收集泥砂。

风险3：挪移吊车，碰伤、夹伤。

措施：专人指挥井场内车辆挪移、倒车。

风险4：吊装中吊物碰伤、夹伤。

措施：吊装指挥及吊车司机必须保证视线清晰、联络畅通；起吊时确认危险区无人，司索人员按规定用引绳导引吊物。

风险5：吊装中脱钩砸伤、碰伤人员。

措施：起吊前检查吊钩、吊耳、吊索具，确认吊挂方式可靠，吊物运移范围严禁站人。

风险6：挂、取、扶绳套时夹手。

措施：使用专用取挂绳套工具，起吊时严禁手抓钢丝绳。

风险7：对正螺栓孔用手指作业夹伤。

措施：使用小撬杠，严禁将手指伸入螺栓孔。

风险8：紧固螺栓时，扳手使用不当伤人。

措施：选择配套扳手，均匀用力。

风险9：大锤敲击作业飞溅、打击伤害。

措施：检查大锤，敲击作业戴护目镜，人员远离大锤运行轨迹方向。

风险10：安装电缆线电击伤人。

措施：电缆安装前确保罐区断电，禁止带电作业。

五十六、拆卸振动筛作业

（一）作业流程

作业应具备的条件→准备工作→设备和工具检查→拆卸振动筛附件及固定→吊移振动筛→作业关闭。

（二）主要风险及防控措施

1. 准备工作

风险：风险不清、配合不当，造成人员伤害。

措施：在班前会或作业前安全会上明确任务、分工及作业步骤，识别风险，制定防控措施并责任到人，向参与作业人员及相关承包商人员交底；现场必须指定作业负责人及监管人员。

2. 拆卸振动筛附件及固定、吊移振动筛

风险1：拆卸管线活接头敲击作业飞溅伤人。

措施：作业人员敲击作业时佩戴护目镜，配合作业人员禁止站在大锤运行方向。

风险2：拆电缆线电击伤人。

措施：电缆拆除前确保罐区断电，禁止带电作业。

风险3：挪移吊车时碰伤、夹伤。

措施：专人指挥井场内车辆移动。

风险4：吊装中吊物碰伤、夹伤。

措施：吊装指挥及吊车司机视线清晰、联络畅通；起吊时确认危险区无人，司索人员正确使用引绳。

风险5：起吊过程中吊物脱钩砸伤、碰伤人员。

措施：起吊前检查吊钩、吊耳、吊索具，确认吊挂方式可靠，吊物覆盖范围严禁站人。

风险6：挂、取、扶绳套时夹手。

措施：作业人员取挂绳套时正确使用绳套取挂器，严禁手抓钢丝绳。

风险7：循环罐跌落坑洞伤人。

措施：作业人员在循环罐上作业时注意脚下坑洞，避免失足不慎掉入造成人员受伤，拆除后坑洞及时隔离警示。

五十七、安装离心机作业

（一）作业流程

作业应具备的条件→准备工作→设备和工具检查→安装离心机及附件→作业关闭。

（二）主要风险及防控措施

1. 准备工作

风险：风险不清、配合不当，造成人员伤害。

措施：在班前会或作业前安全会上明确任务、分工及作业步骤，识别风险，制定防控措施并责任到人，向参与作业人员及相关承包商人员交底；现场必须指定作业负责人及监管人员。

2. 安装离心机及附件

风险1：挪移吊车时，碰伤、夹伤。

措施：专人指挥吊车挪移、倒车，车辆运行范围严禁站人，抬放垫板过程中人员合理站位，密切配合。

风险2：作业人员跌入循环罐坑洞伤人。

措施：作业人员在循环罐上作业时注意脚下坑洞，避免失足不慎掉入坑洞造成人员受伤。

风险3：清理的泥砂污染环境。

措施：地面铺设土工膜，集中收集泥砂。

风险4：吊物摆动时碰撞、挤压伤人。

措施：专人指挥，严格落实"十不吊""五个确认"；吊装附件等无固定吊点和偏心吊物时试吊平稳后起吊，正确使用引绳；注意观察被吊物运动轨迹，作业人员不得手扶被吊物。

风险5：取挂绳套时夹手伤害。

措施：作业人员使用绳套取挂器取挂绳套，严禁手抓钢丝绳。

风险6：作业人员用手指对正螺栓孔夹伤。

措施：作业人员使用小撬杠对正螺栓销孔。

风险7：紧固螺栓时扳手使用不当伤人。

措施：选择配套扳手，均匀用力。

风险8：作业人员使用大锤敲击作业飞溅、打击伤害。

措施：作业人员使用大锤前认真检查，敲击作业时佩戴护目镜，配合人员远离大锤运行轨迹方向。

风险9：安装电缆线电击伤人。

措施：电工在安装电缆前确保罐区断电，禁止带电作业。

五十八、拆卸离心机作业

（一）作业流程

作业应具备的条件→准备工作→设备和工具检查→拆卸离心机固定及附件→吊移离心机→作业关闭。

(二) 主要风险及防控措施

1. 准备工作

风险：风险不清、配合不当，造成人员伤害。

措施：在班前会或作业前安全会上明确任务、分工及作业步骤，识别风险，制定防控措施并责任到人，向参与作业人员及相关承包商人员交底；现场必须指定作业负责人及监管人员。

2. 拆卸离心机固定及附件

风险1：拆卸电缆线触电伤人。

措施：电工拆卸前确保罐区断电，禁止带电作业。

风险2：循环罐坑洞或临边跌落伤人。

措施：作业人员在循环罐上作业注意脚下坑洞，避免失足掉入坑洞造成人员受伤。

风险3：拆卸螺栓时，扳手打滑伤人。

措施：作业人员正确选择扳手，均匀用力。

3. 吊移离心机

风险1：挪移吊车时碰伤、夹伤。

措施：专人指挥吊车挪移、倒车，车辆运行范围严禁站人，抬放垫板过程中人员合理站位，密切配合。

风险2：吊物摆动时碰撞、挤压人员。

措施：专人指挥，严格落实"十不吊""五个确认"；吊装附件等无固定吊点和偏心吊物时试吊平稳后起吊，正确使用引绳；注意观察被吊物运动轨迹，作业人员不得手扶被吊物。

风险3：取挂绳套时夹手伤害。

措施：作业人员使用绳套取挂器取挂绳套，严禁手抓钢丝绳。

风险4：清理的泥砂污染环境。

措施：地面铺设土工膜，集中收集泥砂。

五十九、安装液气分离器作业

(一) 作业流程

作业应具备的条件→准备工作→设备和工具检查→安装罐体→安装进液管线→安装排液管线→安装排气管线→作业关闭

(二) 主要风险及防控措施

1. 准备工作

风险：风险不清、配合不当，造成人员伤害。

措施：在班前会或作业前安全会上识别风险，制定防控措施，并向所有作业人员交底；现场必须指定作业负责人及监管人员。

2. 安装罐体

风险1：挪移吊车时碰伤、夹伤。

措施：专人指挥吊车的挪移、倒车，车辆运行范围严禁站人。

风险2：吊装作业过程中碰撞、倾倒、挤压伤害。

措施：严格落实吊装作业"十不吊""五个确认"，正确使用引绳。

风险3：安装过程中分离器罐体倾倒。

措施：地基平整，罐体摆放到位，及时固定。

风险4：作业人员在分离器上取绳套、安装绷绳时高处坠落伤害。

措施：吊装罐体前，在罐体上部梯子处安装差速器，将差速器引绳拴挂在梯子下部；取绳套、安装绷绳时佩戴安全带，使用差速器。

3. 安装进液管线

风险：吊装时碰撞、倾倒、挤压伤害。

措施：试吊平稳后起吊，作业人员正确使用引绳，安装对正管线时手不得放在管线端头位置。

4. 安装排液管线

风险：大锤敲击飞溅伤害。

措施：作业人员敲击时佩戴护目镜，配合人员严禁站在大锤运行轨迹方向。

其他风险及措施：吊装作业、分配箱高处作业风险与"安装罐体"风险2、风险4一致。

5. 安装排气管线

风险：点火装置倾倒伤害。

措施：使用基墩坑长×宽×深（0.5m×0.5m×0.8m），直径不小于20mm，长度不小于500mm地脚螺栓用3根ϕ12mm钢丝绳固定后再取掉吊装绳索。

其他风险及措施：吊装作业风险与"安装进液管线"风险一致。

六十、拆卸液气分离器作业

（一）作业流程

作业应具备的条件→准备工作→设备和工具检查→拆卸排气管→拆卸排液管线→拆卸进液管线→拆卸分离器罐体→作业关闭。

（二）主要风险及防控措施

1. 准备工作

风险1：风险不清、配合不当，造成人员伤害。

措施：在班前会或作业前安全会上识别风险，制定防控措施，并向所有作业人员交底；现场必须指定作业负责人及监管人员。

风险2：排放罐体及管线内液体时造成环境污染。

措施：将收集的液体倒入钻井液罐，不得随意排放。

2. 拆卸排气管

风险1：挪移吊车时碰伤、夹伤。

措施：专人指挥吊车挪移、倒车，车辆运行范围严禁站人。

风险2：点火装置倾倒伤害。

措施：拆卸前使用吊车吊起点火装置再拆卸地脚螺栓或固定钢丝绳。

风险3：吊装时碰撞、倾倒、挤压伤害。

措施：严格落实吊装作业"十不吊""五个确认"，正确使用引绳。

3. 拆卸排液管线

风险1：拆卸时排液管线碰撞、倾倒、挤压伤害。

措施：专人指挥，起吊管线时先试吊，正确使用引绳。

风险2：作业人员在分配箱上作业时坠落伤害。

措施：作业人员挂绳套、拆卸弯头固定时佩戴安全带，拆卸结束后迅速撤离到安全位置。

4. 拆卸进液管线

风险：吊装时碰撞、挤压伤害。

措施：管线试吊平稳后起吊，正确使用引绳。

5. 拆卸分离器罐体

风险1：作业人员在分离器上拆卸绷绳、挂绳套时高处坠落。

措施：作业时人员佩戴安全带，正确使用差速器。

风险2：放倒分离器时碰撞、倾倒、挤压伤害。

措施：专人指挥，落实吊装作业"五个确认"，作业人员站在安全位置使用引绳控制摆动。

六十一、安装一体机作业

（一）作业流程

作业应具备的条件→准备工作→设备和工具检查→安装一体机→作业关闭。

（二）主要风险及防控措施

1. 准备工作

风险：风险不清、配合不当，造成人员伤害。

措施：在班前会或作业前安全会上明确任务、分工及作业步骤，识别风险，制定防控措施并责任到人，向参与作业人员及相关承包商人员交底；现场必须指定作业负责人及监管人员。

2. 安装一体机

风险1：挪移吊车时碰伤、夹伤。

措施：专人指挥吊车挪移、倒车，车辆运行范围严禁站人，抬放垫板过程中人员合理站位，密切配合。

风险2：循环罐坑洞跌落伤人。

措施：循环罐作业注意脚下，避免失足掉入坑洞造成人员受伤。

风险3：吊物摆动、碰撞、挤压人员。

措施：专人指挥，落实"十不吊""五个确认"，四根绳套挂平，吊装附件等无固定吊点和偏心吊物时试吊平稳后起吊，使用引绳；注意观察被吊物走向，人员扶设备时不得在可能受挤压空间作业。

风险4：挂、取、扶绳套时夹手。

措施：使用专用取挂绳套工具，起吊时严禁手抓钢丝绳。

风险5：对正螺栓孔用手指校正夹伤。

措施：使用小撬杠，严禁将手指伸入螺栓孔。

风险6：大锤敲击作业飞溅、打击伤害。

措施：检查好大锤，敲击作业戴护目镜，人员远离大锤运行轨迹方向。

风险7：安装电缆线电击伤人。

措施：电缆安装前确保罐区断电，禁止带电作业。

六十二、安装拆卸钻台转角梯作业

（一）作业流程

作业应具备的条件→准备工作→设备和工具检查→安装转角台→安装上下扶梯→拆卸上下扶梯→拆卸转角台→作业关闭。

（二）主要风险及防控措施

1. 准备工作

风险：风险不清、配合不当，造成人员伤害。

措施：在班前会或作业前安全会上明确任务、分工及作业步骤，识别风险，制定防控措施并责任到人，向参与作业人员及相关承包商人员交底；现场必须指定作业负责人及监管人员。

2. 安装转角台

风险1：转角梯子平台侧翻伤人。

措施：地面平整，及时安装定位支架，固定牢靠，绳套抽出并远离。

风险2：高处临边作业，人员坠落伤害。

措施：高处临边作业人员必须使用安全带，尾绳拴挂牢靠，移动时双钩交替使用。

风险3：吊移中脱钩、断绳砸伤、碰伤。

措施：起吊前检查吊钩、吊耳、吊索具，确认吊挂方式可靠，吊物覆盖范围严禁站人。

风险4：对正销孔时夹伤、切伤手。

措施：使用撬杠调整销孔，严禁用肢体代替工具。

3. 安装拆卸上下扶梯

风险1：挂、取、扶绳套时夹手。

措施：使用绳套取挂钩，起吊时严禁手抓钢丝绳。

风险2：吊拉筋梯子平台、梯子碰伤、夹伤。

措施：吊装指挥及吊车司机必须保证视线清晰、联络畅通；起吊时确认危险区无人，司索人员按规定使用引绳。

风险3：吊钩挂空绳套摆动，碰伤或挂翻设施。

措施：吊车司机严格听从指挥人员信号，慢起慢放，密切观察动态，有障碍物时，用手或引绳扶送绳套至空旷区。

风险4：工具或销子高空落物伤人。

措施：高处作业时手工具尾绳拴挂牢靠，钻台至转角梯区域严禁人员穿行逗留。

风险5：使用两长两短绳套吊梯子时，梯子以下部支点旋转摆动伤人。

措施：吊车司机注意力集中，操作平稳，场地人员站在梯子旋转区以外，使用引绳稳定梯子。

其他风险及措施：参照安装转角台风险。

4. 拆卸转角台

风险：砸销子时，销子飞出伤人。

措施：砸销子时，场地人员不在销子运动轨迹内穿行逗留。

其他风险及措施：参照安装转角台风险。

六十三、安装猫道、管架作业

（一）作业流程

作业应具备的条件→准备工作→设备和工具检查→安装猫道→摆放管架→作业关闭。

（二）主要风险及防控措施

1. 准备工作

风险1：风险不清、配合不当，造成人员伤害。

措施：在班前会上识别风险，制定防控措施，并向所有作业人员和承包商交底。

风险2：猫道管架基础不平、不实，后期使用易造成管具偏离、滚落，存在伤人风险。

措施：对摆放猫道和管架的位置进行修整，加垫的土方需夯实，确保地面平整。

2. 安装猫道

风险1：抬放千斤垫板、取挂绳套时夹手。

措施：抬放垫板注意抓手位置；取挂绳套时吊车严禁动作，严禁用手代替取挂器。

风险2：吊装大门坡道时吊物失重或碰挂掉落。

措施：绳套上短下长，找准重心平稳操作；必须试吊，吊装行程及周边严禁人员逗留。

风险3：吊装中脱钩、断绳或碰挂伤人。

措施：起吊前检查吊钩、吊耳、吊索具，确认吊挂方式可靠，吊物旋转范围严禁站人。

风险4：吊车倾覆。

措施：吊物距离过远时，必须挪吊车，严禁吊臂全部伸出或斜拉歪吊，支腿打平垫实。

风险5：对销孔时夹手。

措施：用撬杠调整销孔，调整时吊车禁止动作。

风险6：钻台临边高处坠落或落物伤人。

措施：正确使用安全带，与钻台边沿保持距离，扶牢站稳，平稳作业；挂大门坡道保险链。

3. 摆放管架

风险1：扶管架落地时夹手或压脚。

措施：落地前微调扶正管架时，手推扶外侧，严禁手推拉管架两端或结合部位，站位与管架保持距离，并随时观察调整。

风险2：装载机运行中车辆伤害或管架碰挂。

措施：专人指挥，信号明确畅通，驾驶员精力集中，注意观察周围环境，区域内严禁交叉作业。

吊装风险及措施参照"安装猫道"风险1~5。

六十四、挂水龙头接方钻杆作业

(一) 作业流程

作业应具备的条件→准备工作→设备和工具检查→挂水龙头→接方钻杆与水龙头连接→安装水龙带及吊环→提方钻杆上钻台紧扣→作业关闭。

(二) 主要风险及防控措施

1. 准备工作

风险：风险不清、配合不当，造成人员伤害。

措施：在班前会上识别风险、制定防范措施，现场必须指定作业负责人及监管人员，必须要有有经验的大班或干部参与、指导作业。

2. 挂水龙头

风险1：井口人员站位不合理碰伤。

措施：井口人员不要站在井口危险区域。

风险2：操作不平稳，摆动过大伤人。

措施：人员平稳操作，缓慢上提。

3. 接方钻杆与水龙头连接

风险1：方钻杆摆动碰撞、掉落下砸、从坡道滑下伤人。

措施：起吊时专人指挥，方钻杆吊索拴挂牢靠，吊车起吊严格遵守"十不吊""五个确认"，拴挂使用引绳，气动绞车起吊相互配合；方钻杆靠放在坡道上，使用棕绳固定在大门柱上，采取防下溜措施。

风险2：水龙头摆动伤人。

措施：人员应站在水龙头侧位，不得站在水龙头和井口之间和正后方。

风险3：对扣不正造成人员手指夹伤。

措施：气动小绞车操作平稳，人员使用手工具进行对扣，严禁将手放到对扣处。

风险4：上扣时拉动方钻杆碰伤人员，手或身体绕入旋绳内夹伤，棕绳拉断或绳结脱开，吊钩上行至天车头。

措施：平稳操作小绞车上提棕绳上扣，上扣困难时应调整水龙头高度；理顺棕绳，手抓棕绳位置距缠绕距离不得小于2m；在气动绞车吊钩上拴挂引绳。

风险5：作业人员从大门坡道跌落伤人。

措施：及时拴挂大门坡道防护链，作业人员合理选择站位。

4. 安装水龙带及吊环

风险1：人员高处坠落，工具掉落砸伤人员。

措施：人员佩戴安全带，手工具系尾绳，砸水龙带活接头区域下方不要站人。

风险2：敲击作业飞溅、物体打击。

措施：人员戴护目镜，大锤运行方向禁止站人。

风险3：吊环摆动碰撞，吊带滑脱，吊环下砸风险。

措施：吊带在吊环本体缠绕挂牢防滑，平稳操作气动绞车，使用引绳，保持安全距离。

5. 提方钻杆上钻台紧扣

风险1：游车和气动小绞车配合不当，方钻杆摆动打击人员。

措施：专人指挥，方钻杆上坡道时，人员平稳操作，缓慢上提，人员保持安全距离。

风险2：方钻杆脱扣掉落风险。

措施：人员站在安全位置。

其他风险及措施：安装滚子方补心风险与措施参见更换滚子方补心作业相关内容。

六十五、绷方钻杆卸水龙头作业

（一）作业流程

作业应具备的条件→准备工作→设备和工具检查→拆卸滚子方补心→卸方钻杆接头→拆水龙带→绷方钻杆至场地→卸水龙头→作业关闭。

（二）主要风险及防控措施

1. 准备工作

风险：风险不清、配合不当，造成人员伤害。

措施：在作业安全会上识别风险、制定防范措施，现场必须指定作业负责人及监管人员，必须要有有经验的大班或干部参与、指导作业。

2. 卸方钻杆接头

风险1：吊钳摆动或钢丝绳断裂伤人。

措施：缓慢操作液压猫头控制箱，作业人员站在安全位置。

风险2：起吊接头时下砸、摆动、倾倒伤人。

措施：提丝上紧后使用撬杠加力，平稳操作气动绞车放置在指定位置并固定。

3. 拆水龙带

风险1：方钻杆摆动碰伤人。

措施：使用方钻杆推送器拉方钻杆入鼠洞，禁止多人推拉方钻杆入鼠洞。

风险2：方钻杆下放到底后吊环摆动伤人。

措施：平稳操作刹把缓慢下放，吊环摆动方向上严禁站人。

风险3：高处作业坠落伤人。

措施：高处作业系牢安全带，保险绳高挂低用。

风险4：敲击作业伤人。

措施：敲击作业戴护目镜，大锤运行方向禁止站人。

4. 绷方钻杆至场地

风险1：绳套脱落，吊物下砸伤人。

措施：将绳套在方钻杆方棱处缠绕两圈捆绑牢固，滑轮锁舌完好，绷绳下放严禁站人。

风险2：方钻杆从大门坡道滑落伤人。

措施：方钻杆靠放在坡道上，使用棕绳固定在大门柱上，采取防下溜措施，人员不得站在滑落区域。

风险3：作业人员从大门坡道跌落受伤。

措施：及时拴挂大门坡道防护链，作业人员合理选择站位。

风险4：上扣时拉动方钻杆碰伤人员，手或身体绕入旋绳内夹伤，棕绳拉断或绳结脱开，吊钩上行至天车头。

措施：平稳操作小绞车上提棕绳卸扣，卸扣困难时应调整水龙头高度；理顺棕绳，手抓棕绳位置距缠绕距离不得小于2m；在气动绞车吊钩上拴挂引绳。

风险5：水龙头及吊环摆动伤人。

措施：作业人员站在水龙头侧面，不得站在水龙头与井口之间。

风险6：拆卸吊环摆动碰撞，吊带滑脱，吊环下砸风险。

措施：吊带在吊环本体缠绕挂稳防滑，平稳操作气动绞车，使用引绳，保持安全距离。

5. 卸水龙头

风险1：井口人员站位不合理碰伤。

措施：井口人员不要站在井口危险区域。

风险2：操作不平稳，摆动过大伤人。

措施：人员平稳操作，缓慢上提下放。

六十六、冲装大小鼠洞作业

（一）作业流程

作业应具备的条件→准备工作→设备和工具检查→拉方钻杆入鼠洞→冲大小鼠洞→安装大小鼠洞并固定→作业关闭。

（二）主要风险及防控措施

1. 准备工作

风险1：接头、钻头倾倒砸伤人。

措施：使用多功能井口管串拆接装置，人员站在安全位置；放钻头入钻头盒子时用钻头提丝，小绞车操作平稳。

风险2：对扣时方钻杆压伤手。

措施：扶接头时手放在接头中部，不能放在上端面，司钻下放方钻杆时缓慢。

风险3：B型大钳摆动伤人。

措施：B型大钳拉紧以后人员撤离到B型大钳摆动范围以外。

2. 拉方钻杆入鼠洞

风险1：方钻杆（顶驱钻具）摆动伤人。

措施：多人配合使用引绳或钻杆钩子，人员禁止站在方钻杆（顶驱钻具）回摆方向。

风险2：人员滑倒伤害。

措施：清理钻台钻井液，脚下踩稳。

3. 冲大小鼠洞

风险1：闸阀流程错误憋泵或高压刺漏伤人。

措施：检查阀门组各闸阀流程正确，缓慢开泵，防止高压刺漏；泵房、钻台下人员站到安全位置。

风险2：井漏或钻井液外溢造成环境污染。

措施：缓慢开泵，防止憋漏地层，如遇井漏或钻井液外溢，及时停泵，堵漏和清理钻井液后再冲鼠洞。

4. 安装大小鼠洞并固定

风险1：起吊鼠洞下砸伤人，鼠洞摆动碰伤人员。

措施：吊鼠洞时绳套拴挂牢靠；操作气动小绞车平稳，使用引绳控制摆动。

风险2：钻台下扶正人员跌落伤害。

措施：人员站到安全位置，系牢安全带。

风险3：用方钻杆下压鼠洞，游车倒挂。
措施：方钻杆下压时，注意观察大钩弹簧。

六十七、方钻杆出入大鼠洞作业

（一）作业流程

作业应具备的条件→准备工作→设备和工具检查→方钻杆出鼠洞→方钻杆入鼠洞→作业关闭。

（二）主要风险及防控措施

风险1：司钻操作过猛吊环摆动伤人。

措施：刹把操作平稳，注意力集中，专人指挥；井口作业人员严禁站在吊环摆动范围，使用钻杆钩子稳定吊环。

风险2：钢丝绳套断裂导致方钻杆摆动碰伤人员。

措施：提前检查钢丝绳套，符合标准，人员站位合理，严禁站在方钻杆摆动方向；提前检查滑轮活动灵活，气动绞车操作平稳。

风险3：刹把操作过猛将方钻杆从鼠洞提出造成方钻杆摆动伤人。

措施：专人指挥，刹把操作平稳，注意力集中，采用低速上提；拴牢推拉器钢丝绳后再上提方钻杆。

风险4：气动绞车拉紧导向绳、取导向绳时夹手。

措施：严禁将手伸到绳环内，挂钢丝绳时严禁操作刹把和气动绞车上提或下放；导向绳全部放松扶正方钻杆后方可取导向绳。

风险5：方钻杆拉送器固定脱落方钻杆摆动伤人。

措施：提前检查方钻杆拉送器固定螺栓，确保固定牢靠。

风险6：使用大钩开关器不当伤人。

措施：取放大钩开关器时手抓牢，防止脱手下砸。

六十八、钻台下装卸导管钻头作业

（一）作业流程

作业应具备的条件→准备工作→设备和工具检查→接钻头→卸钻头→作业关闭。

（二）主要风险及防控措施

1. 准备工作

风险：风险不清、配合不当，造成人员伤害。

措施：在班前会或作业前安全会上识别风险、制定防控措施，并向所有作业人员交底，开展工作安全分析；现场必须指定作业负责人及监管人员。

2. 接、卸钻头

风险1：接头倾倒砸伤人。

措施：使用多功能井口管串拆接装置，人员站在安全位置。

风险2：对扣时压伤手部。

措施：扶接头时手放在接头中部，禁止放在上端面，司钻下放方钻杆时缓慢。

风险3：钻头掉落或摆动伤人。

措施：提丝上紧，按要求使用引绳。

风险4：井口人员配合不当伤人。

措施：不遮挡小绞车操作人员视线；待刹车后井口人员再配合坐卡瓦和安全卡瓦；确保大锤、扳手完好，敲击安全卡瓦时其他人员严禁手扶，防止砸伤手。

风险5：吊钳上卸扣时钳尾摆动或绳子断裂伤人。

措施：钢丝绳带上劲，待井口人员离开危险区域后再拉紧上扣。

风险6：井口突然塌陷，造成人员掉落伤害。

措施：钻头起出井后，井口使用大盖板封闭；人员在井口拴引绳或挂场地小绞车吊钩时，必须使用井口防坠落装置，系牢安全带。

风险7：人员滑跌伤害。

措施：钻台和井口钻井液及时清理干净，防止人员滑倒。

六十九、下导管作业

（一）作业流程

作业应具备的条件→准备工作→设备和工具检查→吊导管上钻台→下导管入圆井→水泥固导管并固定→作业关闭。

（二）主要风险及防控措施

1. 准备工作

风险1：风险不清、配合不当，造成人员伤害。

措施：在班前会或作业前安全会上识别风险，制定防控措施，并向所有作业人员交底；现场必须指定作业负责人及监管人员。

风险2：触电、灼烫。

措施：等离子切割机线路完好、接地良好，佩戴专用手套。

2. 吊导管上钻台、下导管入圆井

风险1：起吊导管摆动伤人。

措施：平稳操作，引绳控制摆幅，起吊危险区确认无人；井口人员操作时站位正确，使用兜绳。

风险2：导管掉脱、滑落伤人。

措施：吊导管绳套、卸扣挂牢，防止脱落，放置在猫道上时下方设置防滑措施，人员远离危险区域。

风险3：对导管时夹手。

措施：手部不得放在两根导管之间。

风险 4：触电、灼烫、火灾。

措施：电焊机漏电保护、接地达标，使用专用手套；清理钻台面、钻台下方易燃物，放置灭火器专人监护，严禁雨天露天作业。

风险 5：井下落物。

措施：井口进行防护，检查井口工具，将补焊导管缺口钢材用铁丝固定。

风险 6：导管焊接不牢断裂。

措施：焊接达到施工要求。

3. 水泥固导管并固定

风险 1：固井和固定导管时物体打击伤人。

措施：严格按固井程序作业。

风险 2：人员滑跌伤害。

措施：钻台下清理干净，作业时系牢安全带。

七十、下表层套管作业

（一）作业流程

作业应具备的条件→准备工作→设备和工具检查→接套管串→开泵循环→作业关闭。

（二）主要风险及防控措施

1. 准备工作

风险：风险不清、配合不当，造成人员伤害。

措施：在班前会或作业前安全会上明确任务、分工及作业步骤，识别风险，制定防控措施并责任到人，向参与作业人员及相关承包商人员交底；现场必须指定作业负责人及监管人员。

2. 接套管串

风险 1：套管坠落伤人。

措施：吊带拴在接箍下 20~30cm 处，气动小绞车平稳起吊，严格执行"十不吊"。

风险 2：套管上钻台摆动伤人。

措施：人员不得站在套管和井口之间，不正背对大门坡道，正确使用引绳和钻杆钩子。

风险 3：卸护丝时套管下落伤人。

措施：卸护丝时手放在侧面，严禁放在下方，人员双腿分开站立。

风险 5：套管钳受力伤人。

措施：人员严禁站在受力方向，平稳操作套管钳。

风险 6：吊卡活门被挂开。

措施：严禁小绞车和游车同起同放，使用防挂开吊卡。

风险 7：套管较短取吊带夹伤手。

措施：使用工具钩取吊带，不得用肢体代替工具。

3. 开泵循环

风险1：憋泵高压刺漏伤人。

措施：平稳开泵。

风险2：套管上顶的风险。

措施：严格落实单阀顶泵，观察泵压变化及套管上行情况，发现异常立即停泵。

七十一、连接钻具组合作业

（一）作业流程

作业应具备的条件→准备工作→设备和工具检查→接螺杆→接钻头→螺杆测试入井→接其他钻具部件→作业关闭。

（二）主要风险及防控措施

1. 准备工作

风险1：岗位风险不清、配合不当，造成人员伤害。

措施：在作业前安全会或班前会上识别风险，制定防控措施，并向所有作业人员交底。

风险2：起吊钻头、接头时掉落或摆动碰伤人员。

措施：操作气动小绞车平稳起吊，提丝上紧，吊索拴挂牢靠，使用好引绳，上钻台时使用钻杆钩扶正控制摆动。

风险3：高压阀门流程未倒正确憋泵风险。

措施：副司钻按流程倒好阀门组并确认。

2. 接螺杆

风险1：绷吊螺杆上钻台时掉落、摆动造成人员伤害。

措施：提丝上紧，绳套拴挂牢靠，双气动小绞车操作专人指挥，配合一致，平稳操作，绷吊螺杆时井口人员及场地人员严禁站在摆动轨迹打击范围内，不得遮挡操作者视线，螺杆上钻台后使用钻杆钩扶正控制摆动。

风险2：挂扶吊索、地锚绷绳导向滑轮时夹手。

措施：严禁将手伸到绳环内；扶导向轮时不得将手放在钢丝绳与滑轮之间。

风险3：上卸安全卡瓦时夹手、敲击飞溅伤害。

措施：内外钳配合密切，抓提及敲击安全卡瓦时严禁手放在上下空隙之间，作业时戴好护目镜。

风险4：液气大钳、吊钳摆动伤害。

措施：平稳操作，液气大钳前后及气缸液缸附近严禁站人，上、卸扣时严禁肢体接触，使用完及时断气、上锁；吊钳扣好钳头，液压猫头牵引绳吃劲后，井口人员撤离到井架外侧，严禁跨越、穿行。

风险5：司钻误操作，转盘转动伤及人员。

措施：确认转盘锁定，井口人员不得站在转盘旋转区域。

3. 接钻头

风险1：吊放钻头入钻头盒时夹手。

措施：使用工具吊放，不得将手放在钻头与钻头盒之间。

风险2：钻头上扣时提升短节倒扣，钻具下砸伤人。

措施：将提升短节与螺杆紧扣至规定扭矩，钻头上扣时观察好上部钻具情况。

其他风险与措施：与接螺杆风险4、风险5一致。

4. 螺杆测试入井、接其他钻具部件

风险1：提升短节放入支架倾倒或挤压伤人。

措施：上紧提丝或拴挂好吊带，人员扶正短节放入支架。

风险2：方钻杆出入鼠洞时刹把操作过猛，方钻杆、吊环摆动伤人。

措施：按方钻杆出入大鼠作业要求操作。

风险3：摘挂吊卡时夹手。

措施：作业时抓吊卡手柄位置或推拉吊环本体，避开吊环与吊卡连接部位。

风险4：开泵高压刺漏伤人。

措施：人员远离井口及立管管汇组；将连接螺纹放至转盘以下再开泵。

风险5：井下落物风险。

措施：井口使用手工具系好尾绳，作业时拿稳，不使用时放在安全区域。

其他风险与措施：与接螺杆风险3~风险5、接钻头风险2一致。

七十二、拆卸钻具组合作业

（一）作业流程

作业应具备的条件→准备工作→设备和工具检查→卸钻头→卸螺杆→拆卸组合部件→作业关闭。

（二）主要风险及防控措施

1. 准备工作

风险：岗位风险不清、配合不当，造成人员伤害。

措施：在班前会上或作业前安全会识别风险，制定防控措施，并向所有作业人员交底。

2. 卸钻头

风险1：钻头掉落砸伤人员。

措施：卸钻头时手脚不得放在钻头下放，吊钻头时操作气动绞车平稳起吊，提丝上紧，吊索拴挂牢靠。

风险2：司钻误操作，转盘转动伤及人员。

措施：确认转盘锁定，井口人员不得站在转盘旋转区域。

3. 卸螺杆

风险1：绷螺杆下钻台时掉落、摆动造成人员伤害。

措施：提丝、绳套拴挂牢靠，双气动小绞车操作专人指挥，配合一致，平稳操作，绷螺杆时井口人员及场地人员严禁站在摆动轨迹打击范围内，不得遮挡操作者视线。

风险2：挂扶吊索时地锚绷绳导向滑轮夹手伤害。

措施：严禁将手伸到绳环内；扶导向轮时不得将手放在钢丝绳与滑轮之间。

风险3：上卸安全卡瓦时夹手、敲击飞溅伤害。

措施：内外钳配合密切，抓提及敲击安全卡瓦时严禁手放在上下空隙之间，作业时戴好护目镜。

风险4：液气大钳、吊钳摆动伤害。

措施：平稳操作，液气大钳前后及气缸、液缸附近严禁站人，上、卸扣时严禁肢体接触，使用完及时断气、上锁；吊钳扣好钳头，液压猫头牵引绳吃劲后，井口人员撤离到井架外侧，严禁跨越、穿行。

风险5：提升短节或上部钻具倒扣，钻具下砸伤人。

措施：将提升短节与钻具紧扣至规定扭矩，作业时注意观察。

风险6：井下落物风险。

措施：井口使用手工具系好尾绳，作业时拿稳，不使用时放在安全区域。

4. 拆卸组合部件

风险：井口管串装卸工具上人工卸扣时部件倾倒碰撞伤人。

措施：配合接头、部件等放置平稳。

其他风险与措施：与卸螺杆风险3~风险5一致。

七十三、吊单根作业

（一）作业流程

作业应具备的条件→准备工作→设备和工具检查→撬钻具上提丝→吊钻具上钻台入鼠洞→作业关闭。

（二）主要风险及防控措施

1. 准备工作

风险：风险不清、配合不当，造成人员伤害。

措施：在班前会上识别风险、制定防控措施并责任到人。

2. 撬钻具上提丝

风险1：使用撬杠不当，脚蹬、手趴钻具伤人。

措施：正确使用手工具，撬杠禁止正对胸口；滚、排钻具时使用专用工具，禁止肢体代替工具。

风险2：刷螺纹时异物溅入眼部。

措施：刷螺纹时场地作业人员戴好护目镜。

风险3：提丝加力时链钳滑脱。

措施：链钳卡好后，使用撬杠缓慢对提丝加力，待链钳吃劲后再用力。

风险4：钻具中间行走时钻具坍塌伤人。

措施：严禁场地人员从钻具中间行走、钻具区设置好挡销并拉紧隔离警戒带。

3. 吊钻具上钻台入鼠洞

风险1：钻具提丝未上紧，钻具下砸、护丝脱落砸伤人员。

措施：场地人员检查确认钻具螺纹磨损不超标；钻具螺纹清洁干净，提丝用撬杠加力上紧；吊单根时，大门坡道下方及周围禁止站人。

风险2：气动绞车钢丝绳排绳不齐钻具滑落。

措施：起吊钻具过程中使用气动绞车手动排绳杆排齐钢丝绳。

风险3：卸提丝时配合不当夹伤手部。

措施：放松吊钩钢丝绳，井口人员用手卸钻具提丝螺纹过程气动绞车操作人员禁止任何动作。

风险4：卸护丝钻具下滑压伤手部。

措施：井口人员卸护丝时手放在护丝两端；气动绞车操作人员采取双制动刹死刹车。

风险5：钻具入鼠洞未扶正，下放压脚。

措施：井口人员使用钻杆钩子将钻具扶稳扶正，双脚不能站在钻具下面；气动绞车操作人员观察钻具对正小鼠洞缓慢下放钻具。

风险6：卡安全卡瓦时夹手。

措施：井口人员配合密切，抓提及敲击安全卡瓦时严禁手放在上下空隙之间。

七十四、接单根作业

（一）作业流程

作业应具备的条件→准备工作→设备和工具检查→上提钻具停泵→卸方钻杆→接鼠洞单根→连接井口钻具、开泵→作业关闭。

（二）主要风险及防控措施

1. 准备工作

风险：风险不清、操作配合不当，造成人员伤害。

措施：作业人员清楚程序、分工及风险措施，熟练掌握操作步骤及要领；气动绞车需井架工以上钻台岗位人员操作。

吊单根风险及防控措施：参照吊单根 HSE 作业相关内容。

2. 上提钻具停泵

风险1：摘扣吊卡或坐卡瓦时夹手。

措施：内外钳工精力集中，使用钻杆钩子配合拉吊卡，手抓在卡瓦手柄位置，扣合吊卡严禁将手放在活门和卡页之间，或者手柄下方；摘、扣吊卡或坐卡瓦时待司钻刹稳钻具，严禁抢开抢扣。

风险2：上、卸安全卡瓦时夹手。

措施：双手平端手柄夹紧钻铤，敲击时扶稳，防止滑落，严禁手放在丝杠内或下方，上、卸时司钻严禁动作。

风险3：钻具或工具落井。

措施：井口工具匹配并检查合格，卡瓦与安全卡瓦间距达标，敲击上紧安全卡瓦，卡瓦牙贴平并均匀受力，司钻平稳提放，井口周围严禁放置杂物，坐吊卡前放置小补心。

3. 卸方钻杆

风险1：钻具内高压泄漏伤人。

措施：内外钳及司钻确认停泵、压力回零，再卸扣、上提。

风险2：液气大钳夹伤、碰伤人员。

措施：平稳操作液气大钳，扶正颚板使用工具，严禁用手直接拨扶，伸缩气缸周围严禁人员逗留，大钳与钻具之间严禁穿行，使用完后及时断气上锁。

风险3：使用吊钳时碰伤、夹伤手。

措施：卸扣时先打内钳后打外钳，操作人员手抓在大钳手柄上，严禁放在钳头、销轴及扣合部位。

风险4：用液压猫头松扣时，吊钳滑脱或拉断吊钳伤人。

措施：吊钳打平、角度适当，确认钳尾绳牢靠，受力后井口及周围危险区严禁站人。

风险5：井口作业时人员滑跌摔伤。

措施：钻台防滑垫铺设连接完整，及时清理钻井液；使用链钳时卡牢扶稳、匀速转动、相互配合。

风险6：捞取钻杆滤子时方钻杆摆动碰伤、夹伤人员。

措施：用钻杆钩子将方钻杆拉离井口钻具，捞取钻杆滤子时使用好工具，注意观察方钻杆摆动情况。

4. 接鼠洞单根

风险：鼠洞对扣时，方钻杆摆动或下压伤人。

措施：内外钳工使用钻杆钩子或绳索拉方钻杆，配合用力、平稳对正，摆动行程内严禁站人、严禁脚蹬或肢体处于钻具下方、严禁阻挡视线；司钻精力集中，对正后平稳下放。

其他风险及措施：与上提钻具停泵的风险1~风险3、卸方钻杆的风险2~风险4相同。

5. 连接井口钻具、开泵

风险1：钻具摆动，碰伤、夹伤井口人员。

措施：司钻平稳操作刹把，上提及对扣时井口人员避开井口，不挡司钻视线，使用钻杆钩或绳索稳定钻具。

风险2：上扣时滚子方补心摆动缠绕悬吊绳索。

措施：司钻操作刹把盯好悬重，防止下放过多压弯钻具，液气大钳操作时抬头观察钻具及滚子方补心摆动情况。

风险3：司钻误挂转盘、碰伤、击伤井口人员。

措施：转盘旋转区域严禁站人；严禁放置工具等异物。

风险4：开泵时高压刺漏伤人。

措施：钻具接缝放至转盘下再挂泵，人员离开高压区域，观察正常后再进行其他作业。

其他风险及措施：与上提钻具停泵的风险 1~风险 3、卸方钻杆的风险 2~风险 4 相同。

七十五、顶驱接立柱作业

（一）作业流程

作业应具备的条件→准备工作→设备和工具检查→上提钻具停泵→卸扣→接立柱紧扣→开泵恢复钻进→作业关闭。

（二）主要风险及防控措施

1. 准备工作

风险：风险不清、操作配合不当，造成人员伤害。

措施：在班前会上识别风险，制定防控措施，并向所有作业人员交底。

2. 上提钻具停泵

风险 1：摘、扣吊卡或坐卡瓦时夹手。

措施：内外钳工精力集中，配合同步，手抓在手柄位置或使用钻杆钩拉动；严禁将手放在活门和吊环之间。

风险 2：上、卸安全卡瓦时夹手、敲击飞溅伤害。

措施：内外钳配合密切，抓提及敲击安全卡瓦时严禁手放在上下空隙之间，作业时戴好护目镜。

风险 3：井下落物。

措施：检查好井口工具，井口周围严禁放置工具等杂物。

3. 卸扣

风险 1：未停泵或压力未卸完，卸扣时高压刺伤。

措施：外钳工监护司钻停泵，确认压力归零。

风险 2：井口作业时人员滑跌伤害。

措施：钻台防滑垫铺设连接完整，使用好钻井液防溅盒，及时清理钻井液。

风险 3：转盘转动造成井口人员伤害。

措施：司钻卸扣前确认转盘惯刹在刹车位，井口人员严禁站在转盘旋转面上。

4. 接立柱紧扣

风险 1：人员高处坠落。

措施：人员上、下井架时使用好防坠落装置，二层台操作使用好速差器，系好安全带。

风险 2：游车、顶驱上行下放操作不当挂翻、压翻猴台。

措施：司钻平稳操作，及时将吊环浮动复位，目视游车、顶驱过猴台。

风险 3：钻具摆动碰伤井口人员。

措施：司钻平稳操作，上提及对扣时井口人员站位合理，不挡司钻视线，使用兜绳或钻杆钩稳定钻具。

风险4：钻具上扣、紧扣时物体打击伤害。

措施：平稳操作液气大钳，使用吊钳紧扣时，确认钳尾绳完好牢靠，扣好钳头，液压猫头绳吃劲后，井口人员撤离到井架外侧，严禁跨越、穿行猫头绳、钳尾绳。

风险5：顶驱对扣下放过多压弯钻杆。

措施：观察好指重表，控制下放速度。

5. 开泵恢复钻进

风险：开泵时高压刺漏伤人。

措施：确认阀门开关正确，开泵平稳，人员离开井口及高压区域。

其他风险及措施：井口操作、井下落物风险与上提钻具卸扣的风险2、风险3一致。

七十六、拆卸防喷器作业

（一）作业流程

作业应具备的条件→准备工作→设备和工具检查→卸联顶节→拆卸附件→拆防喷器→安装盖法兰→作业关闭。

（二）主要风险及防控措施

1. 准备工作

风险1：风险不清、配合不当，造成人员伤害。

措施：在作业前安全会上识别风险，制定防控措施，并向所有作业人员交底；严格落实作业许可申请审批，现场必须指定作业负责人及监管人员。

风险2：绷小鼠洞时物体打击、大门坡道高处坠落伤害。

措施：绳套拴挂牢靠，推鼠洞出大门坡道使用引绳或绷绳。

2. 卸联顶节

风险1：吊钳弹伤钻台人员。

措施：吊钳吃力后钻台人员撤离至安全地带。

风险2：绷联顶节时下砸或钢丝绳弹伤人员。

措施：绷联顶节时小绞车操作平稳，人员远离受力钢丝绳。

3. 拆卸附件

风险1：人员高处坠落摔伤。

措施：高处作业系好安全带，合理使用差速器和生命线，清除脚下杂物并站稳。

风险2：高压液压油刺伤人员。

措施：拆液控管线前确认远控房已泄压。

风险3：人员敲击时飞溅伤害。

措施：敲击时检查好大锤，人员站在安全位置。

4. 拆防喷器

风险1：刹把操作不当提断钢丝绳。

措施：专人使用防爆对讲机指挥，上、下信号明确，操作时盯好指重表，平稳控制好速度。

风险2：防喷器固定不牢倒落砸伤人。

措施：固定防喷器使用专用绳套，并卡好防脱卡。

风险3：吊移装置高压刺漏、物体下砸伤害。

措施：检查好游车刹车系统或BOP吊移装置管线不漏且压力正常，人员远离危险区域。

风险4：工具落井风险。

措施：使用完的工具和拆卸下来的螺栓单独放置，禁止放在防喷器上。

风险5：扶钢丝绳时夹伤手。

措施：严禁用手扶钢丝绳。

风险7：使用风炮扳手等手工具不当造成伤害。

措施：抓牢扶稳，对正螺栓后再打开气源。

风险8：推移防喷器或游车和小绞车配合绷防喷器时，防喷器倾倒、侧翻。

措施：专人指挥，信号明确，人员配合得当，推移过程中人员远离推移轨道和危险区域，绷防喷器时钻台下方严禁站人。

其他风险及措施：高处坠落风险及措施与拆卸附件的风险1一致。

5. 安装盖法兰

风险1：绳套脱落砸伤人员。

措施：使用好固定钢丝绳卡子并挂平。

风险2：手工具使用不当人员伤害。

措施：工具系好尾绳，敲击时戴好护目镜。

七十七、更换防喷器闸板作业

（一）作业流程

作业应具备的条件→准备工作→设备和工具检查→打开侧门→更换闸板→关闭侧门紧固螺栓→作业关闭。

（二）主要风险及防控措施

1. 准备工作

风险1：风险不清、配合不当，造成人员伤害。

措施：在班前会或作业前安全会上明确任务、分工及作业步骤，识别风险，制定防控措施并责任到人，向参与作业人员交底；钻井技术员和钻台大班全过程参加。

风险2：搭设工作台时碰伤、夹伤作业人员。

措施：抬、搭建工作平台时，注意脚下防滑跌，人员站位合理，不进入狭小受限空间；正确合理使用工具。

2. 打开侧门

风险1：敲击作业飞溅、物体打击伤害。

措施：敲击作业戴好护目镜，人员不得站在大锤运行方向；锤击扳手尾部拴好尾绳，禁止用手扶住扳手进行敲击作业。

风险2：用撬杠打开侧门时，打伤人员或挤伤手部。

措施：使用撬杠打开侧门时，人员站在同侧，清理撬杠运行方向上的杂物，人员不得站在撬杠运行方向上。

风险3：使用风炮扳手不当造成伤害。

措施：合理使用手工具，抓牢扶稳，对正顶紧螺栓套筒后再打开风炮扳手气源。

风险4：拆卸螺栓作业人员滑跌伤害。

措施：清理积水、钻井液，防止滑跌；高处作业使用工作平台，系好安全带，使用好防坠落装置。

3. 更换闸板

风险1：井下落物。

措施：打开侧门后，禁止将手工具放置在闸板腔内，防止手工具掉入井内。

风险2：闸板芯子夹手、下砸伤人。

措施：吊闸板提环栽丝上紧，使用气动绞车起吊；人员不得站在闸板芯子下方，手不得放在闸板芯运动方向。

风险3：气动绞车操作不当，造成人员手部挤伤、碰伤。

措施：气动小绞车专人指挥，钢丝绳排列整齐。

风险4：更换闸板时，高处作业存在滑跌风险。

措施：高处作业使用工作平台，系好安全带，使用好防坠落装置，人员脚下注意防滑。

4. 关闭侧门紧固螺栓

风险1：关闭侧门时夹手。

措施：人员手不得抓在活门内侧面，合理使用撬杠。

风险2：敲击作业飞溅、物体打击伤害。

措施：敲击作业佩戴护目镜，人员不得站在大锤运行方向；锤击扳手尾部拴好尾绳，禁止用手扶住扳手进行敲击作业。

风险3：使用风炮扳手等手工具不当造成伤害。

措施：合理使用手工具，抓牢扶稳，对正顶紧螺栓套筒后再打开风炮扳手气源。

七十八、起钻（常规）作业

（一）作业流程

作业应具备的条件→准备工作→设备和工具检查→卸方钻杆→倒阀门、试防碰、装卡瓦→起钻杆→起钻铤→作业关闭。

（二）主要风险及防控措施

1. 准备工作

风险1：岗位风险不清、配合不当，造成人员伤害。

措施：在作业前安全会或班前会上识别风险，制定防控措施，并向所有作业人员交底。

风险2：调整过卷阀时滚筒转动造成人员伤害。

措施：调整时严禁操作滚筒转动，专人监护。

2. 设备和工具检查

风险1：检查设备时误操作，导致机械伤害。

措施：岗位间提前沟通，启动设备前进行确认。

风险2：高处坠落或落物伤害。

措施：井架工系好安全带，遵守高处作业安全措施，检查确认各处连接及固定，工具系牢尾绳，清理高处杂物。

3. 卸方钻杆

风险1：绷钻具时人员伤害。

措施：严格按《绷钻杆HSE作业程序》作业，落实风险防控措施。

风险2：方钻杆摆动或倾倒伤人。

措施：方钻杆推送器绳套拴挂牢靠，气动绞车和刹把配合得当，司钻平稳下放，控制摆动。

4. 倒阀门、试防碰、装卡瓦

风险1：阀门倒错高压憋泵造成人员伤害或设备损坏。

措施：严格按流程倒好阀门并检查确认。

风险2：测试防碰天车时操作失误或气路失灵造成上顶下砸。

措施：试顶前先测试气路，司钻在试顶操作时精力集中，缓慢上顶，其他人员远离危险区域。

风险3：装气动卡瓦时井口落物或卡瓦倾倒伤人。

措施：落实井口落物措施，检查好工具，井口不使用的工具、物品清理；使用专用吊钩吊气动卡瓦，密切配合。

5. 起钻杆

风险1：挂吊卡时吊环摆动、弹开伤人。

措施：井口人员不得站在吊环正面，调整吊环高度时，将吊环拉出吊卡，严禁边起边挂。

风险2：液气大钳碰伤、夹伤。

措施：平稳操作，液气大钳前后及气缸、液缸附近严禁站人，上、卸扣时严禁肢体接触，使用完及时断气、上锁。

风险3：司钻误操作碰伤井口人员或造成单吊环起钻折断钻具伤人。

措施：起钻前锁紧转盘机械锁、挂转盘惯刹，上提时根据井口人员手势及观察井口吊环挂入吊卡情况缓慢操作。

风险4：司钻起放游车擦刮挂二层台。

措施：平稳操作，目视游车过二层台。

风险5：井口操作配合不当、站位不当伤害岗位人员。

措施：内外钳工密切配合，检查钻具，观察悬重，及时提醒司钻，严禁站在旋转面、设备之间及阻挡视线位置。

风险6：推扶钻杆时，被立柱夹伤、压伤。

措施：用兜绳兜紧立柱，推扶立柱时两脚分开站稳，严禁肩扛；司钻操作时观察人员站位，控制速度。

风险7：井口操作滑倒、摔伤、碰伤。

措施：转盘及立根台周围防滑垫完好，及时清理钻台钻井液。

风险8：高处坠落或高空落物伤害。

措施：上井架人员正确使用防坠落装置，并系好安全带，操作时不跨出栏杆，工具必须拴保险绳并固定牢靠。

风险9：井控风险。

措施：控制起钻速度，防止抽汲；按要求及时灌满钻井液；落实井控坐岗。

6. 起钻铤

风险1：提升短节倾倒伤人。

措施：上紧提丝，确认吊卡扣合，上提时用钻杆钩子扶正。

风险2：上、卸安全卡瓦时夹手。

措施：内外钳配合密切，抓提及敲击安全卡瓦时严禁手放在上下空隙之间。

风险3：吊钳松扣时，碰伤井口人员。

措施：确认钳尾绳完好牢靠，扣好钳头，液压猫头牵引绳吃劲后，井口人员撤离到井架外侧。

其他风险及防控措施：与起钻杆风险1~8风险相同。

七十九、下钻（常规）作业

（一）作业流程

作业应具备的条件→准备工作→设备和工具检查→下钻铤→下钻杆→接方钻杆划眼到底→作业关闭。

（二）主要风险及防控措施

1. 准备工作

风险1：岗位风险不清、配合不当，造成人员伤害。

措施：在作业前安全会或班前会上识别风险，制定防控措施，并向所有作业人员交底。

风险2：连接钻头及井下工具时，碰伤、夹伤井口人员。

措施：严格遵守作业程序，按正确顺序和方式连接。

风险3：试螺杆、仪器碰伤、高压刺伤。

措施：严格遵守测试螺杆、仪器工艺技术规程，按扭矩紧扣，开泵前人员撤离至井架两侧安全位置。

风险 4：测试防碰天车时操作失误或气路失灵造成上顶下砸。

措施：试顶前先测试气路，司钻在试顶操作时精力集中，缓慢上顶，其他人员远离危险区域。

风险 5：调整过卷阀时滚筒转动造成人员伤害。

措施：调整时严禁操作滚筒转动，专人监护。

2. 设备和工具检查

风险 1：检查设备时误操作，导致机械伤害。

措施：岗位间提前沟通，启动设备前进行确认。

风险 2：高处坠落或落物伤害。

措施：井架工使用好防坠落装置，系好安全带，遵守高处作业安全措施，检查确认各处连接及固定，工具系牢尾绳，清理高处杂物。

3. 下钻铤

风险 1：气路失灵或操作失误，导致上顶下砸。

措施：调试好防碰天车，司钻操作集中精力，注意游车位置及人员手势，上提时中途放气、下放时中途点刹，控制速度；井架工和内钳工认真观察、及时提醒。

风险 2：司钻起放游车擦、刮、挂二层台。

措施：平稳操作，目视游车过二层台。

风险 3：液气大钳碰伤、夹伤。

措施：平稳操作，液气大钳前后及气缸、液缸附近严禁站人，上、卸扣时严禁肢体接触，使用完及时断气、上锁。

风险 4：推扶钻杆时，被立柱夹伤、压伤。

措施：用兜绳兜紧立柱，缓慢松劲，推扶立柱时两脚分开站稳，严禁肩扛；司钻操作时观察人员站位，控制速度。

风险 5：钻台面操作滑倒，摔伤、碰伤。

措施：转盘及立根台周围防滑垫完好，及时清理钻台钻井液。

风险 6：高处坠落或高空落物伤害。

措施：上、下井架时人员正确使用防坠落等装置，并系好安全带，操作时不跨出栏杆，工具必须拴保险绳并固定牢靠。

风险 7：摘扣吊卡时夹手。

措施：抓手柄位置、避开吊环等危险物间隙；井架工放立柱时推荐使用小兜绳。

风险 8：井控风险。

措施：控制下钻速度，防止激动压力；严格落实井控坐岗，准确核对井内钻井液返出量，及时汇报异常情况。

风险 9：提升短节放入支架倾倒或挤压伤人。

措施：上紧提丝或拴挂好吊带，人员扶正短节放入支架。

风险 10：上、卸安全卡瓦时夹手、敲击飞溅伤害。

措施：内外钳配合密切，抓提及敲击安全卡瓦时严禁手放在上下空隙之间，作业时戴好护目镜。

风险 11：吊钳紧扣时，碰伤井口人员。

措施：确认钳尾绳完好牢靠，扣好钳头，液压猫头牵引绳吃劲后，井口人员撤离到井架外侧，严禁跨越、穿行。

4. 下钻杆

风险 1：提方瓦、倒换气动卡瓦时碰伤、砸伤。

措施：使用专用吊具，副司钻平稳操作气动绞车，井口人员扶正时两脚分开，提方瓦时人员远离。

风险 2：摘、挂吊卡时吊环摆动或弹开伤人。

措施：井口人员不得站在吊环正面，调整吊环高度时，将吊环拉出吊卡，严禁边起边挂。

风险 3：下放速度过快或刹车失灵下砸。

措施：检查好刹车系统，辅助刹车调试好，控制下放速度，使用好辅助刹车。

其他风险及防控措施：与下钻铤风险 1~风险 8 相同。

5. 接方钻杆划眼到底

风险 1：大钩挂水龙头时，吊环或水龙带摆动伤人。

措施：岗位密切配合，站在安全位置；司钻看准时机，平稳操作；大钩制动销锁紧位置适当。

风险 2：上提方钻杆出鼠洞时摆动或水龙带挂碰伤人。

措施：司钻确认水龙带无交叉，干涉时再平稳上提；气动绞车慢松方钻杆拉送器绳套，人员站在安全位置。

风险 3：开泵时高压伤害。

措施：开泵前副司钻、大班分别检查确认泵及阀门状态；挂泵后密切关注泵压表，间歇挂合至泵压平稳。

八十、起钻（顶驱）作业

（一）作业流程

作业应具备的条件→准备工作→设备和工具检查→顶驱卸扣→起钻杆→起钻铤→作业关闭。

（二）主要风险及防控措施

1. 准备工作

风险 1：岗位风险不清、配合不当，造成人员伤害。

措施：在作业前安全会或班前会上识别风险，制定防控措施，并向所有作业人员交底。

风险 2：气路失灵造成上顶下砸。

措施：试顶前先测试气路，司钻在试顶操作时精力集中，其他人员远离危险区域。

2. 设备和工具检查

风险 1：检查设备时误操作，导致机械伤害。

措施：岗位间提前沟通，启动设备前进行确认。

风险2：高处坠落或落物伤害。

措施：井架工系好安全带，遵守高处作业安全措施，检查确认各处连接及固定，工具系牢尾绳，清理高处杂物。

3. 顶驱卸扣

风险1：未释放反扭，卸扣松开背钳后钻具反转伤人。

措施：停转后及时释放反扭矩。

风险2：未停泵或泵压未回零，钻井液刺漏伤人或污染。

措施：按程序及时停泵泄压，外钳工卸扣前确认泵压回零。

4. 起钻杆

风险1：液气大钳碰伤、夹伤。

措施：平稳操作，液气大钳前后及气缸、液缸附近严禁站人，上、卸扣时严禁肢体接触，使用完及时断气、上锁。

风险2：司钻误操作，碰伤井口人员。

措施：起钻前锁紧转盘机械锁、挂转盘惯刹，上提时根据井口人员手势操作。

风险3：司钻下放过快，压挂二层台或碰伤井口人员。

措施：确认钻具进指梁后再下放空游车，接近人字梁位置提前减速，试刹车、缓慢平稳下放。

风险4：井口操作配合不当、站位不当伤害岗位人员。

措施：内外钳工密切配合，检查钻具，观察悬重，及时提醒司钻，严禁站在旋转面、设备之间及阻挡视线位置。

风险5：推扶钻杆时，被立柱夹伤、压伤。

措施：用兜绳兜紧立柱，推扶立柱时两脚分开站稳，严禁肩扛，司钻操作时观察人员站位，控制速度。

风险6：井口操作滑倒，摔伤、碰伤。

措施：转盘及立根台周围防滑垫完好，及时清理钻台钻井液。

风险7：高处坠落或高空落物伤害。

措施：上井架人员正确使用防坠落装置，并系好安全带，操作时不跨出栏杆，工具必须拴保险绳并固定牢靠。

风险8：吊环未复位，下放时吊环倾斜臂压挂猴台。

措施：司钻下放前操作吊环至浮动位置，并确认。

风险9：吊卡下放至井口未及时停稳即操作吊环后倾，碰挂井口钻具，或吊卡未扣好就上提，弹开伤人。

措施：司钻下放空吊卡时提前减速、试刹，后倾吊环下放，外钳工确认吊卡扣合，提示司钻。

风险10：井控风险。

措施：控制起钻速度，防止抽汲；按要求及时灌满钻井液；落实井控坐岗。

5. 起钻铤

风险1：提升短节倾倒伤人。

措施：上紧提丝，确认吊卡扣合，上提时用钻杆钩子扶正。

风险2：上、卸安全卡瓦时夹手。

措施：内外钳配合密切，抓提及敲击安全卡瓦时严禁手放在上下空隙之间。

风险3：吊钳松扣时，碰伤井口人员。

措施：确认钳尾绳完好牢靠，扣好钳头，液压猫头牵引绳吃劲后，井口人员撤离到井架外侧。

其他风险及防控措施：与起钻杆风险1~风险10相同。

八十一、下钻（顶驱）作业

（一）作业流程

作业应具备的条件→准备工作→设备和工具检查→下钻铤→下钻杆→顶驱对扣划眼到底→作业关闭。

（二）主要风险及防控措施

1. 准备工作

风险1：岗位风险不清、配合不当，造成人员伤害。

措施：在作业前安全会或班前会上识别风险，制定防控措施，并向所有作业人员交底。

风险2：连接钻头及井下工具时，碰伤、夹伤井口人员。

措施：严格遵守作业程序，按正确顺序和方式连接。

风险3：试螺杆、仪器碰伤、高压刺伤。

措施：严格遵守测试螺杆、仪器工艺技术规程，按扭矩紧扣，开泵前人员撤离至井架两侧安全位置。

2. 设备和工具检查

风险1：检查设备时误操作，导致机械伤害。

措施：岗位间提前沟通，启动设备前进行确认。

风险2：高处坠落或落物伤害。

措施：井架工使用好防坠落装置、系好安全带，遵守高处作业安全措施，检查确认各处连接及固定，工具系牢尾绳，清理高处杂物。

3. 下钻铤

风险1：气路失灵或操作失误，导致上顶下砸。

措施：调试好防碰天车，司钻操作集中精力，注意游车位置及人员手势，上提时中途放气，下放时中途点刹，控制速度；井架工和内钳工认真观察，及时提醒。

风险2：液气大钳碰伤、夹伤。

措施：平稳操作，液气大钳前后及气缸、液缸附近严禁站人，上、卸扣时严禁肢体接触，使用完及时断气、上锁。

风险3：推扶钻杆时，被立柱夹伤、压伤。

措施：用兜绳兜紧立柱，缓慢松劲，推扶立柱时两脚分开站稳，严禁肩扛；司钻操作时观察人员站位，控制速度。

风险4：钻台面操作滑倒，摔伤、碰伤。

措施：转盘及立根台周围防滑垫完好，及时清理钻台钻井液。

风险5：高处坠落或高空落物伤害。

措施：上、下井架时人员正确使用防坠落等装置，并系好安全带，操作时不跨出栏杆，工具必须拴保险绳并固定牢靠。

风险6：吊环倾斜臂挂猴台。

措施：司钻下放前操作吊环至浮动位置，并确认。

风险7：井控风险。

措施：控制下钻速度，防止激动压力；严格落实井控坐岗，准确核对井内钻井液返出量，及时汇报异常情况。

风险8：提升短节放入支架倾倒或挤压伤人。

措施：上紧提丝或拴挂好吊带，人员扶正短节放入支架。

风险9：上、卸安全卡瓦时夹手。

措施：内外钳配合密切，抓提及敲击安全卡瓦时严禁手放在上下空隙之间。

风险10：吊钳紧扣时，碰伤井口人员。

措施：确认钳尾绳完好牢靠，扣好钳头，液压猫头牵引绳吃劲后，井口人员撤离到井架外侧，严禁跨越、穿行。

4. 下钻杆

风险1：提转盘方瓦、倒换气动卡瓦时碰伤、砸伤。

措施：使用专用吊具，副司钻平稳操作气动绞车，井口人员扶正时两脚分开，提方瓦时人员远离。

风险2：摘、挂吊卡时吊环摆动或弹开伤人。

措施：司钻平稳操作吊环倾斜或浮动，接到外钳工确认信号再上提；上提时井口人员不得站在转盘范围内。

其他风险及防控措施：与下钻铤风险1~风险7相同。

5. 顶驱对扣划眼到底

风险1：对扣未对正，下压钻具。

措施：注意观察，对正缓慢下放，井口人员提醒司钻。

风险2：背钳动作不灵活，致使上扣扭矩不足。

措施：必须等待5s以上，确保油缸完全收回，再起放游车。

风险3：开泵时高压伤害。

措施：开泵前副司钻、大班分别检查确认泵及阀门状态；挂泵后密切关注泵压表，开始上升立即停泵，重新间歇挂合至泵压平稳。

八十二、下套管作业

（一）作业流程

作业应具备的条件→准备工作→设备和工具检查→接套管串及附件入井→灌浆、循环→作业关闭。

（二）主要风险及防控措施

1. 准备工作

风险1：风险不清、配合不当，造成人员伤害。

措施：在班前会或作业前安全会上明确任务、分工及作业步骤，识别风险，制定防控措施并责任到人，向参与作业人员及相关承包商人员交底；现场必须指定作业负责人及监管人员。

风险2：卸防溢管过程中人员高空坠落，防溢管倾斜碰撞挤压，保护法兰下砸伤人。

措施：卸防溢管过程中使用好防坠落装置及安全带；防溢管吊平，取卸保护法兰过程中人员远离作业下方。

风险3：取防磨套过程中遇卡强提造成钻杆上弹伤人。

措施：用气动小绞车上提，严禁用游车上提；上提过程中人员远离井口。

风险4：更换鼠洞、套管钳碰撞挤压、下砸等风险。

措施：更换鼠洞先用游车缓慢提起无阻力后，再用小绞车提出鼠洞；鼠洞、套管钳上、下钻台吊索拴挂牢靠，必要时使用绷绳。

2. 接套管串及附件入井

风险1：吊套管上钻台时坠落、摆动伤人。

措施：套管单根吊卡扣合后确认，吊索拴挂牢靠，专人指挥，平稳起吊，严格执行"十不吊"，套管从大门坡道吊至鼠洞过程中使用兜绳兜放，待套管停止摆动后，方可扶入鼠洞，作业人员不得站在大门坡道和转盘之间。

风险2：卸护丝时套管下落伤人。

措施：小绞车刹车可靠，卸套管护丝人员手放在护丝两侧，腿脚不得放在套管正下方。

风险3：套管钳、吊钳摆动伤人。

措施：平稳操作，套管钳旋转范围、吊钳打击范围不得站人。

风险4：井口接卸套管过程中吊卡活门脱开，套管脱落下砸伤人。

措施：严格遵守下套管气动小绞车的"四个严禁"及"十不吊"；上扣前，套管钳操作人员观察吊卡及游车状况，确认游车放松，吊卡活门紧闭。

风险5：吊短套管（或长度较短套管）入鼠洞后，取吊带时夹手。

措施：下放套管坐于吊卡，取掉吊钩，挂吊环上提游车至适当距离，用另一根吊带拴牢在吊卡下方的套管本体，上提10~15cm，使用工具取下第一根吊带；放松吊钩，取下吊带。

风险6：套管扣上斜损坏螺纹，密封失效。

措施：操作套管钳上扣前抬头观察套管是否倾斜，无备用套管、联顶节、短套、分级箍等提前使用链钳引扣再紧扣。

风险7：钻具立柱挡住小绞车操作人员视线，误操作。

措施：下套管前起钻合理摆放钻台立柱，套管上钻台时安排专人指挥小绞车操作。

风险8：接循环接头、方钻杆过程中退扣接头（反扣）倒扣。

措施：套管坐挂到位，联顶节提前坐好卡瓦。

3. 灌浆、循环

风险1：灌浆管线打伤、绊倒作业人员。

措施：使用灌浆泵、专用灌浆接头灌浆，灌浆管线、接头与套管串连接牢靠；严禁使用钻井泵灌浆，严禁直接将管线插入套管灌浆；灌浆完毕后将灌浆管线放置在井架大腿外侧。灌浆时排气管线口应固定，防止摆动。

风险2：灌浆过程中卡套管。

措施：灌浆过程中保持套管上下活动正常，活动距离必须大于已下套管伸缩量总和。

风险3：开泵循环憋泵或高压刺漏伤人。

措施：开泵时多次挂合，平稳开泵，密切关注泵压变化。

八十三、绷钻杆作业

（一）作业流程

作业应具备的条件→准备工作→设备和工具检查→立柱入鼠洞→绷第一、第二根钻杆→绷第三根钻杆→滚排钻杆→作业关闭。

（二）主要风险及防控措施

1. 准备工作

风险1：风险不清、配合不当，造成人员伤害。

措施：班前会或作业前安全会识别风险，制定防控措施并责任到人。

风险2：方钻杆入大鼠洞风险。

措施：见方钻杆出入大鼠洞作业措施。

2. 立柱入鼠洞

风险1：气路失灵或操作失误，导致上顶下砸。

措施：调试好防碰天车，司钻操作集中精力，注意游车位置及人员手势，上提时中途放气，下放时中途点刹，控制速度；井架工和内钳工认真观察，及时提醒。

风险2：游车碰挂猴台。

措施：上提游车操作平稳，目送游车过二层台。

风险3：钻杆摆动伤人、高空脱落。

措施：平稳操作，吊卡扣合后确认；提立柱时，井架工慢松兜绳扶正，内外钳工控制立柱摆动。

风险 4：兜绳未取下放钻具，压断绷绳伤人。
措施：司钻下放时观察二层台，确认二层台作业人员手势，确保兜绳取掉再下放钻具。

风险 5：人员高处坠落、高空落物伤害。
措施：差速器、防坠落等高处防护设施完好，固定规范牢靠，上井架人员正确使用并系好安全带，操作时不跨出栏杆；井架上所有工具必须拴保险绳并固定牢靠。

3. 绷第一、二、三根钻杆

风险 1：液气大钳碰伤、夹伤。
措施：平稳操作，避免憋跳，液气大钳前后及气缸、液缸附近严禁站人，卸扣时严禁肢体接触，使用完及时断气、上锁。

风险 2：钻杆脱钩、脱扣，下砸伤人。
措施：使用软连接；上提丝扣用撬杠加力上紧；钻杆未出大门坡道，严禁绞车起放；大门坡道下放单根时，人员井口作业不得背对大门坡道。

风险 3：在大门坡道附近作业或推扶钻杆时滑倒、碰伤、夹伤，或从钻台坠落。
措施：坡道前防滑垫完好，及时清理钻井液，推扶钻杆出大门须 2 人及以上同时用力，身体不得探出门柱外；钻杆下坡道后及时拉好防护链。

风险 4：钢丝绳绷劲转动夹手。
措施：不得在钢丝绳绷劲情况下，手握钢丝绳、卸扣或提丝提环；连接卸扣时，气动绞车操作者不得进行上提。

4. 滚排钻杆

风险 1：场地滚排钻具，起吊的钻具掉落伤人。
措施：钻具下放时，人员远离危险区域。

风险 2：场地人员滚排钻具，碰伤、夹伤。
措施：场地人员在绷单根时站在安全位置，排放钻具不得过高（超过 3 层要有相应的安全防护措施），管架或垫杠两端挡销牢靠；严禁用手直接推拉钻具；使用撬杠严禁正对胸口。

八十四、整体推移井架作业

（一）作业流程

作业应具备的条件→准备工作→设备和工具检查→拆移附着物→启动液压站试运转→推移井架→作业关闭。

（二）主要风险及防控措施

1. 准备工作

风险 1：风险不清、配合不当，造成人员伤害。
措施：在当班作业前安全会上识别风险，制定防控措施，并向本单位及承包商所有作业人员交底；现场必须指定作业负责人及监管人员。

风险2：井架上作业人员高处坠落。

措施：上、下井架时使用好防坠落装置，二层台系好安全带。

2. 拆移附着物

风险1：挪移吊车，吊装过程中碰伤、夹伤。

措施：按分工落实专人指挥，车辆的挪移、倒车必须服从指挥；吊装过程严格落实"十不吊""五个确认"。

风险2：挂、取、扶绳套时夹手。

措施：使用专用取挂绳套工具，起吊时严禁手抓钢丝绳。

风险3：安装顶杆时碰伤人员或顶杆安装不牢靠脱离下砸伤害。

措施：安装顶杆人员配合好，顶杆安装牢靠。

风险4：拆卸油、水管线连接时物体打击及拆卸电路时触电伤害。

措施：油气管线泄压，气瓶泄压；确认断电再拆卸电路。

风险5：敲击作业物体打击伤害。

措施：作业人员戴好护目镜，不得站在大锤运行轨迹方向。

3. 启动液压站试运转、推移井架

风险1：高压管线刺漏伤人。

措施：禁止在千斤的高压管线附近徘徊或逗留。

风险2：井架前推时，管线、电缆拉挂损坏或压力增高。

措施：检查影响推移各管线已断开或预留推移长度。如系统压力突然增加，必须立即停止操作，检查滑轨表面是否存在障碍，液压系统是否存在异常，故障排除后方可进行操作。

风险3：井架在推移中偏移滑道造成设备损坏。

措施：推移时要注意随时调整左右两液压缸，使整个钻机处于直线位移状态，推移时安排专人在井架四周巡查，发现异常及时停止作业。

风险4：推移中碰伤、挤伤人员。

措施：井架前移时禁止人员在钻台底座下。

风险5：推移操作箱人员误操作，夹伤人员或侧耳受力飞出打伤人员。

措施：专人指挥，钻台大班或生产副队长岗位操作，防止误操作；取挂侧耳人员不得站在侧耳附近。

八十五、排通洗套管作业

（一）作业流程

作业应具备的条件→准备工作→设备和工具检查→排套管→通套管→洗套管螺纹→作业关闭。

（二）主要风险及防控措施

1. 准备工作

风险：分工不明、风险辨识不清，带来作业过程中人员伤害风险。

措施：在班前会上识别风险，制定防控措施，并向所有作业人员交底；现场必须指定作业负责人及监管人员。

2．排套管

风险1：排套管时，套管碰撞人员、塌陷挤压人员。

措施：人员在套管两端作业，不得站在套管运移前方，严禁在套管上作业或行走。及时用铁丝、限位桩固定易塌陷套管，随排随放。

风险2：卸护丝时套管夹伤人员手部。

措施：卸护丝时使用套管防夹卡固定套管。

风险3：撬杠打滑伤人。

措施：使用撬杠侧身站立，且侧握。

3．通套管

风险1：通径规（智能通径规）砸伤人员。

措施：取放通径规时抓实，双脚开立，通径规快出套管时，保持一定安全距离。

风险2：放通径规（智能通径规）入套管时配合失误夹伤手。

措施：两端作业人员联系好，放通径规时注意手部位置，一端拉通径规人员待放通径规人员放好通径规后再拉。

风险3：低头观察套管内铁丝或钢丝绳距离过近，被铁丝或钢丝绳扎到眼部或头部。

措施：严禁对准套管口观察套管内铁丝或钢丝绳，作业人员佩戴好护目镜、安全帽。

4．洗套管螺纹

风险1：清洗剂伤及手部皮肤或眼部，螺纹、毛刺割伤手。

措施：清洗螺纹戴橡胶手套和护目镜。

风险2：戴护丝时手部夹伤。

措施：使用套管防夹卡或撬杠固定套管。

八十六、清理循环罐作业

（一）作业流程

作业应具备的条件→准备工作→设备和工具检查→排放罐内钻井液→清理罐内沉砂→作业关闭。

（二）主要风险及防控措施

1．准备工作

风险1：风险不清、配合不当，造成人员伤害。

措施：在作业前安全会上明确任务、人员分工及作业步骤，识别风险，制定防控措施并责任到人，向参与作业人员交底；现场必须指定作业负责人及监护人员。

风险2：循环罐动力、能量未有效隔离，人员罐内作业时误操作伤人。

措施：断开待清理循环罐电源，按上锁挂签图例规定进行能量隔离、上锁挂签。

2. 排放罐内钻井液

风险1：罐边作业人员滑跌伤害。

措施：作业时脚站稳，手扶循环罐，作业必须使用安全带、生命线，必须有专人监护。

风险2：放钻井液时人员被钻井液冲倒或钻井液飞溅伤人。

措施：作业人员劳保护具穿戴齐全，按风险1做好防滑跌措施，作业时站在循环罐挡板侧面缓慢打开挡板，防止钻井液流速快，冲倒人员。

风险3：导流槽钻井液过满，钻井液堵塞，冲出便沟造成环境污染。

措施：作业人员控制排液口打开角度，控制钻井液岩屑流速，及时清理导流槽、地埋罐钻井液。

3. 清理罐内沉砂

风险1：排污泵运行时，管线摆动过大伤人。

措施：人员压住管线或用棕绳固定好管线，防止摆动。

风险2：进入循环罐内中毒伤害。

措施：进入前测量气体含量，达到要求方可作业；进入后随身携带便携式气体检测仪检测，专人监护，空气呼吸器、救生绳处于应急备用状态，人员轮流作业。

风险3：空间狭小，罐内碰撞、滑跌、钻井液飞溅伤害。

措施：作业人员戴好安全帽、护目镜，劳保护具穿戴齐全，作业时站稳，注意避免碰撞搅拌器等。

八十七、更换钻井泵阀座、阀体作业

（一）作业流程

作业应具备的条件→准备工作→设备和工具检查→卸阀盖、缸盖及拆阀体阀座→清洁检查液缸及配件→安装阀体阀座及缸盖阀盖→作业关闭。

（二）主要风险及防控措施

1. 准备工作

风险1：风险不清、配合不当，造成人员伤害。

措施：在作业前安全会上明确任务、人员分工及作业步骤，识别风险，制定防控措施并责任到人，向参与作业人员交底；现场必须指定作业负责人。

风险2：钻井泵动力、能量未有效隔离，作业时误操作伤人。

措施：断开待检修钻井泵动力源，倒好高压闸阀，按上锁、挂签图例规定进行能量隔离、上锁、挂签。

2. 卸阀盖、缸盖及拆阀体阀座

风险1：人员从泵上滑跌、坠落。

措施：安全带尾绳拴挂牢靠，作业时站稳。

风险2：敲击作业物体打击或飞溅伤人。

措施：敲击作业人员佩戴护目镜，必要时冲杠拴好拉绳，不在大锤运行轨迹方向。

风险3：卸阀盖、缸盖时掉落，手工具及部件从泵头滑落砸伤人员。

措施：卸阀盖、缸盖时拿稳，手工具及拆卸的部件在拉杆箱盖板上放置平稳或放置于地面，严禁放在泵头上，防止掉落。

风险4：拔阀座时，阀取出器压力过大拔断丝杠或扒爪滑脱反弹伤人。

措施：拔阀座时确保卡盘卡位完好，严格按阀取出器操作规程操作，人员不得站在危险区域。

3. 清洁检查液缸及配件

风险1：清洗各配件时扎手。

措施：清洗各配件时佩戴好防护手套并检查毛刺。

风险2：清洗作业时人员滑跌伤害。

措施：及时清理作业面钻井液，人员站稳扶好。

4. 安装阀体阀座及缸盖、阀盖

风险1：安装阀座时挤伤人员手指。

措施：阀座安装时，手指不要放在阀座下。

风险2：安装缸盖、阀盖时夹手、掉落，敲击作业飞溅或物体打击伤人。

措施：安装缸盖、阀盖上对好螺纹，手抓在缸盖、阀盖上方，放入时拿稳。注意敲击作业佩戴护目镜，人员不得站在大锤运行方向。

八十八、更换钻井泵缸套、活塞作业

（一）作业流程

作业应具备的条件→准备工作→设备和工具检查→拆卸缸套活塞→组装缸套活塞→安装缸套活塞→作业关闭。

（二）主要风险及防控措施

1. 准备工作

风险1：风险不清、配合不当，造成人员伤害。

措施：在作业前安全会上明确任务、人员分工及作业步骤，识别风险，制定防控措施并责任到人，向参与作业人员交底；现场必须指定作业负责人。

风险2：钻井泵动力、能量未有效隔离，作业时误操作伤人。

措施：断开待检修钻井泵动力源，倒好高压闸阀，按上锁、挂签图例规定进行能量隔离、上锁、挂签。

2. 拆卸缸套活塞

风险1：人员从泵上滑跌、坠落。

措施：安全带尾绳拴挂牢靠，作业面清理干净，作业时站稳。

风险2：盘泵时工具打滑物体打击，人员站在拉杆箱内夹伤腿脚。

措施：盘泵时使用好专用盘泵工具，盘泵时严禁人员站在拉杆箱内，禁止挂车盘泵。

风险3：敲击作业物体打击或飞溅伤人。

措施：敲击作业人员佩戴护目镜，不在大锤运行轨迹方向。

风险4：取出缸套活塞时砸伤手脚或挤伤人员手指。

措施：使用缸套吊装工具拴挂牢靠，平稳吊移缸套活塞，手脚不放在可能的挤压位置。

风险5：卸缸盖时掉落砸伤人员。

措施：卸缸盖时拿稳。

3. 组装缸套活塞

风险1：清洗各配件时扎手。

措施：清洗各配件时佩戴好防护手套并检查毛刺。

风险2：拆装活塞、取出、装入缸套使用工具不当造成伤害。

措施：使用专用工装拆活塞及取出、装入缸套。

4. 安装缸套活塞

风险与控制措施：与拆卸缸套活塞一致。

第二节 危险作业风险防控

一、吊装作业

吊装作业是指利用各种吊装机具将设备、工件、器具、材料等吊起，使其发生位置变化的作业。

（一）主要风险

（1）作业人员操作能力不足导致吊物坠落、吊车倾覆等，对作业人员造成起重伤害。

（2）作业人员不清楚吊装作业要求，导致吊物下落等意外情况，对作业人员造成起重伤害。

（3）吊车支腿基础承载能力不足，导致在吊物过程中随吊车下沉或吊车倾覆，对作业人员造成起重伤害。

（4）吊车钢丝绳及吊索具存在断丝、过度磨损、锈蚀、打结等超标现象，导致在吊物过程中钢丝绳或吊索具断裂，对作业人员造成起重伤害。

（5）钢丝绳夹角大于120°，钢丝绳有超过额定载荷的风险，吊索具从吊钩内脱离风险加大，对作业人员造成起重伤害。

（6）未合理使用牵引绳，导致吊物在空中失去控制与吊车或其他设备发生碰撞脱落，对作业人员造成起重伤害。

（7）吊物重量不清或超载，导致钢丝绳断裂，对作业人员造成起重伤害。

（8）因指挥信号不明，导致吊车司机做出错误判断，对作业人员造成起重伤害事故。

（9）因吊件固定不牢，导致吊件在移动过程中发生掉落，对作业人员造成起重伤害。

（10）因吊车与被吊物距离过远，导致起吊时吊物失去控制，对作业人员造成起重伤害。

（11）因吊物与其他设备相连，或与地面冻结，导致吊物突然失去控制或钢丝绳断裂，对作业人员造成起重伤害。

（12）吊物棱角处无衬垫，导致钢丝绳被割断，吊物坠落，对作业人员造成起重伤害。

（13）因安全装置失灵，导致发生意外情况不能有效制动，对作业人员造成起重伤害。

（14）大雾、雷雨、六级以上大风等恶劣天气从事吊装作业，导致视线不清或吊物失控，对作业人员造成起重伤害。

（15）在未断电的输电线路正下方和危险距离作业范围内进行吊装作业，造成触电事故。

（16）在吊物处于悬空状态下吊车司机离开驾驶室、检修设备、调整制动系统等，导致吊物坠落，对作业人员造成起重伤害。

（二）防控措施

（1）作业人员必须经过专业培训并持证上岗。

（2）吊装作业前应按要求办理吊装作业许可证，并对作业人员进行交底。

（3）吊装前应在吊车支腿下垫好垫板。吊车支腿基础承载力不足不得进行吊装作业。

（4）应确保吊车钢丝绳完好，起吊物件不得使用非标准、非完好的吊索具，或不得在钻、修井机坡道上使用非专用的提丝、吊带起吊管具。

（5）被吊物所用钢丝绳夹角不能大于120°。

（6）吊物过程中应合理使用牵引绳。

（7）起吊前应进行试吊，发现问题应立即放回地面。应根据被吊物的重量和体积选用合适的吊索具，不得超起重机额定载荷吊装重物。利用两台及以上吊车吊运同一吊物时应保持同步，各台吊车所承受载荷不得超过各自额定起重能力的80%。

（8）指挥人员应站在便于与吊车司机沟通的安全位置，当指挥人员不能同时看到吊车司机和被吊物时，应增设指挥人员传递信号。

（9）起吊前应对吊装环境、吊装设备、吊物、吊装点认真进行检查，清除浮置物。任何人不得进入吊装物移动、坠落的危险区域内。

（10）移动吊车到合适位置，杜绝斜拉歪拽。

（11）吊装前应检查吊物与其他设备连接状况，拆除吊物的连接，清除地面的结冰。

（12）吊装前应在吊物棱角处加衬垫。

（13）在作业前应检查并确保吊车安全装置灵活可靠。

（14）在大雾、雷雨、六级以上大风等恶劣天气下不得进行吊装作业。

（15）不应靠近高架电力线路进行吊装作业；确需在电力线路附近作业时，起重机械的安全距离应为起重机械的倒塌半径并符合 DL/T 409—2023《电力安全工作规程 电力线路部分》的要求；不能满足时，应停电后再进行作业。

（16）吊物在悬空状态下，吊车司机不应在起重机械进行工作时对其进行检修。不应在起重机械有载荷的情况下调整起升变幅机构的制动。停工或休息时，不应将吊物悬于空中。

二、受限空间作业

受限空间是指进出受限，通风不良，可能存在易燃易爆、有毒有害物质或者缺氧，对进入人员的身体健康和生命安全构成威胁的封闭、半封闭设施及场所（包括罐、池、坑、槽、沟）。进入或者探入受限空间进行的作业称为受限空间作业。

（一）主要风险

（1）作业人员不清楚受限空间作业要求，未落实防控措施，导致作业人员发生中毒、窒息事故。

（2）受限空间作业场地狭窄，空间狭小，通风不畅，缺氧、富氧，或有毒有害等具有一定危险性的气体、烟、尘聚集，如作业前未进行通风和气体检测，对作业人员造成中毒、窒息事故。

（3）受限空间作业场地存在易燃、易爆等气体，造成火灾和爆炸事故。

（4）受限空间作业场地存在强酸、强碱材料，造成作业人员灼烫事故。

（5）受限空间内的设备设施未断电，造成作业人员机械伤害和触电伤害。

（二）防控措施

（1）受限空间作业前应按要求办理作业许可证，并对作业人员进行交底。

（2）受限空间作业前应对受限空间进行自然通风或强制通风，再进行气体检测，检测结果应满足氧气含量为 19.5%~23%，富氧环境下不应大于 23.5%，检测合格后方可进入，进入时间与检测时间不应超过 30min，超过 30min 应重新进行检测。作业期间现场应该配备气体检测报警仪，连续检测受限空间内的氧气、有毒、有害气体浓度，并 2h 记录一次气体数值，气体浓度超限报警时，应立即停止作业，人员撤离，对现场进行处理，并重新检测合格后方可重新进行作业。进入受限空间作业必须穿戴相应的劳保护具，对由于防爆、防氧化不能采用通风换气措施或受作业环境限制不易充分通风换气的场所，作业人员必须配备并使用正压式空气呼吸器。受限空间作业期间，入口要设置警示标志，防止其他人员误入。进入受限空间作业应有专人监护，作业人员与监护人员要相互明确联系方式，并始终保持有效沟通，对直径较小、通道狭窄的受限空间，作业人员要系好救生绳，监护人握住救生绳另一端。发生紧急情况需要救援时，救援人员应佩戴相应的防护装备，切忌盲目施救。

（3）在盛装过易燃易爆气体、液体等介质的容器内作业，应当使用防爆电筒或电压不大于 12V 的防爆安全行灯，行灯变压器不得放在容器内或容器上。应当使用防爆工具，严禁携带手机等非防爆通信工具和其他非防爆器材。

（4）进入受限空间作业，必须穿戴防腐蚀、耐酸碱的劳动防护用品。

（5）作业前将启动机械的电动机电源断开，并上锁挂牌，检查受限空间内是否有足够的照明，照明电压不应超过 36V，并满足安全用电要求。在潮湿容器、狭小容器内作业电压不应超过 12V。潮湿环境作业时，作业人员应当站在绝缘板上，同时保证金属容器接地可靠。需使用电动工具或照明电压大于 12V 时，应当按规定安装漏电保护器，其接线箱

（板）严禁带入容器内使用。

三、高处作业

高处作业是指在距坠落高度基准面 2m 及以上有可能坠落的高处进行的作业，包括上、下攀援等空中移动过程。坠落基准面是指坠落处最低点的水平面。

根据作业高度，高处作业分为Ⅰ级、Ⅱ级、Ⅲ级和Ⅳ级。

（1）作业高度在 2m~5m（含 2m 和 5m），为Ⅰ级高处作业，可能坠落范围半径为 3m。

（2）作业高度在 5m~15m（含 15m），为Ⅱ级高处作业，可能坠落范围半径为 4m。

（3）作业高度在 15m~30m（含 30m），为Ⅲ级高处作业，可能坠落范围半径为 5m。

（4）作业高度在 30m 以上，为Ⅳ级高处作业，可能坠落范围半径为 6m。

（一）主要风险

（1）作业人员不清楚高处作业要求，未落实防控措施，导致人员发生高处坠落事故。

（2）高处作业过程中，危害因素识别不到位，致使作业人员发生高处坠落事故。

（3）作业人员在高处作业过程中因疾病发作或服用嗜睡、兴奋等药物，以及饮酒等情形，发生高处坠落事故。

（4）高处作业过程中不系安全带或佩戴不标准、防坠落装置损坏或未正确使用，致使作业人员发生高处坠落事故。

（5）高处作业防护措施不到位，造成高处作业人员发生高处坠落事故。

（6）雨、雪、大风或高温等恶劣天气进行高处作业时，作业人员因湿滑、重心不稳或中暑导致发生高处坠落事故。

（7）安全带被尖锐、锋利棱角部位割开，造成作业人员发生高处坠落事故。

（8）安全带拴挂点下方净空不够，也未做到"高挂低用"，造成作业人员发生高处坠落事故。

（9）高处作业时工具不系尾绳，造成手工具掉落，对地面人员造成物体打击事故。

（10）在同一坠落方向上进行上下垂直交叉作业，上部施工的手工具、零部件意外坠落，对作业面下方的作业人员造成物体打击事故。

（11）高处作业时抛掷作业工具，如大锤、扳手等，对作业面四周的作业人员造成物体打击事故。

（12）夜间作业照明或通信不畅，造成作业人员发生高处坠落事故。

（二）防控措施

（1）作业人员必须经过培训合格后方可上岗。

（2）高处作业前应按要求办理高处作业许可证，并对作业人员进行交底。

（3）作业人员应当身体健康，凡经诊断患有心脏病、贫血病、癫痫病、晕厥及眩晕症、严重关节炎、四肢骨关节及运动功能障碍疾病、未控制的高血压病，或者其他相关禁忌证，或者服用嗜睡、兴奋等药物以及饮酒的人员，不得从事高处作业。

（4）高处作业人员应按标准佩戴安全带，正确使用防坠落装置。

（5）高处的围栏等防护设施应齐全完整，有损坏的情况必须及时修理或更换。

（6）雨天和雪天作业时，应当采取可靠的防滑、防寒措施；遇有五级以上（含五级）风、浓雾、气温高于40℃等恶劣天气，不应进行高处作业。暴风雪、台风、暴雨后，应当对作业环境、安全设施进行检查，发现问题立即处理。

（7）安全带应当拴挂于牢固的构件或物体上，不应挂在移动或者带尖锐棱角或者不牢固的物件上。

（8）使用坠落悬挂安全带时，挂点应当位于工作平面上方，坠落下方安全空间范围内应无障碍物。

（9）高处作业时如使用工具，应系好尾绳。

（10）一般不允许上下垂直交叉作业，如需进行垂直交叉作业，应采取可靠的隔离措施。

（11）所用工具、零件、材料禁止抛掷，应选择传递绳上、下传递或使用规定的设备设施进行投送。

（12）夜间高处作业照明应符合标准，30m以上高处作业应当配备通信联络工具。

四、动火作业

动火作业是指在直接或间接产生明火的工艺设施以外的禁火区内从事可能产生火焰、火花或炽热表面的作业，包括使用电钻、电焊、气焊（割）、等离子切割机、砂轮机等各种金属切割作业。

动火作业实行分级管理，分为特级、一级、二级。例如天然气井、油井井口无控制部分动火划为特级动火作业。钻穿油气层时没有发生井涌、气侵条件下的井口处动火，划为一级动火作业。除特级、一级动火外其他区域生产动火，划为二级动火作业。

（一）主要风险

（1）作业人员不清楚动火作业要求，未落实防控措施，危害因素识别不到位，造成火灾事故。

（2）使用气焊（割）动火作业时，氧气瓶、乙炔气瓶间距，以及二者与动火地点之间间距均过小，或气瓶在烈日下曝晒，乙炔气瓶卧放，造成火灾、爆炸事故。

（3）使用电焊机作业时，电焊工具损坏，焊把线和二次回路线未接到位，电焊机外壳无接地，与动火点间距小于10m，造成火灾事故。

（4）高处动火，飞溅的火花落在易燃物质上，造成火灾事故。

（5）高处动火作业人员佩戴的安全带、救生索等防护装置被烧断，造成高处坠落事故。

（6）在大风天气进行动火作业，火花被大风刮得到处乱飞，造成火灾事故。

（7）动火期间，因动火点周围存在排放可燃气体、可燃液体，或进行可燃性粉尘清扫作业，造成火灾、爆炸事故。

（二）防控措施

（1）动火作业应按规定办理动火作业许可证，实行一个动火点一张动火证的动火作业管理，不得随意涂改和转让动火证，不得异地使用或扩大使用范围。进入受限空间动火，还需办理《受限空间作业证》。

（2）使用气焊（割）动火作业时，乙炔瓶应当直立放置，不应卧放使用；氧气瓶与乙炔瓶的间距不应小于5m，二者与作业地点间距不应小于10m，并应当设置防晒和防倾倒设施；乙炔瓶应当安装防回火装置。在受限空间内实施焊割作业时，气瓶应当放置在受限空间外。

（3）使用电焊时，电焊工具应当完好，焊把线和二次回路线到位，电焊机外壳应当接地，与动火点间距不应超过10m。不能满足要求时应当将电焊机作为动火点进行管理。

（4）高处动火要设置防落物设施及防止火花溅落措施，并安排专人全程监护。

（5）动火作业人员应当在动火点的上风向作业，并采取隔离措施控制火花飞溅。高处动火作业使用的安全带、救生索等防护装备应当采用防火阻燃材料，必要时使用自动锁定连接，并采取防止火花溅落措施。

（6）遇五级风以上（含五级风）天气，禁止露天动火作业。因生产确需动火，动火作业应当升级管理。

（7）动火期间，在动火点10m范围内、动火点上方及下方不应同时进行可燃溶剂清洗或者喷漆作业，不应进行可燃性粉尘清扫作业；距动火点15m范围内不应排放可燃液体；距动火点30m范围内不应排放可燃气体或者存在液态烃、低闪点油品泄漏的情况；铁路沿线25m范围内的动火作业，如遇装有危险化学品的火车通过或者停留时，应当立即停止。

动火前，应清除作业现场15m范围内的可燃粉尘；作业后应采取措施，防止粉尘进入明火作业现场；动火作业后应当全面检查现场，确保设备内外部无热熔渣遗留，防止粉尘阴燃。

五、临时用电作业

临时用电作业是指在生产或者施工区域内临时性使用非标准配置380V及以下的低电压电力系统的作业。

非标准配置的临时用电线路是指除按标准成套配置的，有插头、连线、插座的专用接线排和接线盘以外的，所有其他用于临时性用电的电气线路，包括电缆、电线、电气开关、设备等。

（一）主要风险

（1）作业人员不清楚临时用电作业要求，未落实防控措施，危害因素识别不到位，造成触电事故。

（2）安装、拆卸电路人员不按操作规程操作，造成触电事故。

（3）在防爆场所使用的临时电源、电气元件和线路不符合防爆要求，易造成火灾事故。

（4）临时用电线路架空高度过低，埋地敷设太浅，易造成触电事故。

（5）临时用电设备设施在使用过程中由于使用不规范、保护措施不到位或环境恶劣等原因，造成人员触电伤害。

(6) 雨天从事临时用电作业，或在特别潮湿环境作业，造成人员触电事故。

(二) 防控措施

(1) 临时用电作业按要求进行作业许可审批，对识别出的风险及时采取相应的整改措施，如架空符合要求，电线符合规范，使用防爆开关，标识清晰，采取隔离保护、过载保护、漏电保护等措施。

(2) 安装、拆卸电路人员必须经过培训并持证上岗。

(3) 火灾爆炸危险场所应使用相应防爆等级的电气元件，并采取相应的防爆安全措施。在距配电箱（盘）、开关及电焊机等电气设备15m范围内，不应存放易燃、易爆、腐蚀性等危险物品。

(4) 临时用电线路采用架空方式安装时，架空线应当采用绝缘铜芯线，架设在专用电杆或者支架上；架空线路上不得进行接头连接，其最大弧垂与地面距离，在施工现场不低于2.5m，穿越机动车道不低于5m；在起重机等大型设备进出的区域内不允许使用架空线路。

沿墙面或者地面敷设电缆线路，应当有醒目的警告标志；沿地面明敷的电缆线路应当沿建筑物墙体根部敷设，穿越道路或者其他易受机械损伤的区域，应当采取防机械损伤的措施，周围环境应当保持干燥。在电缆敷设路径附近，当有产生明火作业时，应当采取防止火花损伤电缆的措施。对需埋地敷设的电缆线路应当设有走向标志和安全标志，电缆埋地深度不应小于0.7m，穿越道路时应当加设防护套管。

(5) 临时用电设施应当做到"一机一闸一保护"，开关箱和移动式、手持式电动工具应当安装符合规范要求的漏电保护器。每次使用前应检查电气装置和保护设施的可靠性。使用的电气设备或者电动工具绝缘电阻应当经测试合格。Ⅰ类工具绝缘电阻不得小于2MΩ，Ⅱ类工具绝缘电阻不得小于7MΩ。

电动工具导线必须为护套软线，导线两端连接牢固，中间不许有接头；应当严格按照操作规程使用移动式电气设备和手持电动工具，使用过程中需要移动或者停止工作、人员离去或者突然停电时，应当断开电源开关或者拔掉电源插头。

(6) 在潮湿作业场所或者金属构架上作业时，应当使用Ⅱ类或者由安全隔离变压器供电的Ⅲ类工具。

第三节　机械与工程事故处理

钻井中遇到特殊地层、钻井液的类型与性能选择不当、井身质量较差等，会造成井下遇阻遇卡，钻进时严重憋跳、井漏、井涌等，不能维持正常的钻井和其他作业的现象，称为井下复杂情况。

由于操作失误、处理井下复杂情况的措施不当，可能导致钻具折断、顿钻、卡钻、井喷、失火等钻井事故。为了确保钻井施工的顺利进行，应遵守操作规程及施工设计所规定的各项技术措施，分析事故发生的原因和过程，掌握处理各种井下复杂情况的基本技术和技能，采取有效措施防止情况恶化，有针对性地处理好井下复杂情况，及时恢复正常施工作业。

一、地面机械事故

（一）顿钻

在钻井施工中，由于操作失误或其他种种原因，钻柱失控下滑到井底或其他受阻位置的事故，称为顿钻。

顿钻事故往往伴随着人员伤亡、设备损坏等事故，且在处理过程中易发生次生事故，造成重大损失。为杜绝顿钻及次生事故发生，在钻井作业过程中应采取以下措施：

（1）作业过程中应加强设备巡检，确保设备设施处于完好状态。

（2）司钻操作刹把时应保持精力集中。

（3）内冷式刹车毂的钻机，下钻时必须打开冷却水，下钻悬重超过 300kN 时，必须挂合辅助刹车。

（4）顿钻事故发生后，在没查清原因之前，不得起、放游动滑车。

（5）处理顿钻事故前，应认真检查钻井大绳、悬吊系统及钻台设备、井口工具等，凡是损坏的及时更换。重点关注钻井大绳是否存在缠乱及跳槽现象。

（6）若钻头已接触井底，一旦发生顿钻，应起钻检查钻具、钻头。起钻时应检查井口工具，平稳操作，防止发生次生事故。

（二）顶天车

顶天车事故是游动滑车上行失控与天车发生碰撞的事故。大多是由于刹把操作失误或机械故障，如绞车气路冻结、堵塞不放气造成。为杜绝顶天车及次生事故发生，在钻井作业过程中应采取以下措施：

（1）操作前，要详细检查气路系统及刹车系统的工作状态是否正常，防碰天车装置是否可靠；特别是冬季，要认真检查各气控开关并做好保温，防止冻结而造成放气失灵。

（2）操作时，司钻精力要集中，随时注意游车起升高度，若遇高低速离合器放气失灵，应立即摘开总车离合器，合上气刹车开关或拔下防碰天车，紧急制动。

（3）一旦发生顶天车事故，无论后果轻重，都要对大绳、天车、游动滑车、绞车固定、死绳固定等进行详细、认真的检查，对损坏的大绳或设备必须进行更换。

（4）发生顶天车事故后，若下部钻具在裸眼井段，要间断转动钻具，以防粘卡。

（5）若事故较轻，在大绳未断、设备无损坏、无人员受伤的情况下，可自行处理；若事故严重，大绳顶断并有设备损坏、人员伤亡时，应立即送伤者去医院抢救，并按规定向上级进行汇报，在有关人员指导下，对善后工作进行积极处理。

（三）起钻单吊环

起钻单吊环是指在起钻过程中由于操作失误而造成单吊环提起井下钻具的现象。为杜绝起钻单吊环及次生事故发生，在起钻作业过程中应采取以下措施：

（1）操作时，司钻必须持证上岗，精力集中，平稳操作，井口人员要密切配合司钻操作，不得遮挡司钻视线。

（2）事故发生后，司钻应立即刹车，停止滚筒转动，放卡瓦过程一定要小心，放完之后，人员立即撤离到安全区域，钻具重量施于卡瓦上，再卸掉吊卡负荷。

（3）若下部钻具在裸眼井段，要间断转动钻具，以防粘卡。

（4）如果钻具弯曲不严重、钻柱重量较轻，可低速慢起，卸掉单根，起时卡瓦不要提出转盘。

（5）如果单根弯曲较重，在弯钻杆上再接一单根，慢慢起出弯钻杆，然后将其卸掉。

（6）如果钻具弯曲特别严重，而钻柱又重时，可割掉弯曲部分，另焊接头或用卡瓦打捞筒提起钻柱，卸掉坏钻杆。

（四）大绳打扭

钻井大绳打扭往往是因为新换钢丝绳未松劲、水龙头负荷轴承卡死、下钻过程中钻具严重旋转或大钩销子未打开所引起的。为杜绝大绳打扭现象以及事件发生后导致复杂化，在作业过程中应采取以下措施：

（1）穿新大绳时应释放扭劲，起下钻前应打开大钩制动销，起下过程中应控制起下速度。钻进作业前应确保水龙头运转良好，及时进行维护保养。

（2）发生大绳打扭后，不得强行上提及下放钻具，以防损伤大绳，要根据不同的原因，采取不同的处理措施。

（3）如果是因新换钢丝绳未松劲所致，应立即卸掉大钩负荷，将大绳活绳头松开，放掉钢丝绳的扭劲。放大绳扭劲时，要注意避免大绳甩动。

（4）如果是因起下钻时钻具严重旋转所致，应控制下放速度，以减少或减慢钻具的转动。

（5）如果是因大钩销子未打开所致，可卡上卡瓦，用人力或电（气）动小绞车转动大钩，并打开制动销。

（6）如果是水龙头卡死，应检修或更换水龙头，所涉及的登高、敲击等作业应严格执行相关作业规范。

（五）大绳跳槽

大绳跳槽，一般是由顿钻或天车、游动滑车滑轮卡死致使大绳脱离滑轮轮槽所致。为杜绝大绳跳槽现象以及事件发生后导致复杂化，在作业过程中应采取以下措施：

（1）作业前应对天车、游车进行检查，确保运转灵活无杂音，并按规定进行维护保养。作业过程中司钻应保持精力集中、平稳操作。

（2）大绳跳槽后严禁硬提硬放。

（3）人员在天车台作业必须戴好安全带，所用工具要拴好保险绳，处理时不能用手提拉大绳，使用撬杠时要抓牢，钻台人员要站在安全区域。

（4）当一股大绳跳入另一滑轮槽内时，先用卡瓦将钻柱卡住，卸掉大绳负荷，打开天车护罩，卸去挡绳杆，用两根扁嘴撬杠撬动大绳，使其回到原槽内，装上挡绳杆或护罩。

（5）当一股大绳跳入两滑轮之间时，也应先用卡瓦卡住钻柱，卸掉大绳负荷，打开天车护罩，把倒链（手拉葫芦）固定在天车人字架上。用钢丝绳套拴在跳出的大绳上，另一端挂在倒链挂钩上，然后用倒链提起大绳，用扁嘴撬杠将大绳拨回原轮槽内，再取下倒链，装好天车护罩。

(6) 整个处理过程，刹把不能离人。

(7) 大绳跳槽处理完毕后，要仔细检查大绳有无断丝或损坏，超出使用标准时应及时进行倒大绳，在天车台所用的工具，要及时带下，严禁留放于天车台上。

（六）刹车失灵

刹车失灵是指在下放游车过程中，刹车系统工作异常失去对绞车滚筒有效控制的现象。刹车失灵，严重危及人身、设备和井下的安全。为杜绝刹车失灵现象以及事件发生后导致复杂化，在作业过程中应采取以下措施：

(1) 作业前应对刹车系统进行检查，确保性能可靠。

(2) 刹车失灵时司钻应强行挂低速离合器，减慢钻具下行速度，在保障人身安全的情况下，内、外钳工迅速将钻具卡上卡瓦或扣上吊卡，然后迅速撤离到安全位置。

(3) 刹车控制住以后，要立即查明刹车失灵的原因，并采取相应的措施进行处理。

（七）水龙头脱钩

水龙头从大钩中脱出，往往发生在上部软地层快速钻进时，加压过大、大钩倒挂或接单根、活动钻具下放过猛，井下突然遇阻且大钩锁销失灵造成。为杜绝水龙头脱钩现象以及事件发生后导致复杂化，在作业过程中应采取以下措施：

(1) 在上部地层快速钻进时司钻应精力集中、平稳送钻，活动钻具时控制好速度。

(2) 处理事故时，钻台人员一律站到井架大腿处，并密切注视井架及悬吊系统的变化，所有参加事故处理的人员要明确分工，并统一联系信号。

(3) 如果是在接单根过程中发生脱钩，当单根接好后下放钻具时，方钻杆还未入转盘时，首先应用卡瓦卡住钻具，并卡好安全卡瓦，同时应保持钻井液循环。

(4) 如果是在钻进过程中发生脱钩，应禁止转动转盘并将钻具悬重全部放完，同时保持钻井液循环。

(5) 按照以上两种不同的情形处理后再下放大钩，在大钩吊环上固定上足够长度的牵引绳，然后将大钩提至适当位置，采用人力拉牵引绳的方法将大钩与水龙头挂合。若水龙头脱钩位置太高，用人力拉牵引绳无法挂合时，可用气动小绞车加导向滑轮与刹把配合将大钩与水龙头挂合。

(6) 若需上井架进行处理水龙头脱钩时，操作人员必须系好安全带，且操作人员不得在水龙头上作业。

(7) 如果水龙头压在井架梯子、平台等处，事故处理人员要密切注意悬吊系统的变化。

（八）滚筒钢丝绳缠乱

在起空游车时，往往会因为刹车过猛造成滚筒钢丝绳缠乱。为杜绝滚筒钢丝绳缠乱现象以及事件发生后导致复杂化，在作业过程中应采取以下措施：

(1) 起放空游车时，司钻应平稳操作，提前减速缓慢刹车。

(2) 如果滚筒钢丝绳缠乱情况不严重，并无互相挤压现象时，可将游动滑车慢慢放下，然后再用低速起车重新将钢丝绳排好。

（3）如果滚筒钢丝绳缠乱情况较严重，并有互相挤压现象时，应用人力先将被挤压的大绳拉出，然后再将游动滑车慢慢放下，重新用低速起车将大绳排好。不应用手直接拉拽被挤压大绳。

（4）如果滚筒钢丝绳缠乱情况非常严重，用人力无法将被压大绳拉出时，可在被挤压钢丝绳上系上尼龙吊带，用气动小绞车提拉尼龙吊带，将被挤压的大绳拉出，然后将游动滑车慢慢放下，再用低速起车重新将大绳排好。用气动小绞车提拉被挤压大绳后，要及时将尼龙吊带解下。

（5）排大绳过程中应将滚筒上第一层钢丝绳排列整齐、紧密，严格检查大绳的损伤情况，当超过使用标准时，应进行更换。

二、井下工程事故

（一）解卡作业

卡钻类型较多，有粘吸卡钻、坍塌卡钻、砂桥卡钻、缩径卡钻、键槽卡钻、落物卡钻等，因此解卡作业存在的风险也有多种，如物体打击、机械伤害、高处坠落等。为防止卡钻发生后处置不当导致复杂化，在作业过程中应采取以下措施：

（1）处理解卡前作业人员应该清楚设备、钻具的承载能力，在安全范围内进行活动解卡；检查指重表，确保指重表能准确显示；检查大绳断丝情况，对不符合要求的进行更换；检查刹车系统，确保刹车性能灵敏可靠。

（2）活动解卡施工过程中，二层台、井口附近严禁站人，无关人员撤离危险区域。

（3）如果泡解卡剂或者其他需要长时间处理解卡过程，则应将转盘锁死，并对控制手柄上锁挂牌。

（4）如需在卡点位置倒开钻具接震击器，必须检查入井管柱螺纹，有损坏应甩掉并标记，防止再次下入井内。

（二）倒螺纹作业

倒螺纹作业存在的风险主要有物体打击、机械伤害、高处坠落等。为防止倒螺纹作业时处置不当导致复杂化，在作业过程中应采取以下措施：

（1）倒螺纹作业前检查指重表、压力传感器、死绳固定器、游动系统、刹车系统、大绳完好程度，不符合要求部位或者部件要及时修理或更换。

（2）倒螺纹作业前清理二层台物件，检查井架各附件，危险区域不得站人。

（3）水龙头与方钻杆连接处必须确保紧固，使用 B 型吊钳上紧，卡瓦的螺栓必须上全、上紧。

（4）作业人员对入井管柱逐级紧螺纹，入井管柱紧螺纹前松开大钩制动销。

（5）倒螺纹施工时，除操作人员和技术负责人外，无关人员全部撤离井口危险区域。

（三）打捞作业

打捞作业存在的风险主要有物体打击、机械伤害、高处坠落等。为防止打捞作业时处置不当导致复杂化，在作业过程中应采取以下措施：

（1）打捞作业前作业人员要全面检查游动系统、刹车系统、指重表、压力传感器等，确保安全可靠。

（2）检查液压大钳、吊卡、卡瓦等井口设备各部件连接牢固，不得有松动或损坏情况。

（3）下管柱过程中将井口小件工具收拾到安全地带。

（4）打捞管柱必须上紧，上、卸螺纹时井口人员要远离危险区域。

（5）当转盘停用时，操作人员必须将转盘锁死，并对转盘操作手柄上锁挂牌。

（6）大直径工具出入井口时，司钻应缓慢上提和下放，同时井口操作人员应双手扶正钻具，使大直径工具缓慢通过防喷器、井口等部位。

（7）打捞成功后，操作要平稳，应先试提，不能超负荷硬拔，确定正常后方可起钻。

（四）套磨铣作业

套磨铣作业存在的风险主要有物体打击、机械伤害、高处坠落、卡钻等。为防止套磨铣作业时处置不当导致复杂化，在套磨铣过程中应采取以下措施：

（1）套磨铣作业前首先应认真检查入井管串及工具。

（2）下磨铣工具时要控制速度，并按规定挂合辅助刹车。

（3）套磨铣过程中司钻应做到眼睛时刻盯着指重表，随时掌握钻压及扭矩变化，及时应对蹩钻、跳钻、憋泵等异常状态。

（4）套磨铣处理过程中要保证排量足够，确保碎屑上返。

（5）套磨铣作业过程中，泵压突然升高或憋泵，应停止磨铣并立即上提钻具，一直提到泵压恢复为止。

（6）套磨铣作业过程中，如果泵压突然下降，应该考虑铣鞋是否脱落，钻具是否刺漏，此种情况可能是地面的原因，也可能是地下的原因，应及时果断进行处理。

第五章　井控安全

第一节　井控技术

在石油钻井作业过程中，对油气井的压力控制（简称井控）是极为重要的作业环节。当地层流体（包括油、气、水）无控制地进入井内，就会导致溢流或井喷，从而会使井下情况逐步复杂化，以致无法进行正常的钻井施工，最终被迫实施压井作业，不仅会对油气层造成不同程度的损害，还会因处理不当造成井喷失控。

一、井控的概念

井控，就是采用一定的方法平衡地层孔隙压力，即油气井的压力控制。在钻井过程中，通过维持足够的井筒内的压力以平衡或控制地层压力，防止地层流体进入井内，保证钻井作业安全顺利地实施。

井控作业要从钻井目的和一口井整个生产年限来考虑，既要完整地取得各种地质资料，又要有利于发现油气田、保护油气层、提高采收率、延长油气井的寿命。因此，井控技术不仅仅是防止井喷，还是保护油气层、实施近平衡压力钻井、提高钻井速度的重要保证。

现场将井控工作分为3级，即一次井控、二次井控和三次井控。

一次井控是采用适当的钻井液密度来控制地层孔隙压力，使得没有地层流体进入井内，溢流量为零。做好一次井控，关键在于钻前要准确地预测地层孔隙压力、地层破裂压力和地层坍塌压力，从而确定合理的井身结构和准确的钻井液密度。在钻井过程中，要做好随钻地层压力监测工作，并根据地层压力的监测结果及时对钻井液密度进行调整，并结合地层的实际承压能力，进一步完善井身结构和工艺技术。

二次井控是当井内使用的钻井液密度不能平衡地层压力，地层流体进入井内，地面出现溢流，这时要依靠井控设备和适当的井控技术来处理和排除地层流体的侵入，使井重新恢复压力平衡。二次井控的核心是早发现、早关井、早处理。

三次井控是当二次井控失败，溢流量持续增大，发生了井喷或井喷失控，这时要使用适当的技术和设备重新恢复对井的控制，达到一次井控状态。

通常情况下，力求一口井保持一次井控状态，同时做好一切应急准备，一旦发生井涌和井喷能迅速作出反应，及时加以处理，尽快恢复正常钻井作业。

二、相关概念

（一）井侵
井侵是地层孔隙中的流体（油、气、水）侵入井内的现象。

（二）溢流
溢流是当地层孔隙压力大于井底压力时，因地层流体侵入井内引起井口返出钻井液的量比泵入量大，或停泵后井口钻井液自动外溢的现象。

（三）井涌
井涌是溢流进一步发展，钻井液涌出井口或防溢管口的现象。

（四）井喷
井喷是井涌进一步发展，地层流体持续无控制地进入井内涌出井口的现象。一般将井内流体喷出转盘面2m以上称为井喷。井喷流体自地层经井筒喷出地面称为地面井喷；溢流关井后，将某一薄弱层压破，高压层流体大量流入被压裂地层的现象称为地下井喷。

（五）井喷失控
井喷失控是发生井喷后，无法用井口防喷装置进行有效控制而出现敞喷的现象。

井侵、溢流、井涌、井喷、井喷失控反映了井底压力与地层压力失去平衡后，随着时间的推移，井口所出现的几种现象及事态发展变化的不同阶段和严重程度。

三、溢流的原因与显示

（一）溢流原因分析

在钻井作业过程中，要发生溢流，势必有地层流体进入井内。地层流体向井眼内流动必须具备以下两个条件：

（1）井底压力小于地层压力。
（2）地层具有允许流体流动的条件。

当井底压力比地层压力小时，就存在着负压差值，在这种条件下遇到高孔隙度、高渗透率或裂缝等连通性好的地层，就可能发生溢流。地层孔隙度和渗透率越高，负压差值越大，则溢流就越严重。从溢流所需具备的两个条件不难看出，地层具有允许流体流动的条件是由地层性质确定的，因此发生溢流最本质的原因就是井底压力小于地层压力。井底压力的降低或地层压力的升高（地层压力异常），都会影响井底压力和地层压力之间的差值，从而导致溢流的发生。在不同工况下，井底压力是由一种或多种压力构成的合力。因此，任何一个或多个引起井底压力降低的因素，都有可能导致溢流的发生。其中最主要的原因是：

（1）起钻时井内未灌满钻井液。
（2）井眼漏失。

(3) 钻井液密度低。
(4) 起钻抽汲。
(5) 地层压力异常。

钻井液密度偏低，是造成溢流最常见的原因。根据统计，井喷事故多发生在起下钻作业过程中。

1. 起钻时井内未灌满钻井液

起钻过程中，由于钻柱的起出，钻柱在井内的体积减小，井内的钻井液液面下降，从而导致静液压力及井底压力的降低，因此溢流就可能发生。

起钻过程中，需要及时准确地向井内灌满钻井液以维持足够的静液压力。灌入的钻井液体积应等于起出的钻具体积。起出钻具体积，也就是钻具的排替量，即钻具本身体积所代换的等量钻井液体积。通过对灌入的钻井液量与起出的钻具体积进行比较，要保证其数值相等。如果二者数据不相等，要立即停止起钻作业，查找原因，并视具体情况采取相应措施。

2. 井眼漏失

由于钻井液密度过高或下钻时的压力激动，使得作用于地层上的压力超过地层的破裂压力或漏失压力而发生漏失。在深井、小井眼井里使用高黏度的钻井液钻进时，环空压耗过高也可能引起循环漏失。另外，在压力衰竭的砂层、疏松的砂岩以及天然裂缝的碳酸盐岩中漏失也是很普遍的现象。由于大量钻井液漏入地层，引起井内液柱高度下降，从而使静液压力和井底压力降低，由此导致溢流发生。

3. 钻井液密度低

钻井液密度低是导致溢流最常见的原因。出于保护油气层的考虑，为了获得高的机械钻速，处理或预防压差卡钻都可能使用较低密度的钻井液；施工中钻井液受到油、气、水侵的污染，处理钻井液时加入过量低密度钻井液处理剂，或使用离心机等固控设备将钻井液中的加重材料清除过多，都会使钻井液的密度降低。钻井液密度降低会使井筒内静液压力减小，若井底压力不能平衡地层压力，就会导致溢流发生。

4. 起钻抽汲

起钻时由于钻井液黏附在钻具外壁上并随钻具上移，同时钻井液要向下流动，填补钻具上提之后的下部空间，由于钻井液的流动没有钻具上提快，就会产生抽汲作用，这样就会在钻头下方造成一个抽汲空间并产生压力降，地层流体因抽汲作用会进入井内，受污染的钻井液当量密度下降，当井底压力低于地层压力时，就会造成溢流。只要进行起钻作业，抽汲作用就会产生。除起钻速度对抽汲压力大小有影响外，钻具环形空间大小、钻井液的黏度和静切力等性能、管柱结构、井眼轨迹与井眼尺寸、井深等都会对抽汲压力的大小造成影响。

5. 地层压力异常

当对探井地层压力掌握不准、开发区域注水注气使地层压力紊乱或其他原因造成地层流体窜到其他层位等原因，都会存在地层压力异常。钻遇异常压力地层并不一定会直接引起溢流，如果钻井液密度低或其他原因造成井底压力小于地层压力，则会引起溢流发生。

（二）溢流显示

发生溢流就可以观测到溢流的一些显示，在钻井现场可观察到一些由井下反映到地面的信号，识别这些信号对及时发现溢流十分重要。有些显示并不能确切证明是溢流，但它却可警告可能发生了溢流。根据一些显示对监测溢流的重要性和可靠性，分为溢流的直接显示和间接显示两大类。

1. 直接显示

（1）出口管线内钻井液流速增加，返出量增加。

正常钻进和循环时，当泵排量没有改变，钻井液的返出量与泵入量应基本相等。当地层流体流入井内，液量的增加提高了钻井液在环空的上返速度，就会出现返出量大于泵入量的现象。侵入井内的天然气临近井口时因压力降低而快速膨胀，更会使出口管线内返出的钻井液流量增加和流速加快。

（2）停泵后井口钻井液外溢。

停止循环后，钻井液仍然从井口自动外溢，是发生溢流最直接、最可靠的显示。但应注意井筒中钻柱内外钻井液密度不一致，尤其在起钻前向钻柱内泵入一定量重钻井液时，会造成钻柱内钻井液当量密度比环空钻井液当量密度高，停泵后钻井液也会外溢持续一些时间；泵入钻井液中如有少量气泡，气体在环空上升时体积膨胀也会造成停泵后较长时间外溢；还有因地层因素，如衰竭砂层及地层微裂缝，在开泵时，井底压力较高，微裂缝会充满钻井液，在停泵后由于井底压力降低，造成衰竭砂层及地层微裂缝中的钻井液回吐，外溢较长时间。这些因素都会对溢流的直接显示造成一定的影响，在工作中要正确判断。

（3）钻井液循环罐液面上升。

钻井液循环是在一个相对封闭的循环系统中进行的，正常循环期间液面基本保持不变。如果地面未对钻井液进行处理，罐内钻井液液面升高，就可以确定为井内发生了溢流。溢流量的大小取决于溢流时间长短，同时也与地层的渗透率、孔隙度和井底压差有关。地层渗透性高、孔隙度好，地层流体向井内流动快；反之流动慢。井底欠平衡量越大，溢流越严重。

（4）起钻时灌入的钻井液量小于起出钻具体积。

起钻时，井内钻井液液面会随起出钻具而相应下降。如果经计量发现应灌入量减小，说明地层流体已经进入井筒，填补了部分起出钻具的空间。

（5）下钻时返出的钻井液体积大于下入钻具的体积。

下钻时，井内钻井液液面随下入钻具而替出井筒，如果经计量发现返出量增加，说明地层流体进入井筒，占据了更多的空间，导致返出量增加。

对溢流显示的监测应贯穿在井的整个施工过程中。判断溢流一个最明显的信号是：停泵的情况下井口钻井液自动外溢。

2. 间接显示

（1）钻速突然加快或放空。

这是可能钻遇到异常高压油气层的征兆。当钻遇异常高压地层过渡带时，地层孔隙度增大，破碎单位体积岩石所需能量减小，同时井底正压差减小也有利于井底清岩，此时钻速会突然加快。钻遇碳酸盐岩裂缝发育层段或钻遇溶洞时，往往发生蹩跳钻或钻进放空现象。所以，钻速突然加快或放空是可能发生溢流的前奏，但钻速突快也可能是所钻地层岩性发生变化导致的，因此并不能确定一定发生溢流。

一般情况下，钻时比正常钻时快 1/3 时，即认定为钻速突快。钻遇到钻速突快地层，进尺不应超过 1m，司钻操作刹把如果感觉到钻速有突然加快或放空现象时，就应立即停钻停泵观察，地质录井人员发现后也应及时通知司钻。如有放空，钻头探到底后，应停钻上提钻柱，停泵检测是否发生溢流。尤其在设计的目的层附近钻进时，要将钻速突然加快和放空作为及时发现溢流的首要信号。

（2）泵压下降，泵速增加。

井内发生溢流后，若溢流物密度小于钻井液密度，钻柱内液柱压力就会大于环空液柱压力，由于 U 形管效应使钻具内的钻井液向环空流动，故泵压下降。气体沿环空上返时体积膨胀，有助于克服环空压耗，也会使泵压下降。泵压下降后，泵负荷减小，则泵速增加。

（3）钻具悬重发生变化。

天然气侵入井内的初期，因环空钻井液当量密度下降，钻具所受浮力减小而悬重增加；天然气大量侵入井内或接近地面时剧烈膨胀，托举钻具导致悬重下降。若溢流物为盐水时，其密度小于钻井液密度则悬重增加，其密度大于钻井液密度则悬重减小。油气溢流通常会使钻井液密度减小，因而悬重增加。在起下钻过程中，若在钻头下方出现溢流，上托力量会导致悬重下降。

（4）钻井液性能发生变化。

不同的地层流体进入井筒，会给钻井液性能带来不同的影响或变化。油或气侵入钻井液，会使钻井液密度下降，黏度升高；地层水侵入钻井液，会使钻井液密度和黏度都下降；钻井液中还会有油花、气泡，并散发出油气味等。但应注意，有时钻井泵吸入了空气，或通过加水混油等方式处理钻井液，也会使井内钻井液性能发生变化。

（5）气测烃类含量升高或氯离子含量升高。

在钻井过程中，气测烃类含量升高，说明有油气进入井内；如氯离子含量升高，可能是地层水进入井筒。

（6）dc 指数减小。

正常情况下，随着井深的增加，dc 指数越来越大。如果 dc 指数减小，则可能是钻遇到异常高压地层的显示。

（7）岩屑尺寸加大。

随着正压差减少，大块页岩将开始坍塌，这些坍塌造成的岩屑比正常岩屑大一些，多呈长条状，带棱角。

除以上间接显示外，发生溢流还会有温度升高、电导率增大等间接显示。需要注意的是，发生溢流后通常会观测到以上所提及的现象，但在作业过程中，出现以上的现象时却并不一定就发生了溢流，不能当作确定发生溢流的依据。

3. 溢流的及早发现与措施

尽可能早地发现溢流显示，并迅速实现控制，是做好井控工作的关键环节。

1）及早发现溢流的重要性

（1）迅速控制井口是防止井喷的关键。

井喷或井喷失控大多是溢流发现不及时或井口控制失误造成的。在钻遇气层时，由于天然气密度小、可膨胀、易滑脱等物理特性，从溢流到井喷的时间间隔短，若发现不及时或控制不正确，就容易造成井喷，甚至失控着火。

（2）减少关井和压井作业的复杂情况。

溢流发现得越早，关井时进入井筒的地层流体越少，关井套压和压井最高套压就越低，就不易在关井和压井过程中发生井漏等复杂情况，有利于关井及压井安全，使二次井控处于主动。进入井筒的地层流体越少，对钻井液性能影响越小，井壁越不易失稳，压井作业越简单。所以及早发现溢流，直接关系到排除溢流、恢复和重建井内压力平衡时能否处于主动。

（3）防止有毒气体的释放。

在钻遇含硫化氢、二氧化碳的地层时，及时发现溢流并正确处理，可以防止这类气体对钻井液性能的破坏，同时也减少这类气体溢出井筒，对人员、环境及设备等造成更大的危害。

（4）防止造成更大的污染。

溢流若未及早发现，易造成过高的关井套压，为了不使井口承受过高的压力，必要时要通过放喷管线放喷，这样就使施工附近的环境造成严重污染，危及农田、河流、渔场、牧场、湿地等。

2）及早发现溢流的基本措施

（1）严格执行坐岗制度。

坐岗人员负有监测溢流的岗位职责，要充分认识到及早发现溢流的重要性，它关系到溢流是否会发展成为井喷、井喷失控或着火。因此，在一口井的各个施工环节，都要坚持坐岗，严密注意以下几种情况：

① 钻井液出口流量变化。
② 循环罐液面变化。
③ 钻井液性能变化。
④ 录井全烃值的变化。
⑤ 起下钻灌入或返出钻井液量。

（2）做好地层压力监测工作，特别是在探井的钻井过程中。

做好随钻压力监测，准确判断地层压力。现场可根据监测结果，及时调整与修正钻井液密度。

（3）做好起下钻作业时的溢流监测工作。

起钻前要进行短程起下钻，测油气上窜速度，判断抽汲压力的影响，并适时停止起下钻，通过静止观察的方式来进行溢流检查。

（4）钻进过程中要密切观察参数的变化。

遇到钻速突快、放空、悬重和泵压等发生变化，都要及时停泵停钻观察出口管，判断是否发生了溢流。

四、关井操作

发生溢流后，准确无误地迅速关井是防止井喷的唯一正确措施。发现溢流后关井越早、越快，溢流量就越小，从而可以最大限度地减少静液压力的损失；静液压力越高，井口压力越低，井控作业的风险就越小。所以，应该在发现溢流的第一时间进行关井。

关井中为确保地面设备、套管的安全和地层不被压裂，必须控制关井套压不大于最大允许关井套压。最大允许关井套压应是井口装置额定工作压力、套管最小抗内压强度的80%和地层破裂压力所允许的井口关井最大套压值三者中的最小值。通常一口井最薄弱的部分是在最后一层套管鞋下的地层处，套管下得很浅，如关井，地层流体可能沿井口周围窜到地面。

发生溢流不能关井时，应该按要求进行分流放喷或有控制放喷。

（一）关井方法

发生溢流后有两种关井方法：一是硬关井，指一旦发现溢流或井涌，立即关闭防喷器的关井方法。二是软关井，指发现溢流关井时，先打开节流管汇一侧的通道，再关防喷器，最后关闭节流管汇的关井方法。

硬关井时，由于关井动作比软关井少，所以关井速度快，但井口防喷器受到"水击效应"的作用，特别是溢流发现得晚，高速油气冲向井口时，对井口防喷器作用力很大，存在一定的危险性。软关井的关井时间长，但它防止了"水击效应"作用于井口，还可以在关井过程中，通过逐步关闭节流阀进行试关井，防止过高的套压造成关井失败。

硬关井的主要优点是地层流体进入井筒的体积小，即溢流量小，而溢流量是井控作业能否成功的关键。因此，在一些要求溢流量尽可能小的井中，例如含硫油气井，如果井口设备和井身结构具备条件，可以考虑使用硬关井。另外，若能做到尽早地发现溢流显示，则硬关井产生的"水击效应"就较弱，也可以使用硬关井。

（二）关井程序

作业现场关井程序的选择，要依据各油气田井控实施细则的规定和根据现场具体情况来确定。但有一点是共同的：必须关闭防喷器，以最快的速度控制井口，阻止溢流进一步发展。

1. 软关井操作程序

1）钻进作业

（1）发出报警信号。由司钻发出不少于15s的长笛报警信号，其他岗位人员按照井控岗位分工，迅速到达关井操作位置。

（2）停转盘（停顶驱），停泵，上提钻具至合适位置。司钻停止钻进作业，上提钻具使钻头提离井底，使钻杆接头提出转盘面0.5m左右。对于高底座钻机，要避免钻杆接头处于防喷器半封闸板关闭的位置。

（3）开启液（手）动平板阀。如果4#平板阀是液动平板阀，安装有司钻控制台时，由司钻通过司钻控制台打开液动平板阀，副司钻在远程控制台观察液动平板阀控制手柄的开关状态；未安装司钻控制台时，由副司钻通过远程控制台打开液动平板阀；如果4#平板阀为手动平板阀，则由相关岗位人员负责打开手动平板阀。

（4）关防喷器。由司钻发出两声短笛的关井信号后，关闭防喷器。如安装了司钻控制台，由司钻通过司钻控制台关防喷器，副司钻在远程控制台观察防喷器相应控制手柄的开关状态，若发现防喷器控制手柄没有到位或司钻控制台操作失误，要立即纠正；如未安装司钻控制台，由副司钻在远程控制台关防喷器。防喷器组合中有环形防喷器时，先关环形防喷器。有两套可用半封闸板时，若需关闭半封闸板，优先使用上半封闸板防喷器。

（5）关节流阀试关井。如果是液动节流阀，由相关岗位人员操作节流管汇控制箱关闭液动节流阀；如果是手动节流阀，则直接操作节流阀实施关闭。对于不能断流的节流阀，在节流阀关闭到位后还要将该阀上游的平板阀关闭，实现完全关井。

（6）录取关井立压、关井套压及钻井液增量。关井后，相关岗位人员观察并记录关井立压、关井套压以及钻井液增减量，并汇报给司钻和值班干部。

2）起下钻杆作业

（1）发出报警信号。

（2）停止起下钻杆作业。司钻操作将井口钻杆坐在转盘上，组织好抢装钻具内防喷工具的准备。

（3）抢装钻具内防喷工具。由司钻组织井口人员抢装钻具止回阀或旋塞阀。内防喷工具接好且已经控制钻具水眼后，将钻具提离转盘，并确保钻杆接头避开防喷器半封闸板关闭的位置。

（4）开启液（手）动平板阀。在抢装钻具内防喷工具过程中，就可同时打开平板阀。

（5）关防喷器。

（6）关节流阀试关井，关其上游平板阀。

（7）录取关井立压、关井套压及钻井液增量。

3）起下钻铤作业

（1）发出报警信号。

（2）停止起下钻铤作业。由司钻操作将井口钻铤坐在转盘上，组织好抢接防喷单根或防喷立柱的准备工作。

（3）抢接防喷单根或防喷立柱。根据设备和井口情况，司钻组织抢接防喷单根或防喷立柱，接好且已经控制钻具水眼后，调整钻具高度，确保钻铤及钻杆接头避开防喷器半封闸板关闭的位置。

（4）开启液（手）动平板阀。在抢装防喷单根或防喷立柱过程中，就可同时打开平板阀。

（5）关防喷器。

（6）关节流阀试关井，关其上游平板阀。

（7）录取关井立压、关井套压及钻井液增量。

4）空井作业

（1）发出报警信号。

（2）开启液（手）动平板阀。

（3）关全封闸板防喷器。

（4）关节流阀试关井，关其上游平板阀。

（5）录取关井套压及钻井液增量。

2. 硬关井操作程序

1）钻井作业

（1）发出报警信号。

(2) 停转盘，停泵，上提钻具至合适位置。
(3) 关防喷器，实现关井。
(4) 关节流阀上游的平板阀。
(5) 开启液（手）动平板阀。
(6) 录取关井立压、关井套压及钻井液增量。

2) 起下钻杆作业
(1) 发出报警信号。
(2) 停止起下钻杆作业。
(3) 抢装钻具内防喷工具。
(4) 关防喷器，实现关井。
(5) 关节流阀上游的平板阀。
(6) 开启液（手）动平板阀。
(7) 录取关井立压、关井套压及钻井液增量。

3) 起下钻铤作业
(1) 发出报警信号。
(2) 停止起下钻铤作业。
(3) 抢接防喷单根或防喷立柱。
(4) 关防喷器，实现关井。
(5) 关节流阀上游的平板阀。
(6) 开启液（手）动平板阀。
(7) 录取关井立压、关井套压及钻井液增量。

4) 空井作业
(1) 发出报警信号。
(2) 关全封闸板防喷器，实现关井。
(3) 关节流阀上游的平板阀。
(4) 开启液（手）动平板阀。
(5) 录取关井套压及钻井液增量。

（三）特殊情况下的关井

1. 下套管或尾管作业

下套管或尾管时发生溢流，通常与起下钻杆作业的关井程序一样。如果尾管已快接近井底，在确保井控安全的情况下，应尽量强行下到预定的位置。如果尾管不能强行下到预定位置，也可考虑强行起到套管内，防止尾管在裸眼井段被卡。

2. 固井作业

(1) 发出报警信号。
(2) 停止其他作业。
(3) 继续注替作业。固井施工人员听到报警信号后，要继续注水泥或替入钻井液作业，直至碰压为止。
(4) 开启液（手）动平板阀。

(5) 关与套管尺寸相符的防喷器。
(6) 调节节流阀，控制一定的井口回压，继续注水泥或替入钻井液作业，直到碰压为止。碰压结束后，再将节流阀上游的平板阀关闭以实现完全关井。
(7) 记录套管压力、井口压力、钻井液增量。如果套管压力为零，井口压力正常，证明溢流已经制止，按常规固井程序候凝；如套压不为零，说明溢流没有制止，应研究下一步措施实施作业。

3. 测井作业

在电缆测井作业实施前，将电缆悬挂器转换接头与防喷单根连接好备用，应急断线钳放置于易拿取位置。若测井作业时发生溢流，现场应视溢流的态势，可能的井侵类型（油侵、气侵或水侵）进行快速判断与决策。若溢流不严重，且为水侵，则要求争取把电缆起出，然后按空井工况完成关井程序；如果溢流有增大趋势，由测井队安装电缆悬挂器后在井口剪断电缆，然后将由钻井队完成关井程序；特别紧急情况下，可直接切断电缆，迅速按空井工况完成关井程序。进行钻具传输测井及存储式测井作业时，通常与起下钻作业的关井程序相同。

4. 含硫油气层作业

若含硫油气井发生溢流且硫化氢浓度达到 30mg/m³ 的安全临界浓度时，其关井程序为发出报警信号，迅速背戴正压式空气呼吸器，后续操作与常规关井程序中的硬关井操作步骤相同。

5. 剪切钻具作业

当因钻具内防喷工具失效或其他原因造成无法有效关井，采取其他措施也无法控制井口且井喷可能带来严重后果时，可用剪切闸板剪断井内钻杆，实施关井。使用剪切闸板防喷器剪断钻具关井时，按以下程序操作：
(1) 确保钻具接头不在剪切闸板防喷器剪切位置后，锁定钻机绞车刹车系统。
(2) 关闭剪切闸板防喷器以上的环形防喷器和半封闸板防喷器，打开放喷管线泄压。
(3) 打开剪切闸板防喷器以下的半封闸板防喷器。
(4) 打开蓄能器旁通阀，关剪切闸板防喷器，直至剪断井内钻具关井；若未能剪断钻具，应由气动泵直接增压，直至剪断井内钻具关井。
(5) 关闭全封闸板防喷器，手动锁紧全封闸板防喷器和剪切闸板防喷器。
(6) 试关井。

五、压井工艺

常规压井方法一般指井底常压法压井，是向失去压力平衡的井内泵入高密度的钻井液，并始终控制井底压力等于或略大于地层压力，以重建和恢复压力平衡的作业。压井过程中，通过控制节流阀开启度来控制一定的井口回压，实现井底压力等于或略大于地层压力。

（一）压井原理

压井过程是以 U 形管原理为依据进行的。把井眼循环系统想象成一个 U 形管，钻柱水眼是 U 形管的一侧管柱，环空是 U 形管的另一侧管柱，井底则相当于 U 形管的底部。U 形管的基本原理是 U 形管底部是一压力平衡点，左右两侧管内的压力在此处达到平衡。应用在井控压井作业中，即井底压力的大小可以通过分析管柱内压力或环空压力而获得，并且通过改变环空压力或节流阀回压来控制井底压力，同时影响立管压力使之产生同样大小的变化。

（二）压井方法

1. 司钻法压井

司钻法压井是发生溢流关井求压后，第一循环周用原密度钻井液循环，排除环空中已被地层流体污染的钻井液，第二循环周再将压井液泵入井内替换井内的原密度钻井液，用两个循环周完成压井，压井过程中保持井底压力不变。司钻法压井通过两个循环周完成压井，所以又称为二次循环法压井。根据录取的关井资料，计算压井所需数据，填写压井施工单，作为压井施工的依据。

第一循环周操作步骤如下：

（1）缓慢开泵，同时逐渐打开节流阀，调节节流阀使套压等于关井套压并维持不变，直到排量达到选定的压井排量。

（2）保持压井排量不变，调节节流阀使立压等于初始循环立管压力，在整个循环周保持不变。压力在不同介质中的传播速度并不相同，因此在调节节流阀时，要注意压力传递的迟滞现象。

（3）排除溢流，停泵关井，关井套压应等于关井立压。

在排除溢流的过程中，应配制压井钻井液，为下一步压井做好准备。

第二循环周操作步骤如下：

（1）缓慢开泵，同时逐渐打开节流阀，调节节流阀使套压等于关井套压并维持不变。

（2）排量逐渐达到压井排量并保持不变。在压井液从井口到钻头这段时间内，调节节流阀，控制套压等于关井套压并保持不变，此期间立压由初始循环立管压力逐渐下降至终了循环立管压力。

（3）压井液出钻头沿环空上返，调节节流阀，控制立压等于终了循环立管压力，并保持不变。当压井液返出井口后停泵关井，关井立压及关井套压应皆为零。然后开井，井口无外溢，则说明压井成功。

2. 工程师法压井

工程师法压井是指发现溢流关井后，先配制压井钻井液，然后将配制好的压井液直接泵入井内，在一个循环周内将溢流排除并建立压力平衡的方法。在压井过程中保持井底压力不变。工程师法压井又称为一次循环法压井或等待加重法压井。根据录取的关井资料，计算压井数据，填写压井施工单，绘制"立管压力控制进度曲线"。根据压井数据配制合适密度与数量的压井液。

操作步骤如下：

（1）缓慢开泵，同时逐渐打开节流阀，调节节流阀，使套压等于关井套压并保持不变，直到排量达到选定的压井排量。

（2）保持压井排量不变，在压井液由地面到达钻头这段时间内，调节节流阀，控制立压按照"立管压力控制进度曲线"变化,由初始循环立管压力逐渐下降到终了循环立管压力。

(3) 压井液返出钻头,在环空上返过程中,调节节流阀,使立压等于终了循环立管压力并保持不变。直到压井液返出井口,停泵关井,检查关井套压、关井立压是否为零,如为零则开井,开井无外溢,则说明压井成功。

六、特殊井的井控技术

(一)水平井

水平井是指井斜角大于或等于86°,沿与储层倾角相近的角度进入储层,并在目的层中延伸一定长度的定向井。水平井井控的基本原理与直井一致,但是由于存在斜井段和水平段,需考虑的井控问题比直井要多,井控的风险和防控难度比直井要大。

1. 溢流的发现

当侵入流体处于水平井段时,即便侵入流体为气体,水平段上下起伏,容易使气体圈闭在一个个小气顶中,不会自动向井口运移,其体积也不会发生变化,同样也不会进一步导致井底压力减小,造成发现溢流相对更加困难。

由于定向井及水平井的特殊性,因此,施工中一旦出现了溢流显示,如果采用像直井一样的方法进一步验证溢流,比如停钻停泵进行溢流检查,不会发现井口外溢的情况;关井观察,井口压力也可能为零。这一点与直井是不同的,在现场施工中要特别注意,要结合钻井液量的变化综合判断。采取循环观察的方式,注意观察返出量的变化,一旦发现返出量增加,需要立即关井,必要时要关井进行节流循环观察。

2. 压井作业

定向井及水平井压井施工与直井没有本质区别,压井方法的选择应根据关井压力、井控设备情况、加重材料储备情况、地面和井眼状况等因素综合考虑,可以选择司钻法、工程师法或其他常规或非常规压井方法。

水平井在计算压井液密度时必须使用垂直井深计算。压井液体积要按实际井深的钻具内容积和环空容积计算,在绘制"立管压力控制进度曲线"时,要充分考虑不同钻具的内容积对应的垂深并计算出相应的立压变化。因此,定向井及水平井使用工程师法压井时,压井液从地面到钻头的立压变化,需要比直井更为复杂的计算。因此,定向井及水平井的压井作业实施与控制,司钻法相对工程师法更为简便。

(二)浅层气井

1. 浅层气的危害

浅层气由于埋藏深度比较浅,从溢流到井喷演变速度快,容易导致井喷事故。在浅层气井段钻进或起下钻,井筒钻井液液柱压力稍不平衡,天然气就会迅速进入井眼。由于浅层气埋藏深度浅且地层疏松,套管鞋处地层承压能力弱,关井易憋漏地层并延伸至地面,由于不能有效地控制井口,井喷处理难度比常规井大;浅层气井喷会在短时间内将井内钻井液喷空造成井塌以致井眼报废,井壁砂石块及大量泥砂易随气流喷发出来,使套管及井口装置迅速磨损和失效;喷出的砂石撞击井架,常常引起井喷着火而烧毁钻井设备。

2. 浅层气井的井控措施

只有在井内下入足够深的套管或导管，并且套管鞋坐于较为坚硬的地层中时才能实施关井，维持井口压力；否则，钻遇浅层气只能分流放喷，不能完全封闭井口。由于浅层气井涌多发生在停泵接单根或起下钻过程中，因此钻进和接单根前如有流量异常显示，要停钻并尽量维持循环，一是可以给井底增加一定的附加压力，再则有利于使浅层气避免在井内形成集中气柱，便于分散带出。起钻要做好以下井控措施：

（1）特别注意起最初几个立柱时，每柱都要将环空灌满钻井液。

（2）专人观察出口管，在每起2个立柱之间，井口有无钻井液外流。

（3）起钻过程中使用灌浆罐，准确计量并检查灌入的钻井液量是否与起出钻具体积相符。

（4）起钻中发现有异常显示，立即采取措施。

对于浅层气，分流的优点多于关井。原则上，当套管下得浅，套管鞋处地层不能承受关井压力或井涌流体有可能沿井口周围窜到地面时均不能关井，应使用分流器放喷。在关井分流全过程中，一直保持出口阀门的开启状态。浅层气井其关井分流程序如下：

（1）发出报警信号。

（2）停转盘。

（3）上提钻具至合适位置，停泵。

（4）打开分流器系统放喷管线上的放喷阀门。

（5）关闭分流器。

（6）立即启动钻井泵，以最大排量向井内泵入重钻井液。

第二节 井控设备

井控设备是指实施油气井压力控制技术所需的专用设备、管汇、工具、仪器和仪表等。在钻井过程中，为了防止地层流体侵入井内，始终要保持井筒内的钻井液静液压力略大于地层压力。但在实际施工中，常因多种因素的影响，使井内压力平衡遭到破坏而出现溢流，甚至井喷，这时就需要依靠井控设备控制井口并实施压井作业，重新恢复对油气井的压力控制。

一、井控设备概述

（一）井控设备的功用

井控设备是对油气井实施压力控制，对溢流进行监测、控制、处理的关键手段，是实现安全钻井、预防井喷事件的可靠保证，是钻井设备中必不可少的系统装备。其功用主要包括：

（1）及时发现溢流。在钻井过程中，利用专用仪器、仪表等能够对地层压力、钻井参数、钻井液量等进行实时监测，以便及时发现溢流显示，尽早采取控制措施。

（2）能够关闭井口，控制溢流。溢流发生后，利用钻具内防喷工具和防喷器迅速关闭井口，密封钻具内和环空的压力，防止发生井喷，并通过建立足够的井口回压，实现对地层压力的二次控制。

（3）压井作业时，井内流体可控制地进行排放。实施压井作业时，控制节流管汇上节流阀开启度维持足够的井底压力，重建井内压力平衡。也可通过节流管汇控制流体流动方向。

（4）允许向钻柱内或环空泵入钻井液、压井液或其他流体。

（5）在必要时能够利用关闭状态的环形防喷器、闸板防喷器或专用的强行起下钻装置，将钻具强行下入井中或从井中起出钻具。

（二）井控设备的主要装置

井控设备包括井口装置、控制装置、井控管汇、钻具内防喷工具、井控仪表、辅助设备和专用设备等。具体主要由以下几部分组成：

（1）井口装置：主要包括环形防喷器、闸板防喷器、分流器、旋转防喷器、钻井四通及套管头等。

（2）控制装置：主要包括远程控制台、司钻控制台、辅助控制台等。

（3）井控管汇：包括节流管汇、压井管汇、防喷管线、放喷管线、反循环管线、钻井液回收管线等。

（4）钻具内防喷工具：主要包括方钻杆上下旋塞阀、顶驱液动和手动旋塞阀、钻具止回阀（箭形止回阀、投入式止回阀、钻具浮阀等）、防喷单根、防喷立柱等。

（5）井控仪表：主要包括钻井液液面监测报警仪、返出流量监测报警仪、钻井泵泵冲记数仪、有毒有害及易燃易爆气体检测报警仪和钻井液温度、密度等参数的检测仪器等。

（6）辅助设备：主要包括液气分离器、除气器、加重装置、起钻自动灌浆装置、点火装置等设备。

（7）专用设备：主要包括强行起下钻装置、灭火设备、带压密封钻孔装置、水力切割工具及拆装井口工具等。

二、井控设备的选择

由于油气井本身情况各不相同，井口所装防喷器的类型、数量、组合并不一致。防喷器的类型、数量、压力等级、通径大小的确定是由很多因素决定的。节流及压井管汇的压力级别应与井口所装防喷器压力级别相匹配。

（一）防喷器公称通径的选择

防喷器的公称通径与套管头下的套管尺寸相匹配，能通过作业所需要的钻头、工具与钻具等，顺利进行钻井作业。防喷器公称通径的选择要根据钻井工程的实际情况决定。国内液压防喷器的公称通径尺寸有 10 种规格，即：179.4mm、228.6mm、279.4mm、346.1mm、425.4mm、476.2mm、527.0mm、539.8mm、679.5mm、762.2mm。

（二）防喷器压力等级的选择

防喷器压力等级原则上应与相应井段中的最高地层压力相匹配，同时综合考虑套管最小抗内压强度的 80%、套管鞋处地层破裂压力、地层流体性质等因素。进行探井、三高油气井钻井作业时，为确保关井的可靠性，选择防喷器时也可提高其压力等级。国内常用的液压防喷器的额定工作压力共有 6 个压力级别，即：14MPa、21MPa、35MPa、70MPa、105MPa、140MPa。

（三）控制装置的选择

控制装置的控制点数除满足防喷器组合及防喷管线上液动平板阀所需的控制数量外，还需增加一个作为备用的控制点数。

控制装置的控制能力，为最低限度的要求。远程控制台应有足够的在停泵、井口无回压时关闭一套全开状态的环形防喷器和闸板防喷器组并打开液动放喷阀的液体量，且剩余液压应不小于 1.4MPa（即蓄能器压力不小于 8.4MPa）。通常情况下，作业现场为了保证安全，将防喷器组中全部防喷器的关闭液量增加 50%的安全系数作为蓄能器组的可用液量，以此标准来选择控制装置的控制能力。

三、环形防喷器

环形防喷器，俗称万能防喷器，它具有承压高、密封可靠、操作方便、开关迅速等优点，适用于密封各种形状和不同尺寸的管柱，也可全封闭井口。现场常用的环形防喷器按其所用胶芯的形状不同，分为锥形胶芯环形防喷器和球形胶芯环形防喷器，如图 5-1 所示。

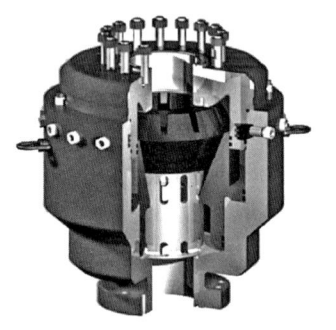

(a) 锥形胶芯环形防喷器　　　　(b) 球形胶芯环形防喷器

图 5-1　环形防喷器

（一）用途

环形防喷器是井口防喷器组中的重要组成部分，在钻井作业中主要用途是控制井口压力，有效地防止井喷发生，实现安全施工。环形防喷器必须配备防喷器液压控制装置方能使用，通常它与闸板防喷器配套使用，也可单独使用。环形防喷器可以完成以下作业：

(1) 当井内有钻具、套管或油管时，能用一种胶芯封闭各种不同尺寸的环形空间。

(2) 当井内无钻具时，能全封闭井口。

（3）在进行钻井、取心、测井等作业中发生溢流时，能封闭方钻杆、取心工具、电缆及钢丝绳等工具与井筒所形成的环形空间。

（4）封井状态在合适的液控油压下，能通过18°斜坡接头的钻杆，进行强行起下钻作业。

（二）工作原理

关闭环形防喷器时，从控制装置来的高压油从环形防喷器壳体下部油口进入关闭腔，推动活塞上行，活塞推动胶芯，在顶盖的限制下，迫使胶芯向井眼中心运动，胶芯的支承筋互相靠拢，胶芯中间的橡胶被挤向井口中心，直至抱紧钻具或全封闭井口，实现封井的目的。在活塞上行过程中，开启腔内的液压油流回控制装置油箱。

当需要打开环形防喷器时，从控制装置来的高压油从环形防喷器壳体上部油口进入开启腔，推动活塞下行，胶芯在本身弹性力作用下逐渐复位，打开井口。在活塞下行过程中，关闭腔内的高压油泄压并流回控制装置油箱。

（三）安全使用技术要求

（1）在井内有钻具时发生溢流，可先用环形防喷器控制井口，需要时再使用闸板防喷器封井。

（2）环形防喷器的关井油压不允许超过10.5MPa，关井后，为延长胶芯使用寿命，可根据井口压力、所封钻具尺寸及下步所需作业的情况，降低关井的液控油压。

（3）非特殊情况，不应用环形防喷器封闭空井，否则会减少胶芯的使用寿命；在封空井时环形防喷器最大控制井口压力为额定工作压力的一半。

（4）用环形防喷器封闭钻具，在关井套压不超过14MPa的情况下，可以上下活动钻具。活动钻具时，应该适当降低环形防喷器的液控油压，以不大于0.2m/s的速度慢速活动钻具。大幅度上下活动钻具可能会降低或增加井底压力，造成地层流体进入井内或增加压漏地层的风险。

（5）关井套压不超过7MPa的情况下，用环形防喷器进行不压井起下钻作业时，应使用18°斜坡接头的钻杆，环形防喷器要使用尽量较低的液控油压封井，起下钻速度不得大于0.2m/s，接头通过环形防喷器胶芯时速度要更慢些。在进行不压井起下钻作业及活动钻具时，允许钻井液有少量的渗漏，可以润滑胶芯，减少胶芯的磨损。

（6）严禁用打开环形防喷器的办法来泄井内压力，防止发生井喷或刺坏胶芯。

（7）每次开井后必须检查胶芯是否完全打开，以防起下钻具挂坏胶芯。

（8）进入目的层时，要求环形防喷器做到开关灵活、密封良好；每次起钻前，要试开关环形防喷器一次，发现问题需及时处理。

四、闸板防喷器

闸板防喷器是井口防喷器组的重要组成部分，钻井作业期间发现溢流，通过关闭闸板防喷器可实现对井内压力的控制。钻井作业现场使用的闸板防喷器为液压闸板防喷器，利用液压可实现闸板迅速封闭或打开井口。按所能配置的闸板数量不同，钻井现场常用的闸板防喷器为：单闸板防喷器、双闸板防喷器（图5-2）。

(a) 单闸板防喷器　　(b) 双闸板防喷器

图 5-2　闸板防喷器

（一）用途

（1）井内有钻具或套管时，可使用与钻具或套管尺寸相符的半封闸板或变径闸板封闭井口环形空间。

（2）当井内无钻具时，可使用全封闸板封闭空井口。

（3）安装有剪切闸板时，紧急情况下可用剪切闸板剪断井内钻具。

（4）某些闸板防喷器的闸板允许承重，可用以悬挂一定重量的钻具。

（5）在关闭防喷器的情况下，可通过闸板防喷器壳体上的侧孔外接管线以便为节流、压井、放喷等作业提供通道。

（二）工作原理

闸板防喷器的关井、开井动作是靠液压来实现的。

关井时，来自控制装置的高压液压油进入闸板防喷器两侧油缸的关井油腔，推动活塞与活塞杆，带动左右闸板总成沿着闸板室内导向筋限定的轨道，分别向井眼中心移动；同时，开井油腔里的液压油在活塞推动下，经液控管路流回控制装置油箱，实现关井。

开井时，高压液压油进入闸板防喷器两侧油缸的开井油腔，推动活塞与闸板离开井眼中心，闸板缩入闸板室内；同时，关井油腔里的液压油则经液控管路流回控制装置油箱，实现开井。

（三）安全使用技术要求

（1）半封闸板的尺寸应与所用钻杆、套管等管柱尺寸相对应。

（2）井中有钻具时切忌用全封闸板关井。

（3）防喷器组中有多套相同尺寸的半封闸板时，优先使用最上方的半封闸板。

（4）井口闸板防喷器组应记清半封、全封及剪切闸板的安装位置。

（5）手动锁紧装置的闸板防喷器在长期封井时应手动锁紧闸板。

（6）手动锁紧装置的闸板防喷器在开井前必须先确认闸板已经手动解锁，然后再液压开井，未解锁不允许液压开井。

（7）闸板在手动锁紧或手动解锁操作时，两手轮必须旋转足够的圈数，确保锁紧轴到位；解锁后应反向旋转 1/4~1/2 圈。

（8）液压开井操作完毕后应到井口检查闸板是否完全打开；未完全打开不允许上提钻具。

（9）半封闸板关井后严禁转动钻具。

（10）严禁用打开闸板的方式来泄井内压力。易刺坏闸板前部密封胶芯；也可能会损坏活塞杆与闸板的连接处。

（11）进入油气层后，每次起下钻前应对闸板防喷器开关活动一次。

（12）正常液控油压下，半封闸板不准在空井条件下试关井，如需在空井条件下对闸板防喷器进行功能测试，应在控制装置上将液控油压降至3MPa或更低压力再进行。

（13）闸板防喷器处于"待命"工况时，应确保活塞杆二次密封装置观察孔的畅通。

（14）发生溢流关闭闸板防喷器后，应有专人负责注意检查其四处密封是否密封可靠。

五、液压防喷器控制装置

液压防喷器控制装置（简称控制装置或液控系统）是控制井口防喷器组、液动放喷阀实现迅速开关的重要设备，是保障钻井作业期间发生溢流迅速控制井口、防止井喷不可缺少的装置。液压防喷器控制装置如图5-3所示。

图5-3 液压防喷器控制装置

（一）用途

控制装置的用途就是预先制备与储存足量的液压油，并控制液压油的流动方向，使防喷器得以迅速关闭或打开。当液压油使用消耗，蓄能器储存的油量减少，油压降低到一定程度时，控制装置能自动补充储油量，使液压油始终保持在一定的压力范围内。

（二）组成

钻井使用的控制装置通常由远程控制台（又称蓄能器装置或远控台）、司钻控制台（又称遥控装置或司控台）以及辅助控制台（又称辅助遥控装置）组成。另外，还可以根据需要增加氮气备用系统和压力补偿装置等辅助设备来增加其辅助功能。

（三）安全使用技术要求

（1）远程控制台安装在面对井架大门左侧、距井口不少于25m的专用活动房内。

（2）控制装置专线供气，不应强行弯曲和压折气管线，气源压力保持在0.65~1MPa。

（3）电源应专线供电，不应与井场电源混淆，以免在紧急情况下井场电源被切断时影响电泵正常工作。

（4）各控制阀的操作手柄应处于与控制对象工作状态相一致的位置，控制环形防喷器的三位四通转阀手柄处于中位。

（5）控制装置上控制剪切闸板的三位四通转阀应安装防误操作的防护罩和锁定销；控制全封闸板的三位四通转阀应安装防误操作的防护罩。

（6）蓄能器胶囊中只能预充氮气，不应充压缩空气，绝对不能充氧气或其他易燃气体。

（7）往蓄能器胶囊充氮气时应使用充氮工具，并在充氮前首先泄掉蓄能器里的压力油，即必须在无油压条件下充氮。

（8）待命状态下，蓄能器压力18.5~21MPa，汇流管压力10.5MPa，环形防喷器压力10.5MPa，动力泵可自动启停以维持蓄能器压力稳定。

六、套管头

套管头是套管与井口装置之间的重要连接件，它的下端通过螺纹、卡瓦或焊接的方式与表层套管相连，上端通过法兰或卡箍连接钻井四通及防喷器等装置。套管头是钻完井期间及全生命周期中的重要井筒屏障部件，是用于悬挂套管及密封环形空间的重要装置。在钻完井期间，与防喷器组一起构成井控部件，完井之后，又是采油气井口装置的永久性组成部分。

（一）分类

套管头类型分为标准套管头和简易套管头。标准套管头按悬挂套管层数可分为：单级套管头、双级套管头和多级套管头，如图5-4所示。

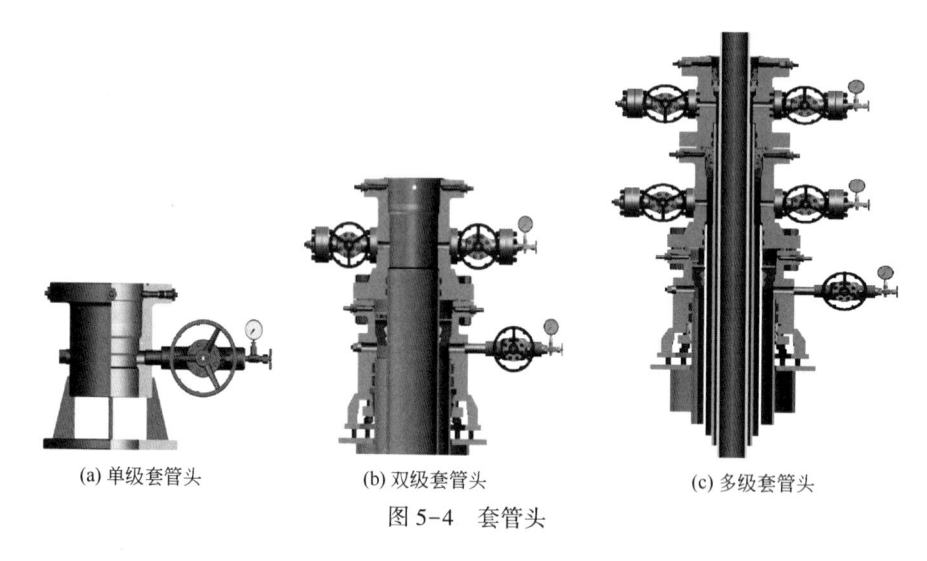

(a) 单级套管头　　(b) 双级套管头　　(c) 多级套管头

图5-4　套管头

（二）用途

套管头是连接套管与井口装置的重要设备，其主要作用包括：

（1）通过悬挂器支撑除表层套管之外各层套管的重量。

（2）承受井口装置的重量，快速而又可靠地连接套管柱。

（3）承受井内介质压力，形成主、侧通道。

（4）在内外层套管之间形成压力密封，对套管柱间的环空进行压力检测，使井内的水泥浆和钻井液返出或在紧急情况下向井内泵入流体。

（三）安全使用技术要求

（1）含硫油气井、高压油气井、天然气井、高气油比油井、探井、深井和复杂井，应安装使用标准套管头。

（2）选用 35MPa 及以上额定工作压力的套管头，应具有两道 BT 密封注脂结构，并根据季节选择夏季或冬季用密封脂。

（3）套管头上、下本体的连接不允许使用螺纹损坏、螺杆变形的螺栓和螺母，所使用的金属密封垫环存放及安装时不能与其他物体发生磕碰。

（4）每次安装套管头后，应安装防磨套，并对称均匀顶紧顶丝。

（5）定期对各级套管头进行注塑、试压检查，并做好记录。

（6）通过套管头侧通道进行注水泥浆、排泄压等作业后，应及时对侧通道进行冲洗，保障侧通道的通畅，阀门开关灵活及密封良好。

七、井控管汇

井控管汇包括节流管汇、压井管汇、防喷管线、放喷管线及钻井液回收管线等，如图 5-5 所示。通常情况下，面向井架大门，井口钻井四通右翼安装节流管汇，左翼安装压井管汇，通过防喷管线及闸阀将其连接；节流管汇下游的放喷管线为主放喷管线，压井管汇下游的放喷管线为副放喷管线。

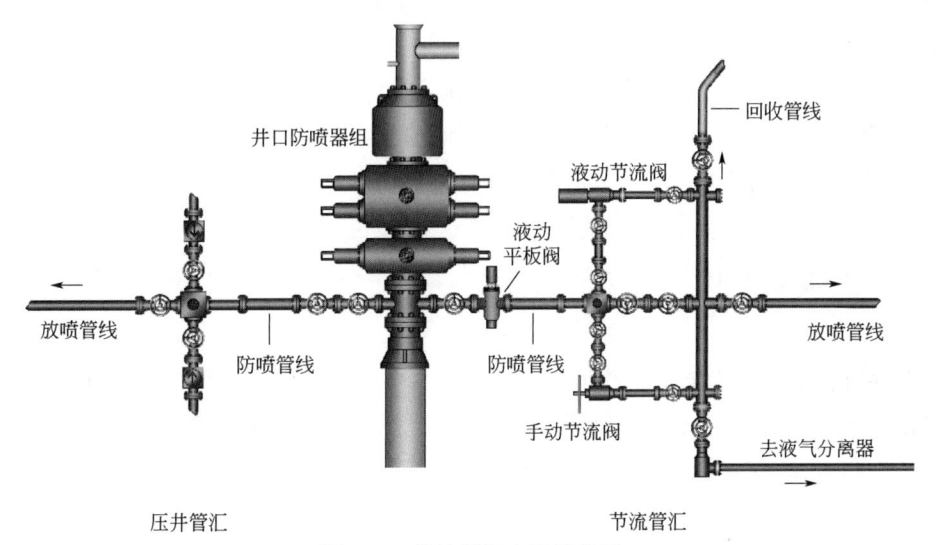

图 5-5 井控管汇布局示意图

（一）节流管汇的功用

节流管汇是用于在防喷器关闭期间，控制井内流体的流速与压力的装置。其功用主要包括：

（1）当井内压力升高或实施节流循环压井时，可通过节流管汇上节流阀的开启度大小来控制井内流体，通过井口回压，维持井底压力略大于地层压力，控制和排除溢流。

（2）井口压力过高危及井控安全时，可通过放喷泄流，降低井口套管压力，保护井口防喷器组及防止压漏地层。

（3）发生溢流进行"软关井"时，通过节流阀的泄压作用，降低井口压力和减少"水击效应"，实现安全关井。

（4）起分流放喷作用，将溢流物引出井场以外，防止井场着火和人员中毒，确保作业安全。

（二）压井管汇的功用

压井管汇是用于防喷器关闭期间，通过它向井口泵入流体的装置。其功用主要包括：

（1）关井状态，通过压井管汇往井眼内强行泵入压井液压井。

（2）发生井喷时，通过压井管汇往井眼内强行泵入清水，稀释和冷却喷出物，以防井口燃烧起火。

（3）发生井喷着火时，通过压井管汇往井眼内强行泵注灭火剂，以助灭火。

（4）需要时，启用压井管汇侧的副放喷管线，分流放喷降低井口压力。

（三）安全使用技术要求

（1）选用节流管汇、压井管汇时，必须考虑预期控制的最高井口压力、控制流量以及防腐等工作条件。

（2）节流管汇、压井管汇的压力等级应与井口防喷器组压力等级相匹配。

（3）节流管汇五通上要接有高、低压量程的压力表，低量程压力表下安装有截止阀。

（4）节流阀开位处于3/8~1/2之间，实施软关井时，先关防喷器，然后再关闭节流阀试关井。

（5）平板阀的阀板处于浮动才能密封，因此开关到底后必须回旋1/4~1/2圈。

（6）平板阀是一种截止阀，不能用来泄压或节流。

（7）压井管汇不能在起钻时用于灌钻井液，否则将冲蚀管线与阀件，降低压井管汇的耐压性能和寿命。

八、钻具内防喷工具

在钻井过程中发生溢流，防喷器只能关闭钻具与套管间的环形空间，为了防止钻井液沿钻柱水眼向上喷出，造成水龙带因高压憋坏，需使用钻具内防喷工具。钻具内防喷工具按其结构不同可分为钻具止回阀和旋塞阀两大类。

（一）钻具止回阀

钻具止回阀是一种单向阀，它安装到钻柱上后，只允许钻柱内的流体自上而下流动，而不允许其向上流动，从而达到防止钻具内喷的目的。现场常用的钻具止回阀包括箭形止回阀、投入式止回阀和钻具浮阀。

1. 箭形止回阀

箭形止回阀使用时安装在方钻杆下部或安装在钻柱中。为方便在起下钻杆时及时控制钻柱水眼，钻台上也常备有与在用钻杆尺寸相符并带有顶开装置的箭形止回阀，称为应急止回阀。箭形止回阀如图5-6所示。

2. 投入式止回阀

投入式止回阀由止回阀及联顶接头两部分组成，如图 5-7 所示。联顶接头预先安装在钻柱需要的位置，因无止回阀，钻井液循环畅通。当发生溢流需控制钻具水眼或要进行不压井起下钻作业时，在钻具水眼中投入止回阀。止回阀坐落到联顶接头处就位后，止回阀与联顶接头总成组成了一套内防喷工具，可正常循环钻井液或压井作业，在停泵后又能防止流体自钻柱水眼上返。

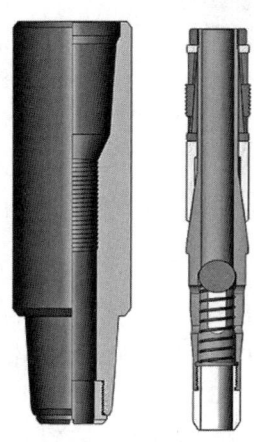

图 5-6　箭形止回阀　　　　图 5-7　投入式止回阀

3. 钻具浮阀

钻具浮阀由本体和浮阀芯组成，工作时钻具浮阀连接在钻柱中，一般情况下，钻具浮阀均安装在近钻头端，当循环停止时能关闭钻具水眼，防止井内流体进入钻具水眼，具有防止返喷和防止钻屑堵塞钻井水眼的作用。浮阀芯根据结构不同分为板式（G 型）和箭式（F 型），如图 5-8 所示。

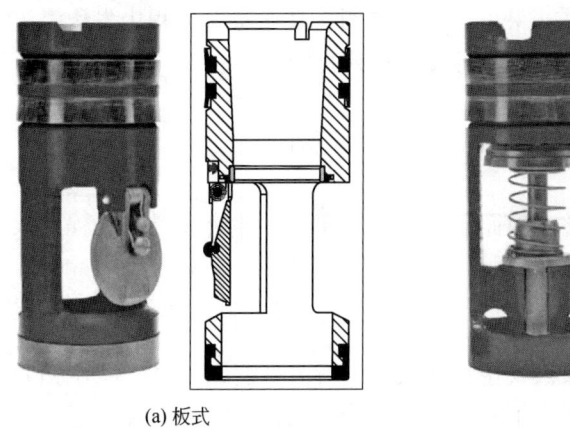

(a) 板式　　　　(b) 箭式

图 5-8　浮阀芯

（二）旋塞阀

旋塞阀是防止钻柱水眼内喷的有效工具之一，如图 5-9 所示。它安装在方钻杆或顶驱上，为方便在起下钻杆时及时控制钻柱水眼，钻台上也常备有单独的旋塞阀，称为应急旋塞阀。

钻井作业时，方钻杆旋塞阀或顶驱旋塞阀的中孔畅通并不影响钻井液的正常循环。当发生井涌或井喷时，一方面用井口防喷器组封闭井口环形空间，同时根据需要酌情关闭方钻杆或顶驱上的旋塞阀，切断钻柱内部通道，实现防喷的目的，同时也阻止钻井液沿钻具水眼上窜，避免水龙带被憋破或钻井泵安全阀被憋开。方钻杆或顶驱上都有两个旋塞阀，当一个旋塞阀失效时，可提供第二个旋塞阀使用。施工过程中，为方便在起下钻杆过程中及时控制钻柱水眼，钻台上也要备有应急旋塞阀。为方便人员搬运，应急旋塞阀上要安装有专用的抢接工具。

图 5-9 旋塞阀

（三）安全使用技术要求

（1）方钻杆下旋塞不能与其下部钻具直接连接，应通过保护接头与下部钻具连接。

（2）对正在使用的每种规格的钻杆，应该在钻台上准备相应规格的应急旋塞阀和应急止回阀。

（3）旋塞阀在紧扣时应注意吊钳扣合位置，不允许吊钳的钳牙咬合在操作键部位。旋塞阀只有在转盘面以上的位置时，才可实现其开关操作。

（4）钻具止回阀每次下钻前，应检查止回阀的密封和有无堵塞、刺漏等情况。

（5）浮阀芯安装时应注意安装方向，浮阀芯有三个缺口的一端向上。

（7）钻具中安装有钻具止回阀时，下钻 20~30 柱应向钻具水眼内灌满钻井液。下钻至主要油气层顶部后，要先把钻具内灌满钻井液，再循环一周排出环空可能存在的地层油气后方可继续下钻。

（8）钻具浮阀每次使用后，现场人员必须对阀芯与阀体进行检查。

（9）钻柱中的止回阀失效或未装钻具止回阀时，在起下钻过程中发生溢流，在关闭防喷器前，应首先抢接处于打开状态的应急旋塞阀或止回阀。

九、井控辅助设备

井控辅助设备包括除气设备、液面监测装置、灌注钻井液装置及远程点火装置等。都是确保井控安全不可缺少的设备设施。

（一）除气设备

在油气层钻进时，当钻井液被气侵，尤其是进行欠平衡钻井时，气侵钻井液如不能得到及时的处理，轻者使钻井泵效率下降，重者会造成钻井液密度下降并形成恶性循环，使井内液柱压力急剧下降，很容易引起溢流乃至井喷。因此，在钻探井、气井或气油比高的油井时必须配备除气设备。目前钻井现场常用的除气设备有液气分离器和除气器。

当钻井液中含有气体时，可使用钻井液循环罐上的真空除气器进行除气处理，保持钻井液密度等性能稳定。当发生气侵溢流关井后，可通过节流管汇先经液气分离器脱掉气侵钻井液中的大气泡，然后将其送入真空除气器进一步脱气，有效地恢复其密度，避免盲目加重而带来加重剂的大量浪费或把地层压漏，同时有利于压井时迅速地排除溢流。

（二）液面监测装置

钻井液液面监测装置按照其监测液面的方式与位置不同，主要分为两种类型：钻井液循环罐液面监测装置和井筒液面监控装置。

循环罐液面监测装置是一种测量循环罐内钻井液体积的仪器，现场常用的是安装在循环罐上的超声波液位传感器对循环罐的钻井液液面进行监测，通过循环罐内钻井液体积的变化发现溢流、井漏等异常显示并报警。

井筒液面监测装置是一种可以监测井筒内液面高度的仪器，主要用于监测钻井发生失返性漏失后井筒环空液面高度变化情况，通过在井口发声装置发射声波脉冲在遇到井筒内液面后产生反射波，利用测得声波的反射时间自动计算井筒内钻井液液面到井口的距离。

（三）灌注钻井液装置

灌注钻井液装置是起下钻过程中最可靠的测量设备。灌注钻井液装置中的灌浆罐（也称为计量罐）安装液面标尺或超声波探测仪等直读监测报警装置。起钻时，灌浆泵将灌浆罐内钻井液灌入井内后，通过液面下降值求得准确的灌浆量；下钻时，井筒返出的钻井液全部流回灌浆罐，通过液面上升值求得准确的返浆量；这样就可以实现对灌入量及返出量的双重监测。起下钻时，为准确测量灌入或返出的钻井液量，要求井筒返出的钻井液应直接全部进入灌浆罐。灌浆罐相对独立，且又方便地与其他钻井液循环罐通过管线及阀门连通，方便起下钻过程中对灌浆罐进行倒浆操作。

（四）远程点火装置

在处理气体溢流的过程中，要使用液气分离器将混合在钻井液中的天然气进行分离处理，从分离器出来的天然气要用排气管线引出井场一定距离烧掉，放喷泄压时放出的钻井液混有大量天然气时同样要烧掉，远程点火装置就是为解决井筒返出含天然气钻井液的远程点火问题而设计的。远程点火装置分为放喷管线点火装置和分离器点火装置。点火方式有采用液化气作为引火介质的电子点火与等离子电弧自动点火等。当在油气层中钻进的时候，每班须进行一次点火试验，以检查点火器的状态。

第六章　含硫油气井钻井安全

第一节　硫化氢气体的危害

一、基本概念

阈限值是指在硫化氢环境中未采取任何人身防护措施，不会对人身健康产生伤害的空气中硫化氢的最大浓度值。硫化氢阈限值为 15mg/m³（10ppm）。

安全临界浓度是指在硫化氢环境中 8h 内未采取任何人身防护措施，可接受的空气中硫化氢的最大浓度值。硫化氢安全临界浓度为 30mg/m³（20ppm）。

危险临界浓度是指在硫化氢环境中未采取任何人身防护措施，对人身健康会产生不可逆转或延迟性影响的空气中硫化氢的最小浓度值。硫化氢的危险临界浓度为 150mg/m³（100ppm）。

硫化氢环境是指含有或可能含有硫化氢的区域。

搬迁区域是指假定发生硫化氢泄漏时，经模拟计算或安全评价，空气中硫化氢浓度可能达到 1500mg/m³（1000ppm）时，应形成无人居住的区域。

应急撤离区域是指发生硫化氢泄漏时，人员应进行撤离的区域。当空气中硫化氢浓度达到安全临界浓度时，无任何人身防护的人员应进行撤离的区域；当空气中硫化氢浓度达到危险临界浓度时，有人身防护的现场人员，经应急处置无望，可进行撤离的区域。

二、硫化氢的物理化学性质

硫化氢是一种无色、剧毒、弱酸性气体。相对密度 1.189，比空气重。自燃温度为 260℃，燃烧时带蓝色火焰。当硫化氢与空气混合，浓度达 4.3%~46%时，形成爆炸混合物。硫化氢可溶于水和油，溶解度随溶液温度升高而下降。硫化氢有明显的臭鸡蛋味，在较低浓度时就容易辨别出，随着浓度升高很快造成人的嗅觉疲劳，不再能通过气味来辨别。

三、钻井作业中硫化氢的来源

油气井中硫化氢的来源可归结为以下几个方面：
(1) 某些钻井液处理剂高温热分解产生硫化氢。

(2) 细菌作用产生硫化氢。

(3) 某些螺纹脂在高温中与游离硫反应生成硫化氢（在含硫油气井中禁止使用红丹螺纹脂）。

(4) 钻入含硫化氢地层、地层流体侵入钻井液，这是钻井液中硫化氢的主要来源。

四、硫化氢对人体及材料的危害

（一）硫化氢对人体的影响

硫化氢几乎与氰化氢同样剧毒，较一氧化碳的毒性大 5~6 倍。首先刺激呼吸道使嗅觉钝化、咳嗽，严重时将其灼伤。

其次，刺激神经系统，导致头晕等。严重时，导致心脏缺氧死亡。硫化氢进入人体，与血液中的溶解氧发生反应。浓度极低时，将被氧化，对人体威胁不大，而浓度较高时，将夺去血液中的氧使人体器官缺氧而中毒，甚至死亡。

硫化氢中毒症状：

(1) 急性中毒。吸入高浓度的硫化氢气体会导致气喘，脸色苍白，肌肉痉挛，瘫痪。当硫化氢浓度达到 700ppm 以上时，很快失去知觉，几秒钟后就可能出现窒息、呼吸和心跳停止，如果没有外来人员及时采取措施抢救，中毒者一般无法自救，最终由于呼吸和心跳停止而迅速死亡。当遇到硫化氢浓度在 2000ppm 以上的毒气时，仅吸一口，就可能死亡，一般很难抢救。

(2) 慢性中毒。人长时间暴露于硫化氢浓度高于 100ppm 的空气中也有可能造成窒息和死亡（据资料介绍在硫化氢浓度达 100ppm 的空气中暴露 4h 以上将导致死亡）。如果人暴露在硫化氢浓度的环境中（50~200ppm），硫化氢将对人体产生慢性中毒，主要是眼睛感觉剧痛，连续咳嗽，胸闷和皮肤过敏等。

不同浓度的硫化氢对人体的伤害程度，见表 6-1。

表 6-1　硫化氢浓度与危害程度表

在空气中的浓度			暴露于硫化氢环境中的典型特征
%（体积分数）	ppm	mg/m³	
0.000013	0.13	0.18	通常，在大气中含量为 0.18mg/m³（0.13ppm）时，有明显的异常气味，在大气中含量为 6.9mg/m³（4.6ppm）时就相当显而易见。随着浓度的增加，嗅觉就会疲劳，气体不再能通过气味来辨别
0.001	10	14.41	有异常气味，眼睛可能受刺激，推荐的阈限值（8h 加权平均值）
0.0015	15	21.61	推荐的 15min 短期暴露范围平均值
0.002	20	28.83	在暴露 1h 或更长时间后，眼睛有烧灼感，呼吸道受到刺激
0.005	50	72.07	暴露 15min 或 15min 以上的时间后嗅觉就会丧失，如果时间超过 1h，可能导致头痛、头晕和（或）摇晃，超过 72mg/m³（50ppm）将会出现肺浮肿，也会对人员的眼睛产生严重刺激或伤害
0.01	100	144.14	3~15min 就会出现咳嗽、眼睛受刺激和失去嗅觉，在 5~20min 过后，呼吸就会变样、眼睛就会疼痛并昏昏欲睡，在 1h 后就会刺激喉道，延长暴露时间将逐渐加重这些症状

续表

在空气中的浓度			暴露于硫化氢环境中的典型特征
%（体积分数）	ppm	mg/m³	
0.03	300	432.4	明显的结膜炎和呼吸道刺激
0.05	500	720.49	短期暴露后就会不省人事，如不迅速处理就会停止呼吸，头晕、失去理智和平衡感。需要迅速对患者进行人工呼吸和（或）心肺复苏
0.07	700	1008.55	意识快速丧失，如果不迅速营救，呼吸会停止并导致死亡，必须立即进行现场急救
1.10+	1000+	1440.98+	立即丧失知觉，结果将会产生永久性的脑伤害或脑死亡，必须迅速进行现场急救

（二）硫化氢对金属、非金属材料的腐蚀

硫化氢溶于水形成弱酸，对金属的腐蚀形式有电化学失重腐蚀和氢损伤，以后者为主，多数表现形式为氢脆破坏。氢脆破坏往往造成井下管柱的突然断落、地面管汇和仪表的爆破及井口装置的破坏，甚至发生严重的井喷失控或着火事故。

在地面设备、井口装置、井下工具中，都有橡胶、浸油石墨、石棉绳等非金属材料制作的密封件，在硫化氢环境中使用一定时间后，橡胶会产生鼓泡、胀大，失去弹性。浸油石墨及石棉绳上的油被溶解而导致密封件失效。

（三）硫化氢对钻井液的污染

硫化氢主要对水基钻井液污染较重，它会使钻井液的性能发生很大变化，如密度下降，pH值下降，黏度上升，以致形成不流动的冻胶，颜色变为瓦灰色、墨色或墨绿色。

第二节 硫化氢环境钻井设计

一、一般规定

（1）地质设计应根据地质资料对地层中硫化氢的含量进行预测，并在设计书中明确预测结果。

（2）钻井工程设计应根据钻井地质设计和临井钻井有关资料制定，并对地质设计中的硫化氢预测结果、安全提示制定相应的安全技术措施。

（3）设计应按规定程序审批，如需变更应按审批程序进行变更审批。

二、地质设计

（1）预告地层压力、流体类型、含硫地层及其深度和预计硫化氢含量。

（2）油气井井口距高压线及其他永久性设施不小于75m，距民宅不小于100m，距铁

路、高速公路不小于 200m，距学校、医院和大型油库等人口密集性、高危性场所不小于 500m。

（3）根据对井场周边的地形、地貌、气象情况以及居民住宅、学校、厂矿（包括开采地下资源的矿业单位）、地下矿井坑道、国防设施、高压电线和水资源等的分布情况的实地勘察，做出地质灾害危险性及环境、安全评估。

（4）在设计书中标明探井距井口 3000m、生产井距井口 2000m 范围内的居民住宅、学校、医院、厂矿、公路和铁路等的分布位置；详查距井口 500m 范围内的居民和其他人员（学校、医院、地方政府、厂矿等）的分布情况。

（5）井场应选在空旷的位置，在前后或左右方向应与当地季节的主要风向一致。

（6）含硫化氢天然气井应按 SY/T 6277—2017《硫化氢环境人身防护规范》的规定进行危害程度分级和设计井口与公众之间的安全防护距离。

三、钻井工程设计

（一）井身结构设计

（1）含硫化氢油气井套管应符合相应硫化氢防护，满足生产周期要求。

（2）对含硫化氢油气层上部的非油气矿藏开采层应下套管封住，套管鞋深度应大于开采层底部深度 100m 以上。目的层为含硫化氢油气层，其以上地层压力梯度与之相差较大的地层也应下套管封隔。

（二）随钻地层压力预测与监测

应利用地震、地质、钻井、录井和测井等资料预测地层压力和随钻监测；并根据岩性特点选用不同的随钻监测地层压力方法。

（三）钻井液设计

（1）钻开硫化氢含量大于 1500mg/m³（1000ppm）的地层设计钻井液密度，其安全附加密度在规定的范围内（油井为 0.05~0.10g/cm³，气井为 0.07~0.15g/cm³）时应取上限值；或附加井底压力在规定的范围内（油井为 1.5~3.5MPa，气井为 3~5MPa）时应取上限值。井深不大于 4000m 的井，应附加压力；井深大于 4000m 的井，应附加系数。

（2）应储备不低于 1 倍井筒容积的加重钻井液，同时储备能配制不低于 0.5 倍井筒容积加重钻井液的加重材料和处理剂；预探井、区域探井在地质情况不清楚的井段，应加大加重钻井液储备量。

（3）加重钻井液密度按设计最高钻井液密度附加 0.20g/cm³，若实钻地层压力高于最高预测地层压力时，加重钻井液密度做相应调整。

（4）气层应添加相应的除硫剂并控制钻井液 pH 值，在钻开含硫化氢油气层前 50m，将钻井液的 pH 值调整到 9.5 以上直至完井，采用铝制钻具时，pH 值控制在 9.5~10.5。

（5）含硫化氢层段不应开展欠平衡钻井作业和气体钻井作业。

（四）钻柱设计

应使用满足硫化氢环境作业的钻具。

（五）钻机

根据最大钩载和防喷器组最大高度等相关参数确定钻机类型，钻机底座高度应满足含硫化氢油气井所需防喷器组的安装高度。

（六）取心设计

在含硫油气层中取心钻进必须使用非投球式取心工具，止回阀接在取心工具与入井第一根钻铤之间。

（七）电测

（1）应安装满足要求的电测专用井口防喷设备。

（2）电测前井内情况应正常、压稳；若电测时间长，应考虑中途通井循环再电测。

（3）空井或电测时，应及时灌钻井液，保证液面在井口，坐岗人员不间断观察井口，定时做好记录。

（4）电测时发生溢流应尽快起出井内电缆。若溢流量将超过规定值，则立即剪断电缆按空井溢流处理，不允许用关闭环形防喷器的方法继续起电缆。

（八）井控装置设计

（1）防喷器压力等级应与相应井段中的最高地层压力相匹配，同时综合考虑套管最小抗内压强度的80%，套管鞋处地层破裂压力、地层流体性质等因素。

（2）尺寸系列和组合形式应视井下情况按 GB/T 31033—2014《石油天然气钻井井控技术规范》的要求选用，压井和节流管汇压力等级和组合形式应与防喷器最高压力等级相匹配。

（3）钻开硫化氢含量大于 $1500mg/m^3$（1000ppm）的气层前，在井口安装剪切闸板防喷器直至完井或原钻机试油结束。剪切闸板防喷器的压力等级、通径应与其配套的井口装置的压力等级和通径一致；区域探井、高含硫油气井钻井施工，从第一层技术套管固井后至完井，均应安装剪切闸板。

（4）含硫化氢的油气井应使用抗硫套管头，其压力等级应不小于最高地层压力。

（5）应制定和落实井口装置、井控管汇、钻具内防喷工具、监测仪器、净化设备、井控装置的安装、试压、使用和管理的规定。

（6）硫化氢含量大于 $1500mg/m^3$（1000ppm）的天然气探井宜安装双四通、双节流、双液气分离器；新区第一口探井和高风险井宜安装双四通、双节流、双液气分离器。

（7）含硫化氢天然气井放喷管线出口应接至距井口100m以外的安全地带，并尽量保持平直，放喷管线应固定牢靠。

（8）硫化氢含量大于 $1500mg/m^3$（1000ppm）的油气层钻井作业应在近钻头处安装钻具止回阀。

（9）防喷管线、放喷管线在现场不应焊接，地层压力不小于70MPa、硫化氢含量大于 $1500mg/m^3$（1000ppm）的油气井防喷管线应固定牢靠。

（10）钻井液回收管线、防喷管线和放喷管线应使用经探伤合格的管材，防喷管线应采用标准法兰连接。

（11）放喷管线至少应接两条，布局要考虑当地季节风向、居民区、道路、油罐区、电力线及各种设施等情况，其夹角为 90°~180°，保证当风向改变时至少有一条能安全使用；管线转弯处的弯头夹角不小于 120°；管线出口应接至距井口 100m 以上的安全地带；地层压力不小于 70MPa、日产量不小于 $50\times10^4m^3$ 的油气井，管线出口处不允许有弯角。

（12）液气分离器排气管线通径不小于排气口通径，并接出距井口 75m 以上的安全地带，相距各种设施不小于 50m，出口端安装防回火装置，进液管线通径不小于 78mm；真空除气器的排气管线应接出罐区，且出口距钻井液罐 15m 以上。

（13）远程控制台应安装在面对井架大门左侧、距井口不少于 25m 的专用活动房内，距放喷管线应有 1m 以上距离，10m 范围内不应堆放易燃、易爆、腐蚀物品。

（九）固井设计

（1）含硫化氢油气井的套管、油管的选用应符合 SY/T 6857.1—2012《石油天然气工业特殊环境用油井管 第 1 部分含 H_2S 油气田环境下碳钢和低合金钢管和套管选用推荐做法》的规定。

（2）油气井套管柱设计应进行强度、密封和耐腐蚀测试。

（3）套管柱强度设计安全系数：抗挤为 1.0~1.125，抗内压为 1.05~1.25，抗拉为 1.8 以上，根据实际情况选定校核工况进行强度校核。

第三节 硫化氢环境钻井井场布置

一、钻井设备布置

（1）钻前工程前，应从气象资料中了解当地季节的主要风向。

（2）大门方向应面向当地季节的主要风向。

（3）在井场入口处应设置白天和夜晚都能看清的硫化氢警告标志，如"硫化氢工作场所、当心中毒"等，如图 6-1 所示。

（4）硫化氢警告标志应符合以下要求：

① 空气中硫化氢浓度小于阈限值时，白天挂标有硫化氢字样的绿牌、夜晚亮绿灯。

② 空气中硫化氢浓度超过阈限值、小于安全临界浓度时，白天挂标有硫化氢字样的黄牌、夜晚亮黄灯。

③ 空气中硫化氢浓度超过安全临界浓度小于危险临界浓度时，白天挂标有硫化氢字样的红牌、夜晚亮红灯。

④ 空气中硫化氢浓度超过危险临界浓度时，白天挂标有硫化氢字样的蓝牌、夜晚亮蓝灯。

图 6-1 硫化氢风险提示牌

（5）钻井设备的安放位置应考虑当地的主要风向和钻开含硫化氢油气层时的季节风风向。井场内的发动机、发电机、压缩机等易产生火花的设备设施及人员集中区域，应布置在相对井口、节流管汇、天然气火炬装置或放喷管线、液气分离器、钻井液罐、备用池和除气器等容易排出或聚集天然气的装置上风方向。

（6）发电房、锅炉房、井场值班车、工程室、钻井液室、气防器材室等应设置在当地季节风的上风方向；发电房距井口30m以上，锅炉房距井口50m以上；储油罐应摆放在距井口30m以上、距发电房20m以上的安全位置，生活区离井口不小于300m。

（7）钻井用柴油机排气管无破漏和积炭，并有冷却防火装置，排气管出口不能朝向油罐区。

（8）井场电器设备、照明器具及输电线路的安装应按SY/T 5225—2019《石油天然气钻井、开发、储运防火防爆安全生产技术规程》中的相应规定执行。

（9）在确定井位任一侧的临时安全区位置时，应考虑季节风向。当风向不变时，两边的临时安全区都能使用。当风向发生90°变化时，则应有一个临时安全区可以使用。当井口周围环境中硫化氢浓度超过安全临界浓度时，未参加应急作业人员应撤离至安全区内。

（10）应将风向标设置在井场及周围，保证井场所有人员在任何区域都能看得见一个风向标。安装风向标的可能位置是：绷绳、工作现场周围的立柱、临时安全区、道路入口处、井架上、消防器材室等。风向标应挂在有光照的地方，如图6-2、图6-3所示。

图6-2 风向标1 　　　　图6-3 风向标2

（11）在钻台上、井架底座周围、振动筛、液体罐和其他硫化氢可能聚集的地方应使用防爆通风设备（如鼓风机或风扇），以驱散工作场所弥散的硫化氢。

（12）钻入含硫化氢油气层前，应将机泵房、循环系统及二层台等处设备的防风护套和其他类似的围布拆除。寒冷地区在冬季施工时，对保温设施采取相应的通风措施，以保证工作场所空气流通。

二、录井设备布置

（1）录井仪器房和地质值班室放置于井场右前方靠振动筛一侧，录井仪器房靠近井口端，距井口30m以外场地，并留有逃生通道。

（2）在录井仪器房明显位置安装声光报警仪，架设高度应超出录井仪器房顶0.3m。

三、测井设备布置

（1）测井施工现场警戒区域一般长度不小于35m，宽度不小于15m。放射性作业时，宽度不小于25m。

（2）测井车辆应优先选择摆放在上风方向，其次选择侧风方向。绞车与井口距离应大于25m。

四、固井设备布置

（1）水泥车组摆放在钻台跑道（井口）正前方井场空旷地面，保持车头朝井场入口方向，水泥车组之间保持1.5m以上间距，作为安全通道。

（2）仪表车摆放在钻台跑道（井口）两侧空旷地面，保持车头朝井场入口方向。

（3）井口管汇车或组合压风机车摆放在钻台跑道（井口）两侧空旷地面，保持车头朝井场入口方向。

第四节 硫化氢环境钻井设备设施配置

一、钻井设备设施及材料

（一）井口设备

（1）井口设备按 GB/T 22513—2023《石油天然气钻采设备 井口装置和采油树》的要求执行。

（2）防喷装置及测试程序与方法应按照 SY/T 5053.2—2020《石油天然气钻采设备 钻井井口控制设备及分流设备控制系统》的相关要求执行。

（3）环形和闸板型防喷器及相关设备的产品采购规范，以及对防喷设备的操作特性测试应按 API Spec 16A 的相关条款执行。

（4）节流管汇的选用、安装和测试应按 SY/T 5323—2016《石油天然气工业钻井和采油设备 节流和压井设备》的有关条款执行。

（二）管材

（1）管材应使用符合 SY/T 0599—2018《天然气地面设施抗硫化物应力开裂和应力腐蚀开裂金属材料技术规范》规定的材料及经测试证明适合于硫化氢环境的材料。

（2）应选用规格化并经回火的较低强度的管材及规格化并经回火的方钻杆用于含硫化氢油气井。

（3）对于屈服强度大于646.25MPa的管材，应淬火和回火，洛氏硬度不大于22HRC。

（4）在没有使用特种钻井液的情况下，屈服强度大于784MPa的管材（例如P110油管和S135钻杆）不应用于含硫化氢的环境。

二、录井设备设施

（1）硫化氢环境的录井应使用综合录井仪，综合录井仪设备应满足SY/T 5190—2016《石油综合录井仪技术条件》的要求。

（2）天然气井应配备正压式防爆综合录井仪，防爆风机应安装在井口上风方向、远离井口方向75m以外的通风开阔地方。

（3）正压式防爆综合录井仪器房内应安装硫化氢、温度、烟雾报警仪。

（4）应配备声光报警器和防雷装置各1套。

（5）地层天然气中硫化氢含量大于150mg/m³时，在钻井液出口处应安装固定式硫化氢传感器，位置在距离缓冲罐上方0.3m或两振动筛之间距工作面1.0~1.2m处。

（6）当硫化氢浓度可能超过传感器量程150mg/m³（100ppm）时，应配备一个量程达1500mg/m³（1000ppm）的高量程硫化氢传感器。

三、测井设备设施

（1）硫化氢含量大于1500mg/m³（1000ppm）的井应使用耐硫化氢电缆，其他含硫化氢井应对电缆采取防硫涂层措施。

（2）下井仪器应使用抗硫密封圈，选择耐硫化氢腐蚀的取样筒。

四、钻井液

（1）在使用除硫剂时，应密切监测钻井液中除硫剂的残留量。

（2）维持钻井液的pH值为9.5~11，以避免发生能将硫化氢从钻井液中释放出来的可逆反应。

第五节　硫化氢环境钻井井场施工

一、钻井作业

（一）施工前的检查

（1）钻开含硫化氢油气层前应制定防硫化氢安全措施，组织检查，确认防硫化氢安全措施的落实情况。只有防硫化氢安全措施得到全部落实，才能在含硫化氢环境的钻井场所施工。

第六章　含硫油气井钻井安全

（2）防硫化氢安全措施应包括硫化氢监测设备的配置、个人呼吸保护设备的配置、风向标的配置安装、防爆通风设备配置、逃生通道及安全区的设置、防硫化氢应急处置方案的演练、现场作业人员防硫化氢培训持证情况等内容。

（二）钻开含硫化氢油气层前的准备工作

（1）向现场所有施工人员进行地质、工程、钻井液、井控装备、井控措施和安全等方面的技术交底，对含硫化氢油气层及时做出地质预报，建立预警预报制度。

（2）钻井液密度及其他性能符合设计要求，并按设计要求储备压井液、加重剂、堵漏材料和其他处理剂。

（3）检查各种钻井设备、仪器仪表、防护设备、消防器材及专用工具等配备是否齐全；所有井控装置、电路和气路的安装是否符合规定，功能是否正常，发现问题应及时整改。

（4）落实坐岗制度、关井操作岗位分工和钻井队干部24h值班等相关制度。

（5）编制应急处置预案，组织进行防喷、防火、防硫化氢演习，达到规定要求。条件许可时组织现场各协作单位开展联合演习。

（6）对井场的硫化氢防护措施进行检查，未达到要求不准钻开含硫化氢油气层。

（三）钻进

（1）应严格按规定程序和操作规程进行操作，施工作业人员应携带便携式硫化氢监测设备。

（2）在含硫化氢油气层钻进中，若因检修设备需短时间（小于30min）停止作业时，井口和循环系统观察溢流的岗位不能离人，并佩戴好硫化氢监测仪；若因检修设备需较长时间（大于30min）停止作业时，应坐好钻具，关闭半封闸板防喷器，井口和循环系统仍需坐岗观察，同时采取可行措施防止卡钻。

（3）硫化氢浓度达到$30mg/m^3$（20ppm）时，立即暂时停止钻进，并采取控制和处理措施。

（4）硫化氢监测设备发出报警时，立即采取应急行动。

（5）含硫化氢油气层钻进中不宜使用有线随钻仪进行随钻作业。

（四）起下钻

（1）在钻开含硫化氢油气层后，起钻前应先进行短程起下钻。短程起下钻后的循环钻井液观察时间应达到一周半以上，进出口钻井液密度差不超过$0.02g/cm^3$；短程起下钻应测油气上窜速度，满足安全起下钻作业要求。

（2）含硫化氢油气层的水平井段钻进中，每次起钻前循环钻井液的时间不得少于两个循环周。

（3）钻头在含硫化氢油气层中和油气层顶部以上300m井段内起钻，速度应控制在0.5m/s以内。

（4）每起出3柱钻杆或1柱钻铤应及时向井内灌满钻井液，具备条件的连续灌注钻井液，并做好记录，校核地面钻井液总量，发现异常情况及时报告。

（5）起下钻过程中，设备检修应安排在下钻至套管鞋进行；若起钻过程中必须检修设备应采取相应的防喷措施，检修完后立即下钻到井底循环一周半，正常后再起钻。严禁在空井情况下进行设备检修。

（五）取心

（1）岩心筒到达地面前至少10个立柱至出心作业完，应开启防爆通风设备，并持续监视硫化氢浓度，在达到安全临界浓度时应立即戴好正压式空气呼吸器。

（2）在井口取心工具操作和岩心出心过程中发生溢流时，立即停止出心作业，快速抢接防喷钻杆单根或将取心工具快速提出井口，按程序控制井口。

（3）岩心筒已经打开或当岩心移走后，应使用便携式硫化氢监测仪检查岩心筒。硫化氢含量大于1500mg/m³（1000ppm）的井段出心和搬运过程中，作业人员应持续佩戴正压式空气呼吸器。

（4）在搬运和运输含有硫化氢的岩心样品时，采取相应包装和措施密封岩心，并标明"岩心含硫化氢"，应保持监测并采取相应防护措施。

（六）钻井液维护处理

（1）严格按设计的钻井液密度执行，施工中发现设计钻井液密度值与实际情况不符合时，应按更改设计的程序进行。

（2）加强对钻井液中硫化氢浓度的测量，充分发挥除硫剂和除气器的功能。

（3）发现气侵应及时排除，气侵钻井液未经排气不应重新注入井内。

（4）若需加重，应在气侵钻井液排完气后停止钻进的情况下进行，严禁边钻进边加重。

（5）在含硫化氢地层中使用过的钻井液，储存时可能会逸出硫化氢气体，在对其进行维护处理时，作业人员应携带便携式硫化氢监测仪，并在作业点附近便于取用的地方放置正压式空气呼吸器。

二、录井作业

（1）含硫化氢地层录井作业前应准备以下工作：

① 参加安全技术交底，对含硫化氢油气层及时做出地质预报，建立预警预报与沟通制度。

② 检查各种录井仪器仪表、防护设备、消防器材等配备是否齐全，功能是否正常，发现问题应及时整改。

③ 编制与钻井现场施工单位对接的应急处置方案，参与钻井现场施工单位组织的联合演习或组织演习。

（2）在新探区、新层系及含硫化氢地区录井时，应进行硫化氢监测。钻开含硫化氢油气层后应连续监测硫化氢浓度。

（3）录井作业人员捞取含硫化氢岩屑以及液面监测坐岗时，应携带便携式硫化氢监测仪。

（4）录井中若发现有硫化氢显示，应及时向钻井监督报告，并将信息传递到现场施工的所有单位。当发现硫化氢含量不小于30mg/m³（20ppm）时，应及时通知有关人员做好硫化氢人身防护。

(5) 进入含硫化氢层段 50m 前应启动正压式防爆系统至本开（次）完钻。

(6) 正压式防爆系统启动后，仪器房内压力应维持高出大气压力 50~150Pa。

三、测井作业

(1) 在含硫化氢油气井进行测井作业时，应制定测井方案，待批准后方可进行测井作业。

(2) 硫化氢含量大于 1500mg/m³（1000ppm）的油气井及重点探井测井应有测井施工设计，并按规定程序审批、签字。

(3) 作业前应准备以下工作：

① 召开相关方会议，进行测井技术交底，就硫化氢风险情况、钻井队井控设备、硫化氢人身防护设备、紧急集合点、逃生路线等方面进行信息沟通，确认应急协作方式和途径。

② 召开班前会议，通报硫化氢风险情况，落实风险控制措施和应急措施。

③ 隔离测井作业区域，明确人员活动范围。

(4) 测井车辆排气管应安装阻火器。

(5) 测井作业期间井口工应携带便携式硫化氢监测仪。

(6) 获取井壁取心岩样及地层测试器放样作业时，作业人员应戴好正压式空气呼吸器。

四、固井作业

（一）固井前的准备工作

(1) 参加固井作业人员应持有效防硫化氢培训合格证。

(2) 编制与钻井现场协作单位接口的应急处置方案，并组织演练。

(3) 若裸眼井段地层漏失压力不能满足固井需要，固井前应采取有效措施，提高地层承压能力。

(4) 施工前召开相关方会议，向相关方人员进行固井技术交底，与相关方人员就硫化氢风险情况（包括曾经发生过硫化氢泄漏的区域）、钻井队井控设备、硫化氢人身防护设备、风向标、井场的紧急集合点、逃生路线等方面进行信息沟通，确认与相关方的应急协作方式和途径。

（二）作业要求

(1) 揭开储层或非目的层或揭开高压地层流体的井，下套管作业前，应更换与套管外径一致的防喷器闸板芯子并试压合格。实施悬挂固井时，如悬挂段长度不足井深的 1/3，可采用由过渡接头和止回阀组成的防喷单根。使用无接箍套管时，应备用防喷单根。防硫化氢套管应严格按照操作规程下入。

(2) 固井作业全过程应保持井内压力平衡，防止固井作业中因井漏、注水泥候凝期间水泥浆失重造成井内压力平衡被破坏而导致井喷。

(3) 对含硫化氢油气层上部的非油气矿藏开采层应下套管封住，套管鞋深度应大于开采层底部深度 100m 以上。目的层为含硫化氢油气层以上地层压力梯度与之相差较大的地层也应下套管封隔。

(4) 对于固井质量存在严重问题、威胁到井控安全、影响到后续钻井施工的井，应采取有效措施进行补救。

(5) 应安排专人坐岗观察，候凝期间不应进行下一道工序作业。

(6) 注水泥浆应符合下列规定：

① 固井水泥应返到上一级套管内或地面，且水泥环顶面应高出上一级套管已封固的喷、漏、塌、卡、碎地层以上 100m。

② 各层套管都应进行流变学注水泥浆设计，高温高压井水泥浆柱压力应至少高于钻井液柱压力 1~2MPa。

③ 固井施工前应对水泥浆性能进行室内试验，合格后方可使用。

第六节　监测仪器和防护设备

一、便携式硫化氢检测仪

（一）配备

（1）在已知含有硫化氢的陆上工作场所应至少配备探测范围为 0~30mg/m³（0~20ppm）和 0~150mg/m³（0~100ppm）的便携式检测仪各 2 套。

（2）在预测含有硫化氢的陆上工作场所或探井井场应至少配备探测范围为 0~30mg/m³（0~20ppm）和 0~150mg/m³（0~100ppm）的便携式检测仪各 1 套。

（二）检查

（1）便携式硫化氢检测仪在无硫化氢区域内检测仪读数为零，已完成报警值设定。

（2）应处于随时可用状态。每次检查应有记录，且至少保存一年。

（3）检查内容应包括电池电量、完好性。

（三）使用

（1）在已知含有硫化氢的工作场所内至少有一人携带便携式硫化氢检测仪，进行巡回检测。录井仪应能进行连续检测。

（2）在预测含有硫化氢的工作场所内至少有一人携带便携式硫化氢检测仪，定时进行巡回检测。录井仪应能进行连续检测。

(3) 发现硫化氢泄漏时，应在下风向的工作场所内外进行连续检测。

（四）存放与检验

(1) 应有专人保管，定点存放，存放地点应清洁、卫生、阴凉、干燥。

（2）检验应由具有资质的检定检验机构进行，每年至少检验一次。
（3）在超过满量程浓度的环境使用后应重新检验。

二、固定式硫化氢监测仪

（一）配备

在可能含硫化氢的地区进行钻井作业时，现场应配备一套固定式硫化氢监测系统，并应至少在以下位置安装监测传感器：

（1）方井。
（2）钻台。
（3）钻井液出口管、接收罐或振动筛。
（4）钻井液循环罐。
（5）未列入进入限制空间计划的所有其他硫化氢可能聚集的区域。

（二）维护与检验

（1）应按照制造厂商的说明指定专人对硫化氢监测仪器和设备进行维护。
（2）监测设备应由有资质的机构定期进行检定，固定式硫化氢监测仪及传感器探头一年检定一次。进入含硫化氢油气层后固定式硫化氢传感器1个月注样测试一次。
（3）检查、检定和测试应做好记录，并妥善保存，保存期至少1年。
（4）设备警报的功能测试至少每天一次。

三、正压式空气呼吸器

正压式空气呼吸器的技术性能应符合 XF 124—2013《正压式消防空气呼吸器》的规定。

（一）配备

（1）已知含有硫化氢，且预测超过阈限值的场所（陆上）按在岗人数100%配备，另配20%备用气瓶。
（2）预测含有硫化氢的场所或探井井场（陆上）按在岗人员数100%配备。

（二）存放与检查

（1）应对正压式空气呼吸器加以维护并存放在清洁、卫生的地方，以避免损坏和污染，每次使用后都应进行清洁和消毒。
（2）需要修理的正压式空气呼吸器，应做好明显标识并将其从设备仓库中移出，直至磨损或损坏的部件已经被及时修理和替换为止。
（3）对所有正压式空气呼吸器应每月至少检查一次，并且在每次使用前后都应进行检查，以保证其维持正常的状态。月度检查记录（包括检查日期和发现的问题）应至少保留12个月。

（三）使用

（1）当硫化氢浓度达到30mg/m^3（20ppm）或二氧化硫浓度达到5.4mg/m^3（2ppm）

时，应立即正确佩戴正压式空气呼吸器。

（2）使用中出现以下情况应立即撤离硫化氢环境：

① 正压式空气呼吸器报警；

② 有异味；

③ 出现咳嗽、刺激、憋气、恶心等不适症状；

④ 压力出现不明原因的快速下降。

（四）检验

（1）正压式空气呼吸器应每年检验一次；气瓶应每三年检验一次，其安全使用年限不得超过15年。

（2）应有专业的检验检测机构进行，性能应符合出厂说明书的要求。

四、空气压缩机

（1）在已知含有硫化氢的工作场所应至少配备一台空气压缩机，如图6-4所示。其输出空气压力应满足正压式空气呼吸器气瓶充气要求。

（2）空气压缩机的进气质量应符合下列要求：

① 氧气含量 19.5%~23.5%。

② 空气中凝析烃的含量不大于 5×10^{-6}（体积分数）。

③ 一氧化碳的含量不大于 $12.5mg/m^3$（10ppm）。

④ 二氧化碳的含量不大于 $1960mg/m^3$（1000ppm）。

⑤ 没有明显的异味。

（3）空气压缩机应布置在通风、干燥的安全区域内。

图 6-4　空气压缩机

（4）按产品说明书要求进行安全操作、维护和保养。

（5）气体充装人员资格应符合政府有关规定。

第七节　硫化氢中毒后的抢救

一、硫化氢病理特性

硫化氢一般通过呼吸系统、消化系统、皮肤等途径进入人体，其中最主要的是呼吸系统进入。硫化氢经过呼吸道到达肺部，进入血液输送到人体的各个器官，与血液中的溶解氧反应，夺取血液中的溶解氧，导致器官缺氧，人体中毒。同时硫化氢气体对口、鼻、眼等器官有刺激作用，这是由于硫化氢接触湿润的黏膜之后，形成硫化钠以及本身的酸性所致。

二、硫化氢中毒后的抢救

（一）早期抢救措施

（1）进入毒气区抢救伤员，必须先佩带正压式空气呼吸器。

（2）迅速将中毒者从毒气区抬到通风且空气新鲜的上风地区。

（3）如果中毒者已停止呼吸和心跳，应立即实施人工呼吸和胸外心脏按压，直至呼吸和心跳恢复正常。

（4）如中毒者没有停止呼吸，应绝对保持中毒者处于放松状态，并给予输氧，随时保持中毒者的体温，不能乱抬乱背，应将中毒者放于平坦干燥的地方就地抢救。

（二）人体硫化氢中毒后的现场急救方法

心肺复苏（英文全称 Cardio Pulmonary Resuscitation，缩写 CPR）是心跳呼吸骤停后，现场进行的紧急人工呼吸和心脏胸外按压（也称人工循环）的技术，是最基本的生命支持。

心脏骤停一旦发生，如得不到即刻及时地抢救复苏，4~6min 后会造成患者脑和其他人体重要器官组织的不可逆的损害，因此心脏骤停后的心肺复苏必须在现场立即进行，为进一步抢救直至挽回患者的生命而赢得最宝贵的时间。

如在心脏骤停发生后第一时间给予有效的心肺复苏，患者有可能获得复苏成功且不留下脑和其他重要器官组织损害的后遗症；反之则复苏成功率极低，且易造成患者中枢神经系统不可逆性的损害。

1. 心肺复苏术的步骤

1）现场环境安全

确保现场环境对施救者和患者均是安全的。

2）检查患者有无反应

如图 6-5 所示。靠近患者双手拍打其双肩并呼唤患者。如果患者有所应答但是已经受伤或需要救治，根据患者受伤情况进行简单的紧急处置，再去拨打急救电话，然后重新检查患者的情况。

如果患者对呼喊、轻拍无反应，可判定其已丧失意识。

3）呼救

当抢救者发现患者没有意识时，立即大声呼救"快来人啊！救命啊！"尽可能争取到更多人的帮助，让他人帮忙拨打120急救电话，如图 6-6 所示。如果条件允许的话，让他人尽快帮忙取来自动体外

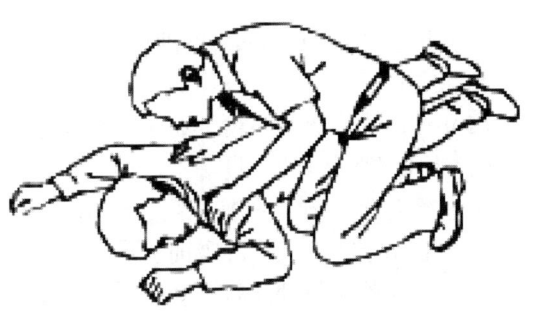

图 6-5 检查患者有无反应

除颤仪（Automatic External Defibrillator，AED）以备需要时对患者进行除颤。

4）检查呼吸

经检查判断患者没有反应，应检查其呼吸。方法是反复扫视患者胸部至少 5s（但不超过 10s），用这个方法来观察患者胸部的起伏情况（正常人呼吸时胸腹部 5~6s 必有一次起伏）。如果患者胸部没有起伏或者只有濒死叹息样呼吸，就可以视其为呼吸异常。

图 6-6 呼救

一定牢记，经过判断没有反应+没有呼吸或者仅有濒死叹息样呼吸，这样的患者需要马上进行心肺复苏（CPR）。

5）胸外按压

心肺复苏（CPR）由胸外心脏按压和人工呼吸组成，经判断患者需要实施 CPR 后，首先开始进行胸外按压。

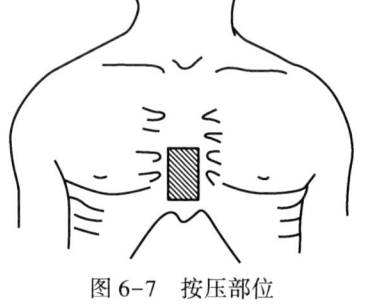

（1）将患者置于坚固平坦的表面，解开衣服，施救者跪于患者胸侧，准备开始胸外按压。

（2）确定按压部位。按压位置如图 6-7 所示为胸部正中、胸骨下半段（为了快速确定按压位置，可采取两乳头连线中点的方法）。

图 6-7 按压部位

（3）手法及姿势。操作者一只手的掌根放在按压部位上，如图 6-8 所示；另一只手重叠在前一只手上，双肘伸直，利用上身的重量用力垂直下压，如图 6-9 所示。

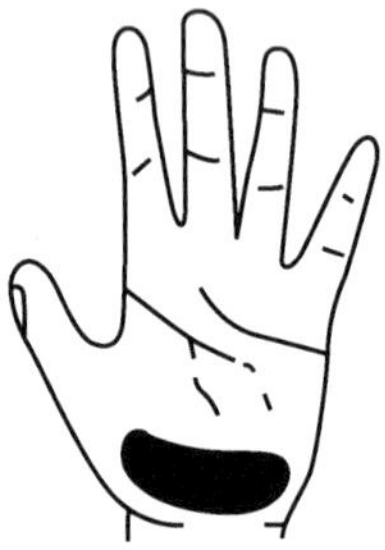

图 6-8 掌根部位 　　图 6-9 按压姿势

（4）以 100~120 次/min 的速度持续按压，并大声计数按压次数；每次按压后要保证患者胸廓充分回弹。

（5）按压深度成人不少于 5cm，不超过 6cm。

6）人工呼吸

在连续进行 30 次胸外按压后，开始进行人工呼吸。

（1）在给予患者人工呼吸前，应开放气道。

（2）常用仰头举颏法打开呼吸道：一手置于前额使头后仰，另一手的食指和中指置于下颌处，将下颌抬起，如图 6-10 所示。

（3）在保持气道开放的同时，用拇指和食指捏住患者的鼻子，施救者平静吸一口气，然后用口唇将患者的口全部包住，呈密封状，缓慢吹气，持续1s直到患者胸部隆起。停止吹气，施救者口唇离开患者的口部，放开捏住的鼻孔，使气体被动呼出，观察患者胸部应随之回落。

（4）连续进行两次人工呼吸（每次吹气1s）。每次人工呼吸时，注意观察患者的胸部是否开始隆起。

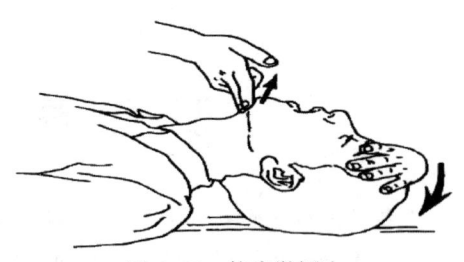

图6-10 仰头举颏法

在实施CPR时，胸外按压和人工呼吸的比例为30∶2。

实施正确的高质量的胸外按压是一项十分消耗体力的行为，而疲劳后按压动作会变形，按压效果会变差。如果有其他人能实施CPR，可以轮换进行胸外按压。国际通用做法一般每隔两分钟轮换一次施救者，以避免疲劳。

7）心肺复苏终止的条件

现场CPR应坚持不间断地进行，不可轻易作出停止复苏的决定，如符合下列条件者，现场抢救人员方可考虑终止复苏：

（1）专业医护人员到达现场。

（2）患者逐渐恢复知觉（例如咳嗽、睁开眼睛、企图说话或挪动身体，并开始正常呼吸）。

（3）施救者筋疲力尽或者有危害施救者本人安全的情况发生。

2. 硫化氢中毒的护理

（1）当中毒者呼吸和心跳恢复后，可喂些兴奋性饮料。

（2）如眼睛轻度损害，可用清水清洗或冷敷。

（3）轻微中毒也要休息几天，不得再度受硫化氢的伤害。

（4）在医生证明中毒者已恢复健康可返回工作岗位之前，应把中毒者置于医疗监护之下。

第七章　应急管理

应急管理是指应对突发事件而开展的应急准备、应急监测与预警、应急处置与救援、应急评估等全过程管理。所以，加强现场应急管理，全力提升现场应急处置能力，已成为基层员工的必修课。

第一节　应急预案

一、基本概念

（一）应急预案

针对可能发生的突发事件，为迅速、有序地开展应急行动而预先制定的行动方案。

（二）突发事件

突然发生的对组织或其相关方造成或可能造成严重危害，并需要立即采取应急措施予以应对的事件。

中国石油天然气集团有限公司将突发事件分为自然灾害、事故灾难、公共卫生事件和社会安全事件四类；按照事件性质、严重程度、可控性和社会影响程度，突发事件一般分为四级：Ⅰ级突发事件（集团公司级）、Ⅱ级突发事件（企业级）、Ⅲ级突发事件（企业下属单位级）、Ⅳ级突发事件（企业基层站队级）。

（三）应急预案分类

应急预案体系由综合应急预案、专项应急预案、现场处置方（预）案构成。

综合应急预案，是指为应对各种突发事件而制定的综合性工作方案，是应急工作总体程序和措施，是应急预案体系的总纲。对风险种类较多、可能发生多种类型突发事件的，应组织编制综合应急预案。

专项应急预案，是指为应对某一种或者多种类型突发事件，或者针对重要生产设施、重大危险源、重大活动而制定的专项性工作方案。对某一种或者多种类型的突发事件风险，应当编制专项应急预案。

现场处置方（预）案，是指根据不同的突发事件类型，针对具体场所、装置或者设施制定的应急处置措施。对危险性较大的场所、装置或者设施，应当编制现场处置方（预）案。

（四）现场应急处置预案

现场应急处置预案是针对具体的装置、场所或设施、岗位所制定的应急处置措施。现场应急处置方案应具体、简单、针对性强。现场应急处置方案应根据风险评估及危险性控制措施逐一编制，做到事故相关人员应知应会，熟练掌握，并通过应急演练，做到迅速反应、正确处置。

二、应急预案编制程序

应急预案编制遵循以人为本、依法依规、符合实际、注重实效的原则，以应急处置为核心，体现自救互救和先期处置的特点，做到职责明确、程序规范、措施科学，应简明化、图表化、流程化。

应急预案编制工作包括但不限于：

（1）依据事故风险评估及应急资源调查结果，结合本单位组织管理体系、生产规模及处置特点，合理确立本单位应急预案体系。

（2）结合组织管理体系及部门业务职能划分，科学设定本单位应急组织机构及职责分工。

（3）依据事故可能的危害程度和区域范围，结合应急处置权限及能力，清晰界定本单位的响应分级标准，制定相应层级的应急处置措施。

（4）按照有关规定和要求，确定信息报告、响应分级与启动、指挥权移交、警戒疏散方面的内容，落实与相关部门和单位应急预案的衔接。

三、现场应急处置预案主要内容

（一）事故风险分析

主要是指危险性分析，包括可能发生的事故类型、事故发生的区域、地点或装置的名称、事故可能发生的季节和造成的危害程度、事故前可能出现的征兆、对事态可能后果和潜在危害进行描述等。

（二）应急组织与职责

包括基层单位应急自救组织形式及人员构成情况、应急自救组织机构、人员的具体职责、明确相关岗位和人员的应急工作职责。

按照"一职一责""一岗一责"的原则，结合实际岗位设定情况，制定各个岗位应急职责（应充分考虑夜间和节假日等特殊时间的岗位应急职责）。

（三）应急处置程序

包括根据可能发生的事故类别及现场情况，明确事故报警、各项应急措施启动、应急救护人员的引导、事故扩大及同企业应急预案的衔接的程序；还包括针对可能发生的火灾、爆炸、危险化学品泄漏、坍塌、水患、机动车辆伤害等，从操作措施、工艺流程、现场处置、事故控制，人员救护、消防、现场恢复等方面制定明确的应急处置措施等。

（四）注意事项

包括佩戴个人防护器具方面的注意事项、使用抢险救援器材方面的注意事项、采取救援对策或措施方面的注意事项、现场自救和互救注意事项、现场应急处置能力确认和人员安全防护等事项、应急救援结束后的注意事项、其他需要特别警示的事项等。

（五）附件

包括有关应急部门、机构或人员的联系方式，重要物资装备的名录或清单、存放地点和联系电话，信息接收、处理、上报等规范化格式文本，关键的路线、标识和图纸等。

第二节　班组应急处置

基层班组应急处置能力的高低是应对生产过程中发生的各类突发事件的关键。基层班组第一时间、第一现场有效的应急处置可避免重大事故的发生，减少财产损失，保护员工生命安全。

一、基本概念

突发事件发生后，为消除、减少其危害，最大限度地降低其可能造成的影响而采取的应对措施或行动。

二、作用

发生各类突发事故时，通过快速的应急反应，有序的应急响应，最大限度地减少损失，确保人员生命、财产以及环境的安全，尽快恢复正常生产生活秩序。

三、原则

（1）及时的原则：包括及时撤离人员、及时报告上级有关主管部门、及时拨打报警电话和及时进行排险工作。

（2）"先撤人、后排险"的原则：即在发生事故或出现紧急险情之后，应首先将处于危险区域内的一切人员撤出危险区域，然后再有组织地进行排险工作。

（3）"先救人、后排险"的原则：当有人受伤或死亡，应先救出伤员和撤出亡者，然后进行排险处理工作，以免影响对伤员的及时抢救和对伤员、亡者造成新的伤害。在险情和事故仍在继续发展或险情仍未消除的情况下，必须先采取安全措施，然后救人，以免使救护者受到伤害和使伤员受到新的伤害。

（4）"先排险、后清理"的原则：只有在控制事故继续发展和排除险情以后，才能进行事故现场的清理工作。但这一切，都必须遵守事故的处理程序规定和得到批准以后，才能进行。

四、常见突发事件应急处置程序

（一）溢流、井涌应急处置程序

（1）各工况下的溢流、井涌应急处置程序，参考第五章第一节中的"关井程序"部分。

（2）应急处置措施及注意事项包括：

① 报警信号发出后，其他人员迅速到应急集合点集合。

② 用防爆对讲机进行信息传递。

③ 检测有硫化氢时，执行硫化氢泄漏应急处置措施。

（二）井喷应急处置程序

（1）当发生井喷时，司钻立即发出报警信号，组织当班人员迅速按不同工况实施关井，并向值班干部汇报，同时向队长（工程师）汇报；队长（工程师）核查关井是否准确到位，值班干部安排专人检测有无有毒有害气体喷出。

（2）队长（工程师）立即将现场情况报公司应急办；根据需要通知公司应急办组织压井材料和相应的机具等。

（3）值班干部组织在队所有非当班人员立即赶到应急集合点待命。

（4）关井套压不得超过最大允许关井套压值，必要时控制放喷。

（5）在有关专家及公司应急人员到达现场后，队长（工程师）按照有关专家及公司应急人员制定的抢险施工方案，组织班组人员施工。

（6）经检测发现有硫化氢等有毒有害气体时，抢险人员应佩戴正压式空气呼吸器进行抢险作业，执行硫化氢泄漏应急处置程序。

（7）应急处置措施及注意事项包括：

① 关井套压不能超过最大允许关井套压值，必要时控制放喷。

② 关井后，要安排专人检查所有井控设备。

（三）硫化氢泄漏应急处置程序

1. 当硫化氢检测浓度达到一级报警值时的应急处置程序

（1）一旦硫化氢气体探测仪或录井仪器发出警报，首先发现报警的人员应立即通知当班司钻或值班干部，并启动报警装置。

（2）司钻或值班干部通知场地工在井场入口处挂黄牌，发电工切断危险区的非防爆电源，指定人员向主要负责人汇报。

（3）值班干部安排专人观察风向、风速，确定受侵害的危险区，明确应急逃生路线和应急集合点。

（4）现场负责人安排专人佩戴正压式空气呼吸器到危险区（圆井、钻台井口、钻井液槽出口、振动筛、循环罐、井口下风向井场边缘处等）检查泄漏点，并立即上报公司应急办。

（5）现场负责人组织非作业人员向上风方向撤离至安全区，清点现场人员，切断现场其他可能着火源。

（6）如果硫化氢检测浓度变化不大或缓慢上升时，应立即采取循环加重、除硫、提高钻井液 pH 值等措施，待检测正常后继续施工；若硫化氢检测浓度上升较快时，执行硫化氢浓度达到二级报警值时的应急处置程序。

（7）在采取控制和消除措施后，继续监测危险区域大气中硫化氢的浓度，依据监测结果，由现场负责人确定安全进入时间。

2. 当硫化氢检测浓度达到二级报警值时的应急处置程序

（1）当班司钻或值班干部停止一切作业，组织班组人员佩戴正压式空气呼吸器，按"四·七"动作关井，立即向现场负责人报告。

（2）现场负责人指派专人到下风口距井口 100m、300m 和 1000m 处进行硫化氢浓度监测，井场入口挂红牌。

（3）现场负责人组织现场非应急人员向上风方向撤离，向公司应急办报告。

（4）现场负责人组织清点现场人员，发现有中毒症状者立即施救，通知救援机构或迅速送往附近医院抢救。

（5）切断现场可能的着火源，包括：危险区域内使用的不防爆电器；装有催化转化器的作业或应急车辆；距离井口 30m 以内的排气管上未安装火花捕捉器的内燃机；危险区域内使用的明焰烘箱、明火、电气焊以及无线电通信设施等。

（6）持续监测危险区域大气中硫化氢的浓度，根据需要可加密监测点，依据监测结果，由现场总指挥确定安全进入的时间。

（7）经监测危险区硫化氢浓度降至一级报警值以下，方可解除险情。

3. 当井喷、井喷失控含硫化氢时的应急处置程序

（1）执行井喷、井喷失控应急处置程序，在井场入口处设置浓度标识（绿、黄、红、蓝标识），并由现场总负责人或其指定人员向公司应急办汇报。

（2）由现场总负责人或其指定人员向当地政府部门报告，请求援助，包括医院、消防、公安、地方政府等。协助当地政府做好井口 300m 范围内居民的疏散工作，根据监测情况决定是否扩大撤离范围。

（3）关停现场生产设施，包括机、车、炉、电。

（4）设立警戒区、观察点，未经现场总负责人批准，任何人不得入内。

（5）当井场硫化氢浓度达到 150mg/m^3（100ppm）的危险临界浓度时，现场作业人员立即撤离井场。生产经营单位代表或其授权的现场总负责人决策撤离，采用有线应急广播或声光报警等通知方式。撤离时应向上风方向、高处撤离；佩戴硫化氢防护器具或使用湿毛巾、衣物捂住口鼻呼吸等措施；携带便携式硫化氢监测仪，对空气中的硫化氢浓度进行监测。

（6）采取控制和消除措施后，继续监测危险区域大气中硫化氢及二氧化硫浓度，以便由现场总负责人确定安全进入的时间。

4. 点火处理

（1）含硫化氢油气井井喷或井喷失控事故发生后，应防止着火和爆炸。

（2）发生井喷后应采取措施控制井喷，若井口压力有可能超过允许关井压力，需点火

放喷时，井场应先点火后放喷。

（3）井喷失控后，在人员生命受到巨大威胁、人员撤离无望、失控井无希望得到控制的情况下，作为最后手段应按抢险作业程序对油气井井口实施点火。

（4）点火程序的相关内容应在应急预案中明确；点火决策人宜由建设单位代表或其授权的现场负责人来担任，并列入应急预案中。

（5）含硫化氢天然气井发生井喷，符合下述条件之一时，应在15min内实施井口点火：

① 气井发生井喷失控，且距井口500m范围内存在未撤离的公众。

② 距井口500m范围内居民点的硫化氢3min平均监测浓度达到150mg/m³（100ppm），且存在无防护措施的公众。

③ 井场周围1000m范围内无有效的硫化氢监测手段。

④ 若井场周边1.5km范围内无常住居民，可适当延长点火时间。

（6）点火人员佩戴防护器具，在上风方向，尽量远离点火口使用移动点火器具点火；其他人员集中到上风方向的安全区。

（7）井场应配备自动点火装置，并备用手动点火器具。点火人员应佩戴防护器具，离火口距离不少于30m处点火，禁止在下风方向进行点火操作。硫化氢含量大于1500mg/m³（1000ppm）的油气井应确保三种有效点火方式，其中包括一套电子式自动点火装置。有条件的可配置可燃气体应急点火装置。

（8）硫化氢燃烧会产生有毒性的二氧化硫，仍需注意人员的安全防护，点火后应对下风方向尤其是井场生活区、周围居民区、医院、学校等人员聚集场所的二氧化硫浓度进行监测。

（四）火灾应急处置程序

（1）发现人大声疾呼"着火了"，根据着火点位置，判断确定着火性质，在确保自身安全的情况下展开扑救，立即报告值班干部或司钻，同时汇报主要负责人。

（2）发电工负责切断着火区域电源，值班干部或司钻组织人员迅速展开初期火灾的扑救，切断或隔离周边易燃物质。

（3）若火势严重超出现场的控制能力，主要负责人立即向公司应急办汇报，同时拨打火警电话报警，说明井队地理位置、火情类型、行车路线，并指派专人引导消防车至现场。

（4）主要负责人组织疏散人员到安全区，并确定安全警戒区域，等待消防队到来。

（5）消防队到达现场后，现场人员服从消防队统一指挥，配合做好灭火工作。

（6）灭火后，钻井队认真检查现场是否存在残余火种，确定无任何隐患的情况下开始其他作业。

（五）油料、污水泄漏应急处置程序

（1）发生油料、污水外溢事故，发现人应立即报告司钻或值班干部，值班干部向主要负责人汇报。

（2）主要负责人组织人员对油料、污水溢出现场进行调查，确定油料、污水溢出的具体位置和事故发生的原因，组织人员围堵泄漏点，清理溢出物，组织人员进行监视观察。

(3) 根据具体溢出情况，向公司应急办汇报。主要负责人及时向公司应急办报告溢出物质的种类、规模和现场的状况。

(4) 根据现场预测情况，报告进一步发生外溢污染的可能性，以及所采取的预防措施。

(5) 油料、污水泄漏量超过现场处置能力时，向公司应急办和建设方请求人员或物资援助。

(6) 确认污染险情完全消除后，现场负责人组织恢复生产作业。

第三节　班组应急演练

一、基本概念

通过模拟突发事件的事发场景，对相关应急程序、操作或资源等是否满足预定的要求而进行测试或验证的一组活动或行为。

二、类型

（一）按组织形式划分

按组织形式划分，应急演练可分为桌面演练和现场实战演练。

1. 桌面演练

桌面演练是针对某一特定发生的潜在事故或突发事件，按照应急职责、响应流程和时间演变过程，借助事故模型、应急平台、沙盘、流程图、计算机、视频等辅助手段，进行交互式讨论或模拟应急行动的演练活动。

2. 现场实战演练

现场实战演练是模拟生产经营活动中的设备设施、装置、作业单元或活动场所，假定事故或突发事件情景，依据应急预案开展的演练推演活动。

（二）按内容划分

按内容划分，应急演练可分为单项演练和综合演练。

1. 单项演练

单项演练是指针对应急预案中某项应急响应功能或某一应急过程开展的演练活动。单项应急演练也可以看作是综合应急演练活动的分解，可以在某一部门、单位，选择特定的装置、场所，模拟假定的事故场景或潜在的突发事件进行。应急过程主要指应急预防、准备、响应、恢复等主要活动。

2. 综合演练

综合演练是依据综合或总体应急预案，结合一个或多个单项预案，有多个部门共同参与的应急响应和联动的演练活动。

三、实施与总结

演练负责人要为演练提供演练情景，演练情景要为演练活动提供初始条件，还要通过一系列的情景事件引导演练活动继续，直至演练完成。

按照演练方案要求，参演队伍和人员，开展对模拟演练事件的应急处置行动，完成各项演练活动。模拟人员按照演练方案要求，模拟未参加演练的单位或人员的行动，并作出信息反馈。

演练完毕，由演练负责人发出结束信号，演练结束。演练结束后所有人员要停止演练活动，按预定方案集合进行现场总结讲评或者组织疏散。保障人员对演练现场进行清理和恢复。

演练评估是在全面分析演练记录及相关资料的基础上，对比参演人员表现和演练目标要求，对演练活动及其组织过程作出客观评价，并编写演练评估报告。所有应急演练活动都应进行演练评估。

应急演练在一个或所有阶段结束后，要有针对性地进行进评和总结，内容主要包括本阶段演练目标的完成情况，参演队伍和人员的表现情况，演练中暴露出的问题和今后需要改进的地方等。

第四节　应急物资储备与管理

一、应急物资的分类

应急物资按其使用范围可分为通用类和专用类。通用类物资适合一般情况下救灾工作的普遍需要，也是比较重要的物资，如食品、药品、饮用水等几乎任何救灾都需要的必需品。专用物资适用于不同的灾情，具有特殊性，应据情况而定，如发生鼠疫的地区需要鼠疫疫苗等。常见应急物资的用途及要求见附录9。

二、应急物资的配备

应急物资是指为满足应急处置生产作业现场突发事件所配备的各类检测、警戒、洗消、破拆、输转、堵漏、消防灭火、照明、通信广播等常规小型物资及器材，不包括大型应急救援设备。

生产作业现场应根据作业性质、工作场所、作业环境、地理条件等因素，结合 Q/SY

08136—2017《生产作业现场应急物资配备选用指南》的基本要求，适当增配应急物资的种类和数量。配备的应急物资应符合国家标准或行业标准要求，并经法定检验机构检验合格。应急物资应存放在易于取用的地点，并专人保管。

在生产作业场所、危险作业场所、特殊作业场所中，当两个或三个场所为同一场所时，应综合配备相应种类的应急物资，对同一种类的应急物资应按最高标准配备。

钻井（探井、生产井、试油井）生产作业现场应急物资配备标准，见附录10。其中：

（1）硫化氢防护用品的配备按SY/T 6277—2017《硫化氢环境人身防护规范》的规定执行。

（2）井场应急物资由钻井队负责配备。

（3）协作方（如测井、录井、固井专业队伍）的应急物资配备可参照附录9执行。

（4）国外钻井队至少配置1部卫星电话。

（5）医疗急救包配备的应急物品见附录13、附录14、附录15。

高处作业、进入受限空间作业、工业动火作业、管线打开作业、挖掘作业、吊装作业等危险作业场所应急物资配备标准见附录11。应急物资配备由作业承担方负责。

防台风洪汛、防雪灾冰冻、防地震以及安保等应急物资配备标准，见附录12。

三、应急物资的维护和管理

应急物资装备为应对突发事件而准备，在应急救援救护中具有举足轻重的作用，所以必须保证应急救援物资装备在日常的完备有效，不得随意使用或挪作他用。

班组对现有的应急救援物资装备富有储存和妥善保管的责任，对救援物资装备应定人、定点、定期管理。按规定定期对物资装备进行检查、维护、清洁，及时更新有效期以外或状态不良的物资装备，补充缺失的物资装备，定期进行擦拭。如发现较为严重的问题时，及时上报，并将检查、维护、清洁情况记录在案。

（一）医用急救包管理

（1）医疗急救物品只能用作临时应急使用，不得用作他用。

（2）医用急救包置于干燥、通风、避光且取用方便安全的位置，不应与有毒、有害气体接触。

（3）急救包应由专人保管。保管人员应经过紧急救护培训，且考核合格。

（4）为确保急救包内的药品随时处于有效期内，达到紧急情况下的急救目的，药品有效期应以药品的外包装上注明的批号和有效期为准，根据药品的有效期和消耗情况及时对药品进行更换和补充。

（5）医疗器械要定期进行消毒处理，确保器械无毒、无菌使用，同时做好相应的消毒处理记录。根据医疗器械受损情况及时更换。

（6）相对固定的生产作业现场应组建急救小组，小组成员需经过专门的紧急救护培训，且考核合格，并定期组织急救演练。大型、中型、小型急救包配备药品及简易医疗器材配备标准见附录13、附录14、附录15。

（二）篮式担架使用（8B 型）

1. 性能参数与用途

8B 型篮式担架的构造着眼于急救的特殊性，如崎岖的山区、空中救援，如图 7-1 所示。

图 7-1　8B 型篮式担架

担架的框架坚固耐用，简便可靠的装置让操作人员能够安全快捷地采取急救措施。悬钩能与飞机上挂钩连接，实现野外救援。结构轻便合理，空载下可浮于水上，可以三人以上同时扛、抬伤病员。担架配有可调节的脚部安全机械装置、安全带等。材质采用无毒无污染释放的材料，具有防火、耐磨损和防侵蚀的功能。

8B 型篮式担架的主要技术指标见表 7-1。

表 7-1　8B 型篮式担架主要技术指标

外形尺寸（$L×W×H$）	216cm×61cm×19cm
自重	18kg
承重	159kg
颜色	红
担架配有可调节的脚部安全机械装置、安全带	

2. 使用注意事项

（1）应经常检查医用担架的焊接或连接部位，发现问题及时联系进行维修，以免造成病员伤害。

（2）救护车担架在使用时，应注意防止夹伤病员的身体和四肢。

（3）医用担架的担架垫或担架面应经常清洗，以免发生霉变。

（4）医用担架应储存在干燥无腐蚀性气体和通风良好的环境之中。

（5）可用一般运输工具运输。

（6）运输和储存时正面向上，按照包装上指示进行堆放。

（7）运送病人的时候，为了确保病人的安全，请务必确认固定装置已锁定，安全带已系好。

第八章　典型案例

钻井施工作业过程复杂，工序繁多，作业环境恶劣，作业环节多，不仅工艺方面存在着大量的危害因素，而且设备方面也存在着大量的危害因素。典型的事故类型有井喷失控、爆炸、物体打击、机械伤害、高处坠落、起重伤害等。

第一节　井喷失控事故

井喷失控是指发生井喷后，无法用井口装置进行有效控制而出现敞喷的现象。

案例一

（一）事故经过

某井于 2003 年 5 月 23 日开钻，12 月 23 日 2 时 29 分钻至井深 4049.68m，循环钻井液，起钻至井深 1948m 后调校顶驱滑轨，继续起钻。21 时 54 分，司钻正在起钻，采集工上钻台报告司钻，录井仪表发现溢流 1.1m³。

司钻立刻发出警报，旋即下放钻具同时发现钻井液从钻杆水眼内和环空喷出，喷高 5~10m，钻具上顶 2m 左右，大方瓦飞出转盘，不能坐吊卡接回压阀，发生井喷。随后关闭防喷器，钻杆内喷势增大，液气喷至二层台。由于受到钻杆内喷出液气柱的强烈冲击，抢接顶驱不成功，钻具上顶撞击顶驱着火，造成大量硫化氢气体泄漏。事故造成 243 人死亡，4000 多人受伤，疏散转移 6 万多人，9.3 万人受灾，直接经济损失达 6432.31 万元。

（二）事故原因

1. 直接原因

违章卸掉钻柱上的内防喷工具回压阀。本次下钻时，更换了无线随钻测斜仪，仪器操作者认为新换的仪器不需安装回压阀，而不懂或不知道钻具回压阀在钻井安全中的重要性，因而指挥卸下回压阀，是本次井喷失控的直接原因。

2. 间接原因

（1）起钻前循环钻井液时间短，没有将井下岩屑和气体全部排出，造成井底压力的降低。

（2）起钻未按制度要求灌入钻井液，造成井下液柱压力降低。

（3）钻进中有明显的直接油气显示但未采取任何措施。

（4）在气层中钻进没有进行短程起下钻。

（5）发现起钻时一直喷钻井液，不作认真分析和处理。

（6）起钻过程中安排修理顶驱，修理完后，又未下至井底循环。

（三）纠正及预防措施

（1）要切实加强技术管理，把安全生产放到工作的首位。

（2）修订、完善高含硫高产气田的有关技术标准。

（3）落实硫化氢防护技术的培训。

（4）针对井喷及井喷失控时的放喷点火问题制定应急预案，明确职责，加强预控。

（5）根据环境条件及特殊地质工况等，应急预案中考虑与地方联动的响应机制。

案例二

（一）事故经过

某井 12 月 9 日进行测井作业，11 日薄层电阻率仪器下到井底后，在上提时发现测井仪器遇卡。12 日进行穿芯打捞，钻具下入 4227.35m 时上提电缆张力不变，判断电缆已被切断，当日开始组织用打捞矛打捞。13—16 日，经多次打捞，事故仍未解除。

17 日下电缆爆炸松扣过程中，井口出现溢流，因点火线磨破无法引爆，起出电缆，组织压井。18 日组织配钻井液压井，压井未成功。19 日 8 时，压井作业过程中，防喷器闸板芯子刺坏，钻具上移，气量增大，放喷声音增强，井口采用消防车降温，同时组织人员拆除机泵房保温棚边墙。10 时 55 分，机泵房先爆燃，保温棚被炸飞，铁板及支架飞出，井场设备全部烧毁。此次事故造成轻重伤员 17 人，其中 1 人抢救无效死亡，1 人失踪。

（二）事故原因

1. 直接原因

井内喷出的砂石撞击机泵房柴油机金属底座产生火花、爆燃，是事故发生的直接原因。

2. 间接原因

（1）设备有缺陷。井控装置二次开井前只进行过一次试压，此后再未进行过试压，对井控装置及配件存在的隐患未能及时发现，导致长时间在高压作用及高速携砂气流的冲刷下，平板阀内侧细脖子处本体刺穿，大量油气喷出。

（2）思想麻痹。井底已停止循环近 8 天时间，在这期间，未采取措施循环钻井液，致使地层流体更多地流入井内，造成严重气侵。

（3）现场人员井控技术素质低，压井程序不熟练。该井在 16 日准备爆炸松扣卸开方钻杆时，发现钻杆内钻井液倒返，已是井涌的信号，但未引起足够的重视，分析认为是钻具内外钻井液密度不均，环空倒返钻井液所致。处理紧急情况的经验不足，未及时组织人员撤离，造成多人伤亡。

（三）纠正及预防措施

（1）严格执行打开油气层验收和开钻验收制度，设备的配套、安装、试压必须满足井控要求。井控设备的配套、安装、试压有一项达不到标准必须进行整改或重新试压。

（2）从一次井控做起，是实现井控安全的前提，严格落实坐岗制度，发现溢流必须及时报警，立即启动关井程序，果断关井，以避免油气继续侵入井眼。

（3）必须做到全井井控工作的善始善终，不能因安全钻完设计井深就产生麻痹大意思想，完井期间的测井、通井、下套管及固井都要把井控工作始终如一地做细、做扎实。

第二节　爆炸事故

爆炸事故是指由于意外地发生了突发性大量能量的释放，并伴有强烈的冲击波、高温高压的事故，包括火药爆炸、压力容器爆炸、油气管道爆炸、锅炉爆炸等。

案例一

（一）事故经过

某井准备进行固井施工作业，2014年8月10日开始下油层套管。由于该井采用芯轴式套管头，套管悬挂器坐在套管头下部本体内，密封了油层套管环空，故采取接高压软管至地面排污池进行固井前循环。

11日16时30分，固井队接好固井管线进行例行检查时，固井工程师发现停泵后高压软管出口有溢流并有油花，为保证固井质量和井控安全，要求钻井队先循环压稳井然后再固井。

18时30分，注入密度1.18g/cm³的钻井液60m³，停泵观察，出口依然有溢流，钻井队继续配制钻井液，21时37分，开泵循环。3min后，排污池发生油气闪爆着火，火焰顺高压软管燃烧至井口，井架倒塌。

（二）事故原因

1. 直接原因

该井在下完油层套管循环钻井液过程中，井内返出的钻井液直接排放到排污池，钻井液中含有的原油和伴生气在排污池聚集一定浓度闪爆着火，引燃排污池表面的油气混合物，火焰从排污池顺高压软管燃烧至井口，导致井架坍塌损毁。

2. 间接原因

（1）钻井队在完井作业过程中，钻井液循环不充分，导致地层油气侵入井筒，形成溢流。

（2）循环压井方法不当，导致油气运移并聚集在井口附近。

（3）油气混合物高速喷出，在高压软管出口处爆燃，引起排污池起火。

（三）纠正及预防措施

（1）钻开油气层和完井作业阶段按照要求进行短程起下钻、低泵冲试验。

(2) 钻井队在完井作业期间，按照井控要求对全井段认真通井和循环，建立井内压力平衡。

(3) 提高钻井人员业务素质，分清气侵与溢流的区别，提高气侵及溢流的处理手段及能力。

(4) 下完套管循环出现溢流后，应上提套管柱，畅通环空通道，关闭封井器和套管头旁通阀，通过节流管汇节流循环压井，防止井涌。

(5) 监督人员在处理复杂情况、应对突发事件等方面，监督责任落实要到位。

案例二

（一）事故经过

2012年10月14日，施工现场负责人安排推土机在井场恢复地貌作业。

12时20分左右，推土机往坡下推土过程中，意外地将一条埋地输油管线推裂，造成管线内油气混合物急剧泄漏，随后被推土机排气管引燃发生闪爆并着火。造成一人死亡。

（二）事故原因

1. 直接原因

地貌恢复作业过程中，在没有调查作业区域埋地油气管线的情况下进行推土作业，将单井输油管线推裂，致使油气急剧泄漏，被推土机排气管引燃发生闪爆着火。

2. 间接原因

(1) 施工单位现场施工人员在没看到该井输油管线走向明显标识的情况下，没有向建设单位主管部门确认管线走向，导致判断失误。

(2) 铺设的输油管线填埋后在井场内外及管线沿线的地面上没有按规定做任何标识。

（三）纠正及预防措施

(1) 作业前，充分辨识出作业活动、作业现场存在的风险。

(2) 动土作业前应明确地下输油气管线排查和确认的具体步骤、流程。

(3) 对地下油气管线排查和确认要办理作业许可，经建设单位审批确认、批准。

(4) 将地貌恢复作业纳入动土作业管理，严格审批把关和监督管理。

(5) 建设单位应履行属地职责，派人进行现场监督检查，对进入属地的相关人员及时进行风险告知。

(6) 建设单位要对埋地管线、电缆等在地面作出明确标识。

案例三

（一）事故经过

某井于2011年11月18日开钻，12月16日三次开井，12月22日3时27分氮气钻进至井深2144.23m，突遇裂缝性高压储层，钻时加快，大量崩塌岩屑和天然气迅速进入井

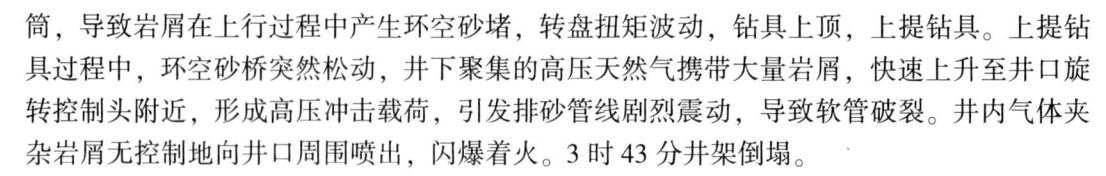

筒，导致岩屑在上行过程中产生环空砂堵，转盘扭矩波动，钻具上顶，上提钻具。上提钻具过程中，环空砂桥突然松动，井下聚集的高压天然气携带大量岩屑，快速上升至井口旋转控制头附近，形成高压冲击载荷，引发排砂管线剧烈震动，导致软管破裂。井内气体夹杂岩屑无控制地向井口周围喷出，闪爆着火。3时43分井架倒塌。

（二）事故原因

1. 直接原因

在氮气钻进过程中遭遇地层大量天然气瞬间涌入井内，高压软管爆裂后，大量涌出井口的天然气与空气形成混合气体，岩屑撞击井架底座产生火花导致闪爆着火。

2. 间接原因

（1）大量天然气迅速从裂缝性储层进入井筒。

（2）氮气钻进钻遇储层发生砂堵导致井内压力升高。在钻遇裂缝储层时，钻时加快，部分岩屑崩塌进入井筒，加之大量天然气进入井筒形成对井壁的冲刷作用，造成井筒内岩屑快速增多，环空产生砂堵，但随着砂桥的松动，高压气体上移导致井口压力瞬时升高。

（3）排砂管线软管爆裂使大量天然气外泄。在上提钻具过程中，砂桥突然松动。瞬间井底聚集的高压天然气携带大量岩屑快速上移到井口，在旋转控制头附近形成高压冲击载荷对井口排砂管线产生巨大冲击力，引发排砂管线的剧烈震动，导致排砂管线前端的软管根部爆裂，大量天然气夹带岩屑外泄。

（4）火势猛烈、覆盖面大，无法实施关井。闪爆着火后，钻台面被火势笼罩，火焰高度超过二层平台，操作人员已无法实施关井操作，被迫逃生。井场内因火势覆盖面大，操作人员无法靠近远控台实施关井操作，导致井架烧塌。

（三）纠正及预防措施

（1）认真总结和汲取事故教训，在生产过程中，只要涉及井筒作业，就要认识到"三高、两浅"的存在，提高风险管理意识。

（2）修订有关气体钻井标准。限定气体钻井的适应井型，特别是风险探井、预探井、区域探井等地质情况不清楚的井，慎用气体钻井方式。

（3）强化变更审批管理。当工艺参数、设备设施发生变更时，对设计变更后带来的风险进行分析评估，并按原程序审批。

（4）完善气体钻井应急关井程序。在气体钻进过程中，遇环空砂堵、钻具上顶等异常情况时应在停转盘后，立即关闭环形防喷器，同时打开放喷管线，在第一时间迅速控制井口，视具体情况再进行下一步处理。

（5）提高应急处置能力。

第三节　物体打击事故

物体打击是指物体在重力或其他外力作用下产生运动打击人体造成的人身伤亡。不包括因机械设备、车辆、起重机械、坍塌、压力容器爆炸飞出物等引发的伤亡。

案例一

（一）事故经过

某钻井队于 2014 年 4 月 30 日开始搬迁。

5 月 5 日，组织起升井架作业。12 时 10 分，召开了现场井架起升的准备会议。12 时 20 分，队长、带班队长、大班司钻、司钻进行四重覆盖检查。装备科、监督站进行检查项目复查。现场测量风速为西北风 2~3 级，符合井架起升条件。经共同确认签署批准书，同意井架起升。

12 时 30 分左右，现场指挥下令试起。进行两次试起，各岗位人员按照岗位分工和操作规程对井架、底座、起升滑轮等部位进行了检查，确认没有问题。

12 时 50 分正式起升井架，当游车接近二层台时，发现游车上端可能与二层台左侧前门挡杆发生刮碰，于是停止起升。下放井架至地面安装支架，将二层台左侧前门挡杆收回复位。13 时 10 分按照要求又进行了两次试起，试起正常。13 时 30 分正式起升井架，队长观察伸出的井架缓冲气缸接近人字架时，间歇摘挂低速气开关、轻带刹车控制绞车速度，同时大班司钻操控缓冲气缸。队长观察井架即将起升到位，随即左手摘掉绞车低速离合器，右手下压刹把，此时发现滚筒运转异常，摘掉总车离合器，滚筒仍然运转，导致左侧起升大绳翻转导向滑轮基座耳板断开。右侧起升大绳翻转导向滑轮基座与底座工字梁焊口撕开，井架随即倒向钻机后方，将大班司钻挤压在井架与钻台面之间，导致其死亡。

（二）事故原因

1. 直接原因

起井架操作人员技能差，井架即将起升到位时，采取减速措施滞后，造成井架拉倒。

2. 间接原因

（1）起井架操作程序没有严格执行行业标准规定。本次起井架操作中，在起井架前，操作人员没有先挂合辅助刹车；起井架后，造成后期速度控制难度大。

（2）放气阀内有异物，放气速度减慢，造成滚筒运转速度控制难度大。

（3）起井架前风险分析不到位，没能识别出井架向后倾倒的风险，造成人员伤亡。

（4）起井架前检查不到位。没有发现气路存在异物、二层台左侧前门挡杆未收回复位、指重表无记录卡片，均是检查不严不细，流于形式的表现。

（三）纠正及预防措施

（1）梳理各类井架的起放操作流程和规定，查漏补缺，同时做好设备说明书与操作流程之间的转化，优化完善操作流程，有效指导现场操作。

（2）加强操作人员岗位管理，严格岗位操作职责。熟练掌控操作技能，保障关键操作的安全。

（3）加强基层队伍操作规程和操作流程的培训，让员工掌握标准操作流程、风险分析能力，采取有效的规避风险措施。

（4）加强监管，有效落实监管职责。

案例二

（一）事故经过

2010年4月22日，某钻井队双吊卡起钻。内钳工一侧吊环推进吊耳并插好保险销，外钳一侧吊环高度低，吊环向外倾斜导致保险销不能插入，副队长扶住两侧吊环，示意副司钻上起游车。副司钻误将转盘离合器控制手柄当作绞车离合器控制手柄挂合，游车没有启动，随即再次挂合。此时，转盘旋转，外钳一侧的吊环从吊卡的吊耳内蹩出，击打到副队长，并将其抛出钻台面，经抢救无效死亡。

（二）事故原因

1. 直接原因

副司钻误将转盘离合器控制手柄当作绞车离合器控制手柄操作，造成转盘带动吊卡转动，致使外钳一侧的吊环从吊卡内蹩出，击打副队长，使其从钻台坠落到场地上。

2. 间接原因

（1）副司钻操作时精力不集中，实际操作经验不足。

（2）副队长安全意识淡薄，站在不当位置协助外钳工，转盘转动时未能及时撤离。

（3）现场安全监督对副司钻起钻作业没有实施有效监督，对副队长站在不当位置协助外钳工插安全销未予以纠正和制止。

（三）纠正及预防措施

（1）改进司钻操作台操作方式。

（2）对岗位、现场、设备进行充分风险辨识，及时整改现场隐患。

（3）加强员工操作技能培训。

案例三

（一）事故经过

2008年4月8日，某钻井队安装顶驱导轨，司钻操作刹把，上提提升架安装导轨。导轨与吊臂连接完毕后，副司钻进入提升架内拆卸提升架固定锁销。固定锁销拆除后，副司钻坐在提升架内示意司钻下放游车大钩。当提升架下行至第一节与第二节顶驱导轨的连接处时，突然卡住，游车大钩继续下行，副司钻被压在游车大钩与提升架之间，后脑受挤压，经抢救无效死亡。

（二）事故原因

1. 直接原因

顶驱导轨提升架沿导轨下行遇卡后，游车继续下行，挤压搭乘提升架下井架的副司钻后脑部，致其死亡。

2. 间接原因

（1）安装操作不当。在设备安装前，应先将提升架固定锁销拆除，再安装导轨。

（2）违规操作。副司钻拆掉顶驱提升架固定锁销后，试图直接乘坐提升架下到钻台，违反了《顶驱安装操作步骤及注意事项》中"严禁搭乘顶驱导轨提升架，避免人员伤害"的规定。

（3）提升架受外力遇卡。由于提升架与大钩之间用单根钢丝绳连接，属不稳定状态。提升架坐入后，重心发生偏移，产生翻转力矩，使得提升架紧贴导轨。当提升架下行致导轨接口处，发生挂卡。

（三）纠正及预防措施

（1）顶驱安装操作中，严禁人员搭乘顶驱导轨提升架。
（2）严禁违章指挥、违规操作，及时制止他人违章。
（3）完善顶驱设备安装、拆卸操作规程。

第四节　机械伤害事故

机械伤害是指机械设备运动（静止）部件、工具、加工件直接与人体接触引起的夹击、碰撞、剪切、卷入、绞、碾、割、刺人等伤害。各类转动机械的外露传动部分（如齿轮、轴、履带等）和往复运动部分都有可能对人体造成机械伤害。

案例一

（一）事故经过

2018年5月1日，某钻井队进行起钻作业，井架工在二层台配合作业时，安全带尾绳触碰二层台气动绞车操作手柄，造成绞车转动，其穿戴的安全带尾绳缠绕在绞车滚筒上，井架工被安全带拉扯，摔倒在气动绞车上，不断收紧的安全带将其勒紧，导致窒息死亡。

（二）事故原因

1. 直接原因

井架工穿戴的安全带尾绳缠绕在转动的气动绞车滚筒上，被不断收紧的安全带勒紧，导致窒息死亡。

2. 间接原因

(1) 设备本质安全有缺陷。气动绞车滚筒无防护措施，操作手柄无防碰、自动回位装置。二层台指梁设置与厂家设计图纸不符（厂家设计 9 根，现场实际只有 2 根）。

(2) 井架工在排放钻杆通过气动绞车时，安全带尾绳挂碰操作手柄造成绞车启动，安全带尾绳缠绕在绞车滚筒上。

(3) 安全带锚固点设计不合理，不符合安全带高挂低用的使用要求，安全绳拖地使用。

(4) 二层台杂物较多，安全通道不通畅。

(三) 纠正及预防措施

(1) 钻井施工过程中的高处作业，安全带应高挂低用。

(2) 气动绞车等辅助设备的转动部分严禁裸露。

(3) 检查二层平台各种器具、工具、设备安装规范，摆放合理。

案例二

(一) 事故经过

2006 年 3 月 24 日，某钻井队拆卸井架及设备。队长指挥两名钻工和一名电气助理工程师拆卸配电房到钻台的电缆槽，先砸开地面上连接第三、四节电缆槽的第一个连接销，然后砸取第二个连接销，大班司机靠近电缆槽观察连接销退出情况。当砸开第二个连接销时，由于上部两节电缆槽的自重及蹩劲，第三节电缆槽向钻台方向突然后移 0.8m，上部电缆槽下移约 1m，大班司机身体失去重心，倒入电缆槽内，被压在第二节电缆槽和第三节电缆槽折合部，经抢救无效死亡。

(二) 事故原因

1. 直接原因

爬坡电缆槽与其相连的地面电缆槽合在一起，将大班司机夹在两节电缆槽之间，挤压致伤造成死亡。

2. 间接原因

(1) 指挥失误。队长没有事前组织危险识别和评估，在电缆槽连接受力的情况下，没有按正确程序指挥电缆槽拆卸，造成地面电缆槽瞬间向井口方向滑动。

(2) 安全意识不强。大班司机安全意识不强，擅自进入危险区域且靠近危险设备，附近的作业人员没有意识到危险，没有及时制止。

(三) 纠正及预防措施

(1) 电缆槽连接受力的情况下，应采用吊车吊住上层电缆槽，按照从上往下的程序逐层拆卸电缆槽，不能直接砸连接销。

(2) 井架起放等关键作业过程，应安排专人进行监督，及时制止作业人员违规作业。

(3) 作业前，进行工作前安全分析，辨识每一个操作步骤存在的风险。

(4) 编制电缆槽安全拆卸操作规程，并组织相关人员进行培训。

第五节　高处坠落事故

高处坠落是指在高处作业中发生坠落造成的伤亡事故，包括临边作业、洞口作业、攀登作业、悬空作业、操作平台作业、交叉作业高处坠落等。不包括触电坠落。

案例一

（一）事故经过

某钻井队对平行安装的逃生滑道和钻台梯子进行拆卸作业，作业人员将绳套挂在逃生滑道吊耳后，记录工拆卸掉逃生滑道靠近钻台梯子一侧的固定销，再拆卸另一侧固定销未果，大班司机上钻台协助拆卸，大班司钻在钻台扶梯缓步台处指挥上提吊钩，吊绳绷紧仍未能拆除后，上钻台指挥继续上提，并与大班司机共同拆除固定销。大班司钻用撬杠撬逃生滑道，大班司机晃动并抽取固定销，记录工站在两人侧后方。大班司机将固定销拔出瞬间，逃生滑道向梯子一侧上弹后下落，撞在固定销已拆除的钻台梯子上，导致钻台梯子下坠，将安全带尾绳挂在梯子处的记录工从钻台面带下地面，造成记录工死亡。

（二）事故原因

1. 直接原因

逃生滑道撞到已拆除固定销的钻台梯子导致梯子下坠，将安全带尾绳挂在梯子护栏上的记录工带下钻台。

2. 间接原因

（1）钻台梯子固定销被拆除，势能瞬间释放，逃生滑道碰撞梯子下坠。

（2）记录工安全带尾绳系挂在钻台梯子护栏上，梯子下坠时将记录工带下钻台。

（3）逃生滑道重心与吊车顶端滑轮钢丝绳不在同一垂线，斜拉受力导致固定销被拔出瞬间逃生滑道撞向梯子。

（4）逃生滑道与钻台梯子平行安装，间距0.4m，与原钻机逃生滑道出厂设计不符。

（三）纠正及预防措施

（1）梳理钻机搬家安装期间存在的吊装、高处等高风险作业，尤其对于设备拆卸顺序、防坠落差速器规范使用、不平衡重物起吊、吊物运移路线等关键环节进行系统风险分析和隐患排查，消除同类隐患，杜绝类似事故发生。

（2）加强高危作业风险管控和现场作业过程安全管理，加强吊装作业、高处作业、协同配合作业的领导干部带班、值班以及旁站监督。

案例二

（一）事故经过

2008年10月1日，某钻井队进行顶驱检维修作业，副队长安排井架工、内钳工乘坐吊篮检修顶驱，并操作气动小绞车起升吊篮。

19时45分，检修完顶驱后，井架工示意下放吊篮。副队长操作气动小绞车下放吊篮，下放过程中吊篮晃动，吊篮的吊耳从小绞车的吊钩中脱出，井架工、内钳工随吊篮一起坠落，并先后从吊篮内甩出至钻台面。值班干部立即组织人员将伤员送往医院救治，经医院诊断，内钳工头皮外伤、颈椎第8、11节稳定性骨折，井架工无伤害。

（二）事故原因

1. 直接原因

吊钩存在安全隐患。吊钩为自锁式，在受到外力时，没有实现完全闭合，与钩体形成16mm的间隙，致使12mm厚度的吊篮吊耳从吊钩中脱出。

2. 间接原因

（1）人员违章操作。安全带直接系在吊篮上，没有系在小绞车吊钩上，致使吊篮吊耳与吊钩脱开后，随同吊篮一起坠落至钻台面。

（2）巡回检查不到位。一是岗位巡查、基层自查、上级检查都没有及时查出气动小绞车吊钩与钩体间隙过大的隐患；二是值班干部没有及时发现员工所佩戴的安全带挂钩系的位置不正确。

（3）在明知吊篮升降过程中不稳定的情况下，未使用牵引绳。

（三）纠正及预防措施

（1）严格落实作业许可制度。作业前，作业负责人要根据作业内容和可能发生的风险，有针对性地制定削减与控制措施，办理作业许可，并对全体作业人员进行交底。

（2）检查吊钩、吊篮与吊具规范完好，吊钩自锁式挡销与钩尖间隙超过8mm应强制报废。

（3）完善吊篮载人操作规程，强化人员培训。

第六节　起重伤害事故

起重伤害是指各种起重作业（包括起重机安装、检修、试验）活动中发生的挤压、坠落（吊具、吊重）、折臂、倾翻、倒塌等引起的对人的伤害，如起重作业时脱钩砸人、钢丝绳断裂抽人、移动吊物撞人、钢丝绳刮人、滑车碰人等伤害。起重作业包括桥式起重机、门式起重机、塔式起重机、悬臂起重机、桅杆起重机、铁路起重机、汽车吊、电动葫芦、千斤顶等的作业。

第八章　典型案例

📄 案例一

（一）事故经过

2008年3月26日，某钻井队进行钻井液循环罐和钻井泵之间上水管线的拆卸起吊作业。拆完上水管线连接螺栓，用两根吊绳和两个2t U形环锁住上水管线，副司钻指挥吊车试吊，管线未松动，钻工便将吊绳绕过钻井泵滤网总阀进行起吊，管线仍未松动。钻工又将吊绳捆扎点向循环罐方向挪动进行起吊，造成管线一端与循环罐法兰突然脱离，管线横扫出去，击中副司钻头部，经送医抢救无效死亡。

（二）事故原因

1. 直接原因

起吊过程中用力过大，使上水管线脱离循环罐法兰的瞬间，向钻井泵方向横扫，将副司钻击倒。

2. 间接原因

（1）用吊车配合拆卸上水管线作业时，对拆卸后的上水管线会向2号钻井泵方向横扫的风险估计不足。

（2）吊车司机技术素质不高，用副钩起吊时操作不当。

（3）在起吊时，副司钻站位不当，未处在安全区域指挥吊装作业。

（三）纠正及预防措施

（1）严格执行起重吊装作业"十不吊"中"歪拉斜吊不吊"的规定，严禁违规操作。

（2）严格执行吊装作业的特种作业许可制度，落实起吊作业现场安全监督责任人的监督职责。

（3）加强特种作业人员的技能培训，增强人员防险避险的意识。

📄 案例二

（一）事故经过

2007年3月25日，某钻井队进行钻机拆卸作业，吊车司机在吊装钻台左前角梯子过程中，摆臂、伸拔杆、放绳同时进行。在即将到预定位置时，被吊梯子底端与地面放置的梯子护栏刮碰，司机采取紧急制动措施，致使绳套从梯子吊装耳板中脱出。梯子迅速坠落，砸中在现场准备摘绳套的场地工，梯子从其左肩扫下，砸中胸、腹部，最后压在右腿膝关节处，造成场地工死亡。

（二）事故原因

1. 直接原因

吊车司机严重违章操作。钻台梯子起吊后在晃动幅度较大的情况下，旋转吊臂、伸拔杆、放快绳三个动作同时进行，加剧了梯子晃动幅度，与地面事先放置的梯子护栏意外刮碰，司机采取紧急制动措施，致使绳套从梯子吊装耳板中脱出，梯子迅速坠落，场地工躲闪不及，被梯子砸中，当场死亡。

2. 间接原因

（1）人员站位不合理且未使用牵引绳。

（2）梯子吊点的耳板防绳套脱落性较差，导致绳套在失重和摆动的情况下容易与耳板脱开。

（3）绳套挂法错误。未按规定要求采用四角平吊，采取的是一根单绳套两端分别挂在吊点上，中间直接挂在吊钩上，当一端脱落时，绳套从吊钩脱落，梯子直接坠落。

（三）纠正及预防措施

（1）强化监督管理，确保过程监控。根据生产情况，及时调派安全监督，确保危险作业和关键工序监控到位。

（2）对所有梯子吊装点进行改造，消除绳套从吊点脱出的隐患。

（3）强化钻井队风险识别培训，进一步提高员工技能。

附录

附录1　常用安全生产法律法规索引

序号	名称	制定机关	公布日期
一、安全生产法律			
1	中华人民共和国安全生产法	全国人民代表大会常务委员会	2021-06-10
2	中华人民共和国职业病防治法	全国人民代表大会常务委员会	2018-12-29
3	中华人民共和国消防法	全国人民代表大会常务委员会	2021-04-29
4	中华人民共和国环境保护法	全国人民代表大会常务委员会	2014-04-24
5	中华人民共和国劳动法	全国人民代表大会常务委员会	2018-12-29
6	中华人民共和国刑法	全国人民代表大会	2020-12-26
7	中华人民共和国妇女权益保障法	全国人民代表大会	2022-10-30
8	中华人民共和国未成年人保护法	全国人民代表大会常务委员会	2024-04-26
9	中华人民共和国突发事件应对法	全国人民代表大会常务委员会	2024-06-28
10	中华人民共和国特种设备安全法	全国人民代表大会常务委员会	2013-06-29
11	中华人民共和国劳动合同法	全国人民代表大会常务委员会	2012-12-28
二、安全生产行政法规			
1	生产安全事故应急条例	国务院	2019-02-17
2	危险化学品安全管理条例	国务院	2013-12-07
3	生产安全事故报告和调查处理条例	国务院	2007-04-09
4	安全生产许可证条例	国务院	2014-07-29
5	易制毒化学品管理条例	国务院	2018-09-18
6	工伤保险条例	国务院	2010-12-20
7	劳动保障监察条例	国务院	2004-11-01
8	女职工劳动保护特别规定	国务院	2012-04-28
9	特种设备安全监察条例	国务院	2009-01-24
三、安全生产部门规章			
（一）综合类			
1	生产安全事故应急预案管理办法	应急管理部	2019-07-11
2	安全生产事故隐患排查治理暂行规定	国家安全生产监督管理总局	2007-12-28
3	企业安全生产费用提取和使用管理办法	财政部、应急管理部	2022-11-21

续表

序号	名称	制定机关	公布日期
4	工伤认定办法	人力资源和社会保障部	2010-12-31
（二）危险化学品			
5	危险化学品重大危险源监督管理暂行规定	国家安全生产监督管理总局	2015-05-27
6	危险化学品输送管道安全管理规定	国家安全生产监督管理总局	2015-05-27
7	危险化学品建设项目安全监督管理办法	国家安全生产监督管理总局	2015-05-27
8	危险化学品登记管理办法	国家安全生产监督管理总局	2012-07-01
9	危险化学品经营许可证管理办法	国家安全生产监督管理总局	2015-05-27
10	危险化学品生产企业安全生产许可证实施办法	国家安全生产监督管理总局	2017-03-06
11	危险化学品安全使用许可证实施办法	国家安全生产监督管理总局	2017-03-06
（三）三同时			
12	建设项目安全设施"三同时"监督管理办法	国家安全生产监督管理总局	2015-04-02
13	建设项目职业病防护设施"三同时"监督管理办法	国家安全生产监督管理总局	2017-01-10
（四）伤亡事故调查和处理			
14	特种设备事故报告和调查处理规定	国家市场监督管理总局	2022-01-20
15	生产安全事故信息报告和处置办法	国家安全生产监督管理总局	2009-07-01
（五）安全生产培训			
16	生产经营单位安全培训规定	国家安全生产监督管理总局	2015-05-29
17	特种设备作业人员监督管理办法	国家质量监督检验检疫总局	2011-05-03
18	安全生产培训管理办法	国家安全生产监督管理总局	2015-05-29
19	特种作业人员安全技术培训考核管理规定	国家安全生产监督管理总局	2015-05-29
（六）消防管理			
20	仓库防火安全管理规则	公安部	1990-04-10
21	机关、团体、企业、事业单位消防安全管理规定	公安部	2001-11-14
（七）劳动卫生			
22	工作场所职业卫生管理规定	国家卫生健康委员会	2020-12-31
23	职业病诊断与鉴定管理办法	国家卫生健康委员会	2021-01-04
24	职业病危害项目申报办法	国家安全生产监督管理总局	2012-04-27
25	用人单位职业健康监护监督管理办法	国家安全生产监督管理总局	2012-04-27

附录2 常用安全生产标准索引表

序号	名称	颁布部门	标准编号
一、安全技术综合			
1	图形符号 安全色和安全标志 第5部分：安全标志使用原则与要求	国家市场监督管理总局/国家标准化管理委员会	GB/T 2893.5—2020

续表

序号	名称	颁布部门	标准编号
2	安全标志及其使用导则	国家质量监督检验检疫总局/国家标准化管理委员会	GB 2894—2008
3	生产经营单位生产安全事故应急预案编制导则	国家市场监督管理总局/国家标准化管理委员会	GB/T 29639—2020
4	危险化学品企业特殊作业安全规范	国家市场监督管理总局/国家标准化管理委员会	GB 30871—2022
5	化学品作业场所安全警示标志规范	国家安全生产监督管理总局	AQ/T 3047—2013
二、特种设备安全技术			
1	特种设备使用管理规则	国家质量监督检验检疫总局	TSG 08—2017
2	固定式压力容器安全技术监察规程	国家质量监督检验检疫总局	TSG 21—2016
3	气瓶安全技术规程	国家市场监督管理总局	TSG 23—2021
三、劳动防护用品			
1	个体防护装备配备规范 第2部分：石油、化工、天然气	国家市场监督管理总局/国家标准化管理委员会	GB 39800.2—2020
2	头部防护 安全帽	国家市场监督管理总局/国家标准化管理委员会	GB 2811—2019
3	防护服装 防静电服	国家市场监督管理总局/国家标准化管理委员会	GB 12014—2019
四、劳动卫生			
1	工作场所有害因素职业接触限值 第1部分：化学有害因素	国家卫生健康委员会	GBZ 2.1—2019
2	工作场所有害因素职业接触限值 第2部分：物理因素	卫生部	GBZ 2.2—2007
3	工作场所职业病危害因素警示标识	卫生部	GBZ 158—2003
五、消防综合			
1	消防设施通用规范	住房和城乡建设部	GB 55036—2022
2	建筑防火通用规范	住房和城乡建设部	GB 55037—2022
3	消防安全标志 第1部分：标志	国家质量监督检验检疫总局/国家标准化管理委员会	GB 13495.1—2015
4	室外消防栓	国家质量监督检验检疫总局/国家标准化管理委员会	GB 4452—2011
5	手提式灭火器 第1部分：性能和结构要求	国家质量监督检验检疫总局/国家标准化管理委员会	GB 4351.1—2005
6	推车式灭火器	国家市场监督管理总局/国家标准化管理委员会	GB 8109—2023
7	消防应急照明和疏散指示系统	国家市场监督管理总局/国家标准化管理委员会	GB 17945—2024
六、交通			
1	工业企业厂内铁路、道路运输安全规程	国家质量监督检验检疫总局/国家标准化管理委员会	GB 4387—2008
七、危险化学品			
1	危险化学品仓库储存通则	国家市场监督管理总局/国家标准化管理委员会	GB 15603—2022
2	化学品安全标签编写规定	国家质量监督检验检疫总局/国家标准化管理委员会	GB 15258—2009

续表

序号	名称	颁布部门	标准编号
3	化学品安全技术说明书内容和项目顺序	国家质量监督检验检疫总局/国家标准化管理委员会	GB/T 16483—2008
4	危险化学品重大危险源辨识	国家市场监督管理总局/国家标准化管理委员会	GB 18218—2018

附录3 吊装作业许可证推荐样式

吊装作业许可证

申请单位		作业申请时间		年 月 日 时 分	
作业区域所在单位		属地监督		监护人	
申请人		吊装指挥及操作证	证号：		
吊装司索		起重机械操作人员及操作证	证号：		
作业地点、部位		是否编制作业方案		□是 □否	
作业时间	自 年 月 日 时 分始，至 年 月 日 时 分止				
作业内容（说明是否附图等）					
起重机械名称（有车牌号或其他编号的须注明）		吊物内容		吊物质量（t）	
作业等级	□一级		□二级	□三级	
涉及的其他特殊作业、非常规作业	□动火 □受限空间 □管线打开（盲板抽堵） □高处 □吊装 □临时用电 □动土 □断路 □射线 □其他非常规作业			涉及的其他特殊作业、非常规作业许可证编号	

危害因素识别：

□高处坠落/落物 □易燃易爆气体/粉尘 □高温烫伤/低温冻伤 □输电线路/带电体 □高压气体、液体
□生物伤害 □有毒/窒息性气体 □机械/车辆运动/物体打击 □挤压 □隔离/联锁失效 □放射性
□腐蚀/毒性化学品 □倾覆/坍塌 □恶劣天气 □设备失效泄漏 □噪声 □高压电力线等带电体
□同时进行的可能发生互相影响的作业 □其他

序号	安全措施	是划"√" 否划"×"	确认人
1	涉及下述情况的吊装作业已编制作业方案，并已经审查批准：一、二级吊装作业；吊装物体质量虽不足40t，但形状复杂、刚度小、长径比大、精密贵重；作业条件特殊的三级吊装作业；环境温度低于-20℃的吊装作业；其他吊装作业环境、起重机械、吊物等情况较复杂的情况		
2	吊装区域影响范围内如有含危险物料的设备、管道时，已制定含相应防控措施的详细吊装方案，必要时停车，放空物料，置换后再进行吊装作业		

续表

序号	安全措施	是划"√" 否划"×"	确认人
3	吊装作业人员持有有效的法定资格证书,已按规定佩戴个体防护装备		
4	已对起重吊装设备、钢丝绳(吊带)、揽风绳、链条、吊钩等各种机具进行检查,安全可靠		
5	已明确各自分工、坚守岗位,并统一规定联络信号		
6	将建筑物、构筑物作为锚点,应经所属单位工程管理部门审查核算并批准		
7	吊物的吊装路径应避开油气生产设备、管道		
8	起重机与周围设施的安全距离不应小于0.5m		
9	在沟(坑)边作业时,起重机临边侧支腿或履带等承重构件的外缘应与沟(坑)保持不小于其深度1.2倍的安全距离,且起重机械作业位区域的地耐力满足吊装要求		
10	起重机械的安全距离应大于起重机械的倒塌半径,吊装绳索、缆风绳、拖拉绳等不应与带电线路接触,并保持安全距离;不能满足时,应停电后再进行作业		
11	不应利用管道、管架、电杆、机电设备等作吊装锚点		
12	起重机械安全装置灵活好用		
13	有侧支腿及支垫的起重机械,吊装作业前经检查支腿及支垫牢靠		
14	吊物捆扎牢固,未见绳打结、绳不齐现象,棱角吊物已采取衬垫措施		
15	地下通信电(光)缆、局域网电(光)缆、排水沟的盖板、承重吊装机械的负重量已确认,保护措施已落实		
16	起吊物的质量(t)经确认,在吊装机械的承重范围内		
17	在吊装高度的管线、电缆桥架已做好防护措施		
18	作业现场围栏、警戒线、警告牌、夜间警示灯已按要求设置		
19	作业高度和转臂范围内无架空线路		
20	在爆炸危险场所内的作业,机动车排气管已装阻火器		
21	露天作业,环境风力满足作业安全要求		
22	其他相关特殊作业已办理相应安全作业许可证		
23	其他安全措施: 编制人(签字):		
	安全交底人(签字)	接受交底人(签字)	
作业方申请	我保证阅读理解并遵照执行该作业安全方案和此许可证,并在作业过程中负责落实各项风险消减措施,在工作结束时通知属地单位负责人。 作业申请人(签字):　　　　　　　吊装指挥(签字): 吊装司索(签字):　　　　　　　　起重机操作人员(签字): 　　年　月　日　时　分　　　　　　　年　月　日　时　分		

续表

作业监护和监督	本人已阅读许可证并且确信所有条件都满足，并承诺坚守现场。 监护人（签字）： 年 月 日 时 分 属地监督（签字）： 年 月 日 时 分
批准	我已经审核过本许可证的相关文件，并确认符合公司吊装作业安全管理规定的要求，同时我与相关人员一同检查过现场并同意作业方案，因此，我同意作业。 作业批准人（签字）： 年 月 日 时 分
相关方	本人确认收到许可证，了解该吊装作业项目的安全管理要求及对本单位的影响，将安排相关人员对此吊装作业项目给予关注，并和相关各方保持联系。 单位： 确认人（签字）： 年 月 日 时 分 单位： 确认人（签字）： 年 月 日 时 分
关闭	□许可证到期，同意关闭 □工作完成，已经确认现场没有遗留任何隐患，并已恢复到正常状态，同意许可证关闭 作业结束时间： 年 月 日 时 分	作业申请人（签字）： 年 月 日 时 分	监护人（签字）： 属地监督（签字）： 年 月 日 时 分	批准人（签字）： 年 月 日 时 分
取消	因以下原因，此许可证取消：	作业申请人（签字）： 批 准 人（签字）： 年 月 日 时 分

编号：

备注：1. 表格上部的监护人、申请人、吊装指挥及证号、起重机械操作人员及证号、司索人员、属地监督由作业申请人统一填写，必须是打印或正楷书写，在表格上标明需签字处必须是本人签字。

2. 此表格中不涉及的，用斜划线"/"划除。

附录4 高处作业许可证推荐样式

高处作业许可证

申请单位		作业申请时间		年 月 日 时 分
作业区域所在单位		属地监督		监护人	
申请人		作业人			
作业地点、部位			是否编制作业方案	□是 □否
作业时间	自 年 月 日 时 分始，至 年 月 日 时 分止			
作业内容 （说明是否附图等）					
作业等级	□Ⅰ级 □Ⅱ级 □Ⅲ级 □Ⅳ级			
涉及的其他特殊作业、非常规作业	□动火 □受限空间 □管线打开（盲板抽堵） □高处 □吊装 □临时用电 □动土 □断路 □射线 □其他非常规作业				涉及的其他特殊作业、非常规作业许可证编号

258

续表

危害因素识别：
□高处坠落/落物　□易燃易爆气体/粉尘　□高温烫伤/低温冻伤　□高压气体、液体□生物伤害 □有毒/窒息性气体　□机械/车辆运动/物体打击　□挤压　□隔离/联锁失效　□放射性□腐蚀/毒性化学品 □倾覆/坍塌　□恶劣天气　□设备失效泄漏　□噪声　□同时进行的可能发生互相影响的作业　□其他

序号	安全措施	是划"√" 否划"×"	确认人
1	作业人员身体条件和着装符合要求，携带必要的工具袋及安全绳		
2	在有可能散发有毒有害气体的场所作业，作业人员携带有正压式空气呼吸器和便携式报警仪等相关安防器材		
3	安全标志、工具、仪表、电气设施和各种设备确认完好		
4	现场使用的安全带、安全绳符合安全规定		
5	30m 以上高处作业，作业人员已配备通信联络工具		
6	作业平台、高空作业车、吊篮、梯子、挡脚板、跳板等符合安全规定		
7	现场搭设的脚手架、安全网、围栏等符合安全规定，并经验收合格挂牌		
8	轻型棚的承重梁、柱能承重作业过程最大负荷的要求		
9	作业人员在不承重物处作业所搭设的承重板稳定牢固		
10	安全带不会挂在移动或带尖锐棱角或不牢固的物件上，如无可靠挂点，已设置符合相关标准要求的挂点装置或生命线		
11	雨天和雪天作业时，已采取可靠的防滑、防寒措施		
12	高处动火作业时，已采取防火隔离措施		
13	在邻近排放有毒、有害气体、粉尘的放空管线或者烟囱等场所进行作业时，已预先与作业区域所在单位取得联系，采取有效的安全防护措施		
14	垂直分层作业中间设置有安全防护层或者安全网，坠落高度超过 24m 的交叉作业，设置有双层防护		
15	高处铺设钢格板、花纹板时，安装区域的下方已采取搭设安全网、脚手架平台等防坠落措施		
16	舷（岛）外作业，作业人员已穿戴工作救生衣，作业地点已配备足够数量的救生浮索和救生圈；已派遣守护船或救助艇驶近作业区域进行守护，守护船艇处于作业区域下游就近海域		
17	采光、夜间作业照明符合作业安全要求		
18	作业现场四周已设警戒区		
19	露天作业，风力满足作业安全要求		
20	其他相关特殊作业已办理相应作业许可证		
21	其他安全措施： 编制人（签字）：		

续表

安全交底人（签字）		接受交底人（签字）	
作业方申请	我保证阅读理解并遵照执行该作业安全方案和此许可证，并在作业过程中负责落实各项风险消减措施，在工作结束时通知属地单位负责人。 作业申请人（签字）：　　　　　　　　作业人（签字）： 　年　月　日　时　分　　　　　　　　年　月　日　时　分		
作业监护和监督	本人已阅读许可证并且确信所有条件都满足，并承诺坚守现场。 监护人（签字）：　　　　　　　　　　　　　　　　　　年　月　日　时　分 属地监督（签字）：　　　　　　　　　　　　　　　　　年　月　日　时　分		
批　准	我已经审核过本许可证的相关文件，并确认符合公司高处作业安全管理规定的要求，同时我与相关人员一同检查过现场并同意作业方案，因此，我同意作业。 作业批准人（签字）：　　　　　　　　　　　　　　　年　月　日　时　分		
相关方	本人确认收到许可证，了解该高处作业项目的安全管理要求及对本单位的影响，将安排相关人员对此高处作业项目给予关注，并和相关各方保持联系。 单位：　　　　　　确认人（签字）：　　　　　　　　年　月　日　时　分 单位：　　　　　　确认人（签字）：　　　　　　　　年　月　日　时　分		

关闭	□许可证到期，同意关闭 □工作完成，已经确认现场没有遗留任何隐患，并已恢复到正常状态，同意许可证关闭 作业结束时间： 　年　月　日　时　分	作业申请人（签字）： 　年　月　日　时　分	监护人（签字）： 属地监督（签字）： 　年　月　日　时　分	批准人（签字）： 　年　月　日　时　分
取消	因以下原因，此许可证取消：	作业申请人（签字）： 批　准　人（签字）： 　　　　　年　月　日　时　分		

编号：

备注：1. 表格上部的监护人、申请人、作业人、属地监督由作业申请人统一填写，必须是打印或正楷书写；在表格上标明需签字处必须是本人签字。

2. 此表格中不涉及的，用斜划线"/"划除。

附录5　动火作业许可证推荐样式

动火作业许可证

编号：

申请单位		作业申请时间		年　月　日　时　分
作业区域所在单位		属地监督		监护人	
申请人		作业人		
关联的其他特殊作业、非常规作业		涉及的其他特殊作业、非常规作业许可证编号		

续表

作业地点			动火部位		
动火人（签字）			动火人证书编号		
作业内容					

气体检测：

检测时间				
检测位置				
氧气浓度（%）				
可燃气体浓度（LEL%）				
有毒气体浓度（%）				
分析人				

是否编制方案	是□　　　　　否□
作业时间	自　　年　月　日　时　分始，至　　年　月　日　时　分止

动火作业类型：
□焊接　□气割　□切削　□燃烧　□明火　□研磨　□打磨　□钻孔　□破碎　□锤击　□临时用电
□使用非防爆的电气设备　□使用内燃发动机设备　□其他：

存在的风险：
□爆炸　□火灾　□灼伤　□烫伤　□机械伤害　□中毒　□辐射　□触电　□泄漏　□窒息　□坠落　□落物
□掩埋　□物体打击　□噪声　□坍塌　□淹溺　□其他：

序号	安全措施	是划"√"否划"×"	确认人
1	动火设备内部构件清洗干净，蒸汽吹扫或水洗置换合格，达到动火条件		
2	与动火设备相连的所有管线已断开，加盲板（　）块，未采取水封或仅关闭阀门等方式代替盲板		
3	动火点周围及附近的孔洞、窨井、地沟、水封设施、污水井等已清除易燃物，并已采取覆盖、铺沙等手段进行隔离		
4	油气罐区动火点同一防火堤内和防火间距内的油品储罐未进行脱水和取样作业		
5	高处作业已采取防火花飞溅措施，作业人员佩戴必要的个体防护装备		
6	在有可燃物构件和使用可燃物做防腐内衬的设备内部动火作业，已采取防火隔绝措施		
7	乙炔气瓶应当直立放置，已采取防倾倒措施并安装防回火装置；乙炔气瓶、氧气瓶与火源间的距离不应小于10m，两气瓶相互间距不应小于5m		
8	现场配备灭火器（　）台，灭火毯（　）块，消防蒸汽带或消防水带（　）		
9	电焊机所处位置已考虑防火防爆要求，且已可靠接地		
10	动火点周围规定距离内没有易燃易爆化学品的装卸、排放、喷漆等可能引起火灾爆炸的危险作业		

续表

序号	安全措施	是划"√" 否划"×"	确认人
11	动火点30m内垂直空间未排放可燃气体；15m内垂直空间未排放可燃液体；10m范围内及动火点下方未同时进行可燃溶剂清洗或喷漆等作业，10m范围内未见有可燃性粉尘清扫作业		
12	已开展作业危害分析，制定相应的安全风险管控措施，交叉作业已明确协调人		
13	用于连续检测的移动式可燃气体监测仪已配备到位		
14	配备的摄录像设备已到位且防爆级别满足安全要求		
15	其他相关特殊作业已办理相应作业许可证，作业现场四周已设立警戒区		
16	其他安全措施： 编制人（签字）：		

如需采取栏中所列措施划"√"，不需采取的措施划"×"，如栏内所列措施不能满足时，可在空格处填写其他风险消减措施

安全技术交底人（签字）		接受交底人（签字）	
作业方申请	我保证阅读理解并遵照执行作业方案和此许可证，并在作业过程中负责落实各项风险消减措施，在作业结束时通知属地单位负责人。 作业申请人（签字）：　　　　　　　作业人（签字）： 　年　月　日　时　分　　　　　　　年　月　日　时　分		
作业监护监督	本人已阅读许可证并且确信所有条件都满足，并承诺坚守现场。 监护人（签字）： 属地监督（签字）：	年　月　日　时　分 年　月　日　时　分	
批准	我已经审核过本许可证的相关文件，并确认符合公司动火作业安全管理规定的要求，同时我与相关人员一同检查过现场并同意作业方案，因此，我同意作业。 作业批准人（签字）：	年　月　日　时　分	
相关方	本人确认收到许可证，了解该作业项目的安全管理要求及对本单位的影响，将安排相关人员对此项目给予关注，并和相关各方保持联系。 单位：　　　　　确认人（签字）：	年　月　日　时　分	
关闭	□许可证到期，同意关闭 □工作完成，已经确认现场没有遗留任何隐患，并已恢复到正常状态，同意许可证关闭 作业结束时间： 　年　月　日　时　分	作业申请人（签字）： 年　月　日　时　分	批准人（签字）： 年　月　日　时　分
取消	因以下原因，此许可证取消：	作业申请人（签字）： 批　准　人（签字）： 年　月　日　时　分	

备注：1. 表格上部的监护人、申请人、作业人、属地监督由作业申请人统一填写，必须是打印或正楷书写；在表格上标明需签字处必须是本人签字。
2. 此表格中不涉及的，用斜划线"/"划除。

附录6　临时用电许可证推荐样式

临时用电许可证

编号：

用电单位		作业内容		作业许可证编号	
属地单位		用电地点		用电电压（V）	

<table>
<tr><td colspan="3">用电设备清单</td><td rowspan="9">本人已对临时用电设备进行了自查，确认合格，准用证已领取（属地已签字）；已与属地共同辨识用电地点风险，落实安全措施。我对本作业及作业人员、用电设施的安全负责。
申请用电时限：
　年　月　日　时　分至
　年　月　日　时　分
用电单位申请人（签字）：
　年　月　日　时　分</td></tr>
<tr><td>设备名称</td><td>功率（kW）</td><td>数量</td></tr>
<tr><td></td><td></td><td></td></tr>
<tr><td></td><td></td><td></td></tr>
<tr><td></td><td></td><td></td></tr>
<tr><td></td><td></td><td></td></tr>
<tr><td></td><td></td><td></td></tr>
<tr><td></td><td></td><td></td></tr>
<tr><td>合计：</td><td></td><td></td></tr>
</table>

上述经核实属实，临时用电所需资料手续齐全有效，同意该临时用电。送电前，供电班组需与用电单位共同检查确认用电设施、风险识别和消减措施。
供电单位批准人（签字）：　　　　　　　　　　　　　　　　　　　　　年　　月　　日　　时　分

检查确认用电设施、风险识别和消减措施：符合划"○"，识别无此项划"×"

□电源接入点确认	□上锁点确认	□防爆区域内可燃气体检测分析	
□配电箱配置标识、接地、防水防倾倒围挡等	□自备发电机	□焊接设备	□手持电动工具
□用电设备距气瓶距离、距动火点距离	□用电设备外观	□用电设施数量、功率	
□临时照明（线缆、功率、电压、数量）	□一机一闸一漏	漏电电流：□15mA　□30mA □动作时间≤0.1s	
□线缆规格、走向、绝缘、防护、标识	□线缆过道埋地		
□线缆架空高度、固定、绝缘、标识		□耦合器、插头	□地面线缆穿越保护、标识
□移动式电缆盘		□防爆区域	□电缆、用电设施接地
□雨天、潮湿天等恶劣天停电已交代		□受限空间	□其他：

安全注意事项：

用电单位确认人（签字）：	供电单位确认人（签字）：

续表

电源接入点		已接线、送电、上锁、挂警示牌。	
送电时间	年 月 时 分	操作人（签字）： 电工证号：	
许可证关闭	☐作业结束，现场没有遗留任何隐患 ☐许可证到期	用电单位申请人（签字）：	年 月 日 时 分
	断电时间： 年 月 日 时 分	断电操作人（签字）： 电工证号：	
	拆线时间： 年 月 日 时 分	拆线操作人（签字）： 电工证号：	
	确认时间： 年 月 日 时 分	电已停、线已拆，该作业用电结束。 供电单位确认人（签字）：	

说明：1. 第一联供电单位留存；第二联施工单位用电时留存备查；第三联属地单位监护时留存。
2. 用电单位用电结束须持第二、三联到供电单位办理许可证关闭。

附录7 司钻HSE现场检查表样式

司钻HSE现场检查表

检查频次要求	接班前及特殊作业前按照本表内容进行一次检查
巡回检查路线	值班房（定向、录井房）→死绳固定器→立管压力表→钻井参数仪→辅助刹车→大绳→滚筒高、低速离合器→刹车系统→防碰天车→司钻井控操作台→液压猫头→司控房→值班房

序号		检查内容
1	值班房 （定向、录井房）	各种报表填写及时、清洁、齐全、准确、规范，并签字确认
		了解钻进各种参数，地质提示相关要求
2	死绳固定器	死绳固定器固定螺栓紧固，锁紧螺母齐全，防滑短节3个绳卡牢固，间距100～150mm，防滑绳头与压板间距不大于100mm，防滑标记清晰；压力传感器、传压管线连接牢固、无渗漏；绞车滚筒上的活绳头固定牢靠
3	立管压力表	表盘清洁，指示灵敏、准确
4	钻井参数仪	灵敏、准确、清洁
5	辅助刹车	刹车有效可靠，不漏水、不漏气
		各护罩齐全固定螺栓固定牢靠，线路走向合理
		风冷冷却良好
		运转正常，齿套摘挂灵活，锁定牢固
6	大绳	滚筒上的活绳头固定牢靠
		钢丝绳排列整齐，无挤压、变形，断丝不超标

续表

序号		检查内容	
7	滚筒高、低速离合器	各固定螺栓齐全、紧固，护罩完好	
		导气龙头、水气葫芦无泄漏，快速放气阀灵活好用	
		气囊、钢毂完好无油污	
		摩擦片磨损不超标	
8	刹车系统	液压站电动机、柱塞泵运转正常，无杂音	
		液压油量合适，最高工作油温不大于60℃，系统压力为6.5MPa，蓄能器充氮压力为4MPa	
		油缸及液压管线无渗漏、保持清洁	
		刹车块厚度大于12mm	
		工作钳松刹间隙1~1.5mm，安全钳松刹间隙小于0.5mm	
9	防碰天车	系统自带防碰	触摸屏上设置的上碰点、下砸点与实际大沟高度相符；进行上碰点、下砸点测试，上、下限位设置合适，反应灵敏，减速段减速明显，刹车动作迅速
		过圈阀	顶杆无弯曲，开关不漏气，动作时能迅速将滚筒刹死；顶杆过碰动作位置调节合适；过圈阀与滑道螺栓紧固到位，卫生清洁；过圈阀气管线走向合理，固定牢固，不与大绳挂碰
		重锤式（插拔式）	重锤式防碰天车引绳下端与重锤之间用安全挂钩和开口销（2in）连接，插拔式防碰天车引绳下端的受力方向与下拉销的插入方向所成的夹角不大于30°为最佳状态；钢丝绳用3个与绳径相符的绳卡固定，绳头包裹，无挂卡，松紧合适，不扭不打结；重锤下落范围无垫挂物，冬季每30min活动一次
		数码	室外安装不与井架硬接触，对人通行不构成障碍，线路走向合理有保护；主机悬挂位置恰当，数码显示屏清晰，数字准确，报警灵敏；室内安装固定牢靠，便于查看运作状况，线路走向合理、卫生清洁
10	司钻井控操作台	仪表完好、准确	
		蓄能器压力为17.5~21MPa，管汇压力为8.5~10.5MPa，环形防喷器压力为8.5~10.5MPa，闸板防喷器压力为8.5~10.5MPa，气源压力为0.6~0.8MPa	
		各连接管线和接头处无泄漏	
11	液压猫头	安装固定牢靠，钢丝绳断丝无超标	
		液压缸、管线、阀件不漏油，液压油压力正常	
		液压缸伸缩自由、无阻滞现象，用完及时收回，滑轮转动灵活，黄油嘴及护帽齐全，猫头绳回弹簧完好有效	
		液压猫头换向阀固定牢靠、灵活好用、无渗漏	
		液压旋转猫头支座固定牢靠，滚筒总成平滑无槽、无变形，挡杆齐全灵活好用，管线、阀件不漏油	
12	司控房	司控房固定牢靠，房体完好，操作台内阀件、管线连接紧固不漏气	
		仪表齐全，工作正常，总气压力为0.6~0.8MPa，按钮、手轮齐全灵活可靠；自动送钻功能正常；电控自动及控制备份切换正常	

续表

序号		检查内容
12	司控房	液压盘式刹车液压源压力、工作钳压力、安全钳压力指示正常；操作手柄工作正常；各管线连接无渗漏
		紧急制动按钮、驻车开关工作正常
		指重表、泵压表工作灵敏、正常
		各阀件齐全，标识清楚，阀件无卡滞，冬季应采取保温措施
		司控台上无杂物，手工具、安全帽、对讲机、水杯等物品定点存放
		配备灭火器正常待命工况
13	值班房	班前会听取各岗位检查情况，根据值班干部安排的工作，识别作业风险，制定落实风险防控措施；组织学习、案例分享
		班后会总结班组生产及 QHSE 执行情况

附录 8 副司钻 HSE 现场检查表样式

副司钻 HSE 现场检查表

检查频次要求		接班前及特殊作业前按照本表内容进行一次检查
巡回检查路线		值班房→循环罐→泵房区域→远控房→测斜房→值班房
序号		检查内容
1	值班房	查看工程班报表，了解施工情况，钻井液性能、钻井液提示记录符合设计要求
		查看井控设备检查记录、设备运转记录的填写是否准确、及时
2	循环罐	钻井液液面高度正常
		阀门开关正常
3	泵房区域	铺设防渗布（或土工膜）齐全无破损；目视化标识齐全完好
		运转无杂音，无跳动
		泵压表清洁、灵敏、读数准确
		润滑良好，油量、油质符合要求
		各连接螺栓齐全、紧固，不松、不刺、不漏
		缸套、活塞润滑及冷却良好，拉杆箱内清洁无杂物
		上水管线紧固，封闭良好
		缸套、活塞总成、阀体总成工作正常，不刺漏
		安全销定位符合规定，保养及时，压力提示牌与现场实际一致
		空气包顶部无杂物，压力表和截止阀灵敏可靠，预充压力不得超过泵的排出压力的 2/3，最大充气压力为 4.5MPa，并贴有工作压力值标识
		喷淋泵运转正常，皮带齐全，松紧合适，护罩齐全牢固，不漏水；冷却水箱水质清洁，满足润滑冷却要求

续表

序号		检查内容	
3	泵房区域	泄压管使用不小于 φ76mm 的无缝钢管，固定牢靠，方向正确，保险链固定牢靠，长度合适	
		泵底座与基础之间无悬空，基础水平，场地平整，无积水	
		皮带轮固定牢靠，传动皮带齐全，松紧合适，护罩固定牢靠	
		机油泵工作油压正常（0.2~0.5MPa）	
		工具箱	阀座取出器、管钳、撬杠、大锤、拉缸器等工具齐全、完好、清洁
			备有适量的易损件
		高压管汇	阀门齐全、完好，开关灵活，管汇固定牢靠，开关标识正确
			活接头连接紧密、无刺漏、固定牢靠，高压软管两端安装保险链
			地平管线活接头连接紧密、无刺漏，管线基墩固定牢靠
4	远控房	液压管线、管排连接完好，活接头连接紧密、无刺漏，接油盒清洁、无油污	
		蓄能器压力为 17.5~21MPa，管汇压力为 10.5MPa，环形防喷器压力为 10.5MPa，闸板防喷器压力为 10.5MPa，气源压力为 0.65~0.8MPa	
		打压后油量高于下部油标上限	
		电源开关处于接通状态，电控箱旋钮在自动位；白天照明及时关闭	
		电、气打压泵正常待命工况，油水分离器、雾化器正常待命工况	
		三位四通换向阀待命工况，标识清楚	
		主气管线、气管束走向合理，不漏气；冬季施工时，检查冬防保温工作	
5	测斜房	钢丝绳排列整齐	
		计数器准确	
		控速器灵敏，刹车可靠，滚筒保养良好	
		电动机运转正常，接地良好	
6	值班房	班前会汇报巡回检查中发现的问题，协助司钻安排好本班生产任务；	
		明确本班本岗位设备保养、修换内容	
		班后会认真总结本班本岗位工作情况	

附录 9 应急物资的主要用途及要求

序号	种类	编号	物资名称	主要用途及要求	备注
1	安全防护	1	消防战斗服	灭火救援作业时的身体防护（包括头盔、安全腰带、消防靴、手套等配套物品）	
		2	化学防护服	防止危险化学品的飞溅和与人体接触对人体造成的伤害	

续表

序号	种类	编号	物资名称	主要用途及要求	备注
1	安全防护	3	隔热服	防止高温物质接触或热辐射伤害	
		4	避火服	防止高温物质接触或热辐射伤害	
		5	静电防护衣	可燃气体、粉尘、蒸气等易燃易爆场所作业时的躯体内层防护	
		6	洗眼液	眼部喷溅物清洗	
		7	耐油橡胶手套	手部及腕部防护	
		8	防爆工具	易燃易爆事故现场的手动作业，铜制材料	
		9	铜锹、铜铲	易燃易爆事故现场的手动作业	
		10	正压式空气呼吸器	缺氧或有毒现场作业时的呼吸防护	
		11	空气呼吸器充气机	用于空气呼吸器充装空气	
		12	过滤式防毒面具	有毒现场呼吸防护，仅用于逃生	
		13	长管呼吸器	缺氧或有毒现场呼吸防护	
		14	速差防坠器	高空作业安全防护	
		15	消防腰斧	具备能砍、能凿、能撬等功能，能砍断直径6.5mm圆钢，刃口无弯曲、无裂痕	
		16	紧急逃生索道	钻、修井钻机的二层平台紧急逃生通道	
		17	紧急逃生滑道或逃生梯	钻、修井钻机钻台紧急逃生通道；油气处理装置、炼化装置中2m以上的操作部位紧急逃生通道	
2	检测器材	18	可燃气体监测仪	检测可燃气体浓度	
		19	氧气检测仪	检测氧气浓度	
		20	红外测油仪	检测水体污染中的含油量	
		21	硫化氢监测仪	检测硫化氢气体浓度	
		22	便携式二氧化硫检测仪	检测二氧化硫气体浓度	
		23	静电检测仪	检测静电	
		24	氨浓度检测仪	检测氨气浓度	
		25	一氧化碳检测仪	检测一氧化碳浓度	
		26	测厚仪	测量管道壁厚	
		27	红外线遥感测温仪	远距离测温	
3	警戒器材	28	锥形事故柱	道路警戒	
		29	隔离警示带	警戒，双面反光，每盘长度100m	
		30	警示牌	警戒警示	
		31	警戒带	警戒	
		32	警示灯	警示	
		33	警戒旗	警戒	
4	报警设备	34	声光报警器	报警	
		35	火警报警器	报警	
		36	HCN报警仪	报警	

续表

序号	种类	编号	物资名称	主要用途及要求	备注
5	生命救助	37	医用担架	运送事故现场受伤人员，承重不小于100kg	
		38	救生绳	救人或自救工具，也可用于运送消防施救器材，50m	
6	生命支持	39	氧气瓶	人员救助	
		40	氧气袋	人员救助	
7	水上救生	41	救生圈	涉水环境人员救生	
		42	救生衣	涉水环境人员救生	
8	医疗器材	43	纯棉弹性绷带	医疗急救	
		44	脱脂棉	医疗急救	
		45	脱脂棉球	医疗急救	
		46	强力弹力绷带	医疗急救	
		47	自粘弹性绷带	医疗急救	
		48	网状弹力绷带	医疗急救	
		49	织边纱布绷带	医疗急救	
		50	防粘无菌敷料	医疗急救	
		51	三角巾	医疗急救	
		52	透气胶带	医疗急救	
		53	棉签	医疗急救	
		54	酒精棉片	医疗急救	
		55	防水创可贴	医疗急救	
		56	弹力网帽	医疗急救	
		57	湿润烫伤膏	医疗急救	
		58	CPR人工呼吸隔离面罩	医疗急救	
		59	骨折固定夹板	医疗急救	
		60	手套	医疗急救	
		61	剪刀	医疗急救	
		62	镊子	医疗急救	
		63	安全别针	医疗急救	
		64	防爆手电筒（含电池）	医疗急救照明	
		65	体温计	医疗急救	
		66	SAM夹板	医疗急救	
		67	保温毯	医疗急救	
		68	速冷袋	医疗急救	
		69	速热袋	医疗急救	
		70	四合一颈托	医疗急救	
		71	上肢止血带	医疗急救	
		72	下肢止血带	医疗急救	

续表

序号	种类	编号	物资名称	主要用途及要求	备注
8	医疗器材	73	急救包	盛放常规外伤急救所需的敷料、药品和器械等及笔记本、铅笔	
9	医疗药品	74	碘伏	医疗急救	
		75	正红花油	医疗急救	
		76	藿香正气滴丸	医疗急救	
		77	云南白药	医疗急救	
		78	水溶性消毒片	医疗急救	
10	消防器械	79	干粉灭火器	扑救石油、有机溶剂等易燃液体、可燃气体和电气设备的初起火灾	
		80	二氧化碳灭火器	扑救贵重设备、仪器仪表、档案资料、电气设备及油类等的初起火灾	
		81	泡沫灭火器	扑救液体火灾,不能扑救水溶性可燃、易燃液体的火灾（如醇、酯、醚、酮等物质）和电气火灾	
11	其他消防器材	82	灭火毯	灭火	
		83	消防砂	灭火	
12	通信设备	84	卫星电话	通信联络	
		85	防爆移动电话	通信联络	
		86	防爆对讲机	应急救援人员之间以及与后方指挥员通信,距离不低于1000m,易燃易爆环境防爆	
13	广播器材	87	手持扩音器	广播,功率大于10W,同时应具备警报功能	
14	照明器材	88	防爆探照灯	照明	
		89	防爆手电筒	照明	
		90	应急发电机	照明供电,也可用作动力电源	
15	输转设备	91	防爆型电动抽油泵	抽吸、输转油品	
		92	防爆型手摇式抽油泵	抽吸、输转油品	
		93	容器桶	油品盛放容器	
16	堵漏器材	94	木制堵漏楔	各类孔洞状较低压力的堵漏作业,经专门绝缘处理,防裂不变形	
		95	粘贴式堵漏工具	各种罐体和管道表面点状、线状泄漏的堵漏作业,无火花材料	
		96	管道黏结剂	小空洞或砂眼的堵漏	
		97	管卡	用于不同管径管线泄漏堵漏	
17	污染处理	98	油桶	收集油品	
		99	两轮手推车	物品运送、转移	
		100	接油盘	铝制接油容器	
		101	围油栏	围控、引导、拦截水面溢油	

续表

序号	种类	编号	物资名称	主要用途及要求	备注
17	污染处理	102	收油机	回收水面溢油	
		103	消油剂	将水面浮油乳化，形成细小粒子分散于水中	
		104	消油剂喷洒装备	喷洒消油剂的装备	
		105	吸油毡	吸附水面浮油	
		106	铝桶	盛装油品	
		107	集污袋	污染物盛放	
18	防台风、洪汛物资	108	塑料薄膜	包裹电子设备，防潮	
		109	塑料胶带	包裹电子设备	
		110	室外设备封套	包裹室外设备，如加油机等	
		111	雨衣	防雨	
		112	雨靴	防雨	
		113	编织袋	做砂袋	
		114	沙子	防雨	
		115	铁锹	铲土、铲沙	
		116	棉绳	捆绑、加固设备设施	
		117	铁丝	捆绑、加固设备设施	
19	防雪灾、冰冻物资	118	粗砂	防滑	
		119	炭渣	防滑	
		120	草垫	防滑	
		121	融雪剂	融雪、除雪	
		122	防滑链	车辆防滑	
		123	防滑垫	人员行走防滑	
20	防震物资	124	哨子	用于发声呼救	
		125	帐篷	撑在地上遮蔽风雨、日光并供临时居住	
		126	棉被	保暖	
		127	毛毯	保暖	
		128	口罩	防尘、防病菌等	
21	安保物资	129	防撞墩（硬隔离）	防止车辆冲撞设备设施	
		130	破胎器	扎破轮胎，阻止车辆前进	
		131	警棍	挡护、防砍、防棍击	
		132	警用钢叉	保护员工，控制歹徒	
		133	报警器	如加油站联通警察机构报警设备	
		134	防暴头盔	暴力冲击中头部防护	
		135	防暴盾牌	暴力冲击中身体防护	

附录10 钻井井场应急物资数量配备标准

序号	种类	物资名称	单位	探井	生产井	试油井	备注
1	安全防护	正压式空气呼吸器	套	8	*8	6	
2		空气呼吸器充气机	台	1	*1	1	
3		洗眼液	瓶	2	2	2	
4	监测检测	可燃气体监测仪	套	2	2	2	
5		固定式硫化氢监测仪	套	1	*1	1	4个以上探头
6		携带式硫化氢监测仪	套	5	*4	4	
7		便携式二氧化硫检测仪（或显色长度检测器）	套	1	*1	1	配备检测管
8		一氧化碳检测仪	台	2	2	2	
9		红外线遥感测温仪	台	1	1	—	
10	警戒器材	警示牌	套	1	1	1	
11		警戒带	m	500	—	500	
12		警示灯	个	4	—	4	
13	报警设备	声光报警器	套	1	1	1	
14	生命支持	氧气瓶	个	2			
15		氧气袋	个	5			
16	医疗器材	急救包	个	1	1	1	
		担架	副	1	1	1	
17	照明设备	防爆手电筒	个	5	5	2	
18		防爆探照灯	具	2	2	2	
19		应急发电机	台	1	1	1	按需要定规格
20	通信设备	卫星电话	部	1	—	—	
21		防爆对讲机	部	4	—	4	
22	污染清理	吸油毡	kg	200	200	200	
23		集污袋	个	200	200	200	20L/个

注：*表示在油气中有可能含硫化氢的情况下配备。

附录 11 危险作业场所应急物资数量配备标准

序号	种类	物资名称	单位	高处作业	受限空间	工业动火	管线打开	挖掘作业	吊装作业	备注
1	安全防护	安全帽	个	5	5	5	5	5	5	
2		安全带	副	2	—	—	—	—	—	钻修井钻机二层平台
3		紧急逃生索道	个	1	—	—	—	—	—	
4		紧急逃生滑道或逃生梯	个	1	—	—	—	—	—	距坠地点2m以上操作部位
5		正压式空气呼吸器	套	—	2	—	—	—	—	
6		长管式呼吸器	套	—	2	—	—	—	—	
7		救援三脚架	个	—	1	—	—	—	—	
8		洗眼液	瓶	—	—	—	1	—	—	
9		安全绳	条	2	2	—	—	—	—	
10		速差防坠器	套	5	—	—	—	—	—	
11		胶靴	套	5	5	5	5	5	5	
12		防爆工具	套	—	—	1	1	—	—	
13	检测器材	可燃气体监测仪	台	—	1	1	1	—	—	
14		氧气浓度检测仪	台	—	1	1	—	—	—	
15		硫化氢监测仪	台	—	*1	—	—	—	—	
16		接地电阻测试仪	台	—	—	1	—	—	—	
17	警戒器材	警示牌	个	4	4	4	4	4	4	
18		警戒带	m	200	—	200	200	200	200	
19		警戒旗	面	10	—	5~15	5~15	5~15	5~15	
20	医疗器材	急救包	个	1	1	1	1	1	1	
21		担架	副	1	1	1	1	1	1	
22	照明设备	防爆探照灯	具	—	2	1	—	2	—	
23		防爆手电筒	个	—	2	2	2	—	—	
24	通信设备	防爆对讲机	部	2	2	2	2	2	2	

注：* 表示在受限空间中有可能含硫化氢的情况下配备。

附录12　井场其他应急物资数量配备标准

井场其他应急物资数量配备标准

序号	种类	物资名称	单位	数量	备注
1	防台风、洪汛物资	塑料薄膜	kg	10	
2		塑料胶带	卷	10	
3		室外设备封套	套	—	
4		救生圈	只	—	码头
5		救生衣	件	—	
6		雨衣	件	10	
7		雨靴	双	10	
8		编织袋	个	50	
9		沙子	m³	10	
10		铁锹	把	10	
11		棉绳	m	100	
12		铁丝	m	100	
13		水泵	台	1	
14		排污泵	台	1	
15		钢丝钳	套	2	
16		螺丝刀	套	2	
17	防雪灾、冰冻物资	粗砂	m³	10	
18		炭渣	m³	10	
19		草垫	个	50	
20		融雪剂	t	1	
21		防滑链	条	10	
22		防滑垫	个	10	

附录13　大型急救包配备药品及简易医疗器材配备标准

序号	药品及器械名称	规格	数量	序号	药品及器械名称	规格	数量
1	纯棉弹性绷带	小号	2轴	4	脱脂棉球	25g/包	1包
2	纯棉弹性绷带	大号	1轴	5	强力弹力绷带	大号	1卷
3	脱脂棉	25g/包	1包	6	自粘弹性绷带	小号	1卷

续表

序号	药品及器械名称	规格	数量	序号	药品及器械名称	规格	数量
7	网状弹力绷带	小号	1包	26	骨折固定夹板	组合式	2块
8	网状弹力绷带	大号	1包	27	手套	7½号	1双
9	织边纱布绷带	6cm×500cm	6轴	28	剪刀		1把
10	防粘无菌敷料	小号	5片	29	镊子		1把
11	防粘无菌敷料	中号	5片	30	安全别针		5只
12	防粘无菌敷料	大号	5片	31	防爆手电筒(含电池)		1只
13	三角巾	82复合型	1包	32	体温计		1支
14	透气胶带	1.25cm	1轴	33	SAM夹板		1个
15	碘伏	20mL/瓶	1瓶	34	保温毯	大片	1包
16	棉签		100根	35	速冷袋		2袋
17	酒精棉片		100包	36	速热袋		2袋
18	防水创可贴		100片	37	四合一颈托		1个
19	弹力网帽		2个	38	上肢止血带		2根
20	湿润烫伤膏	40g/支	2支	39	下肢止血带		2根
21	正红花油	25mL/瓶	2瓶	40	笔记本		1本
22	藿香正气滴丸		1瓶	41	铅笔		1支
23	云南白药	4g/瓶	1瓶	42	说明书		1本
24	水溶性消毒片		1瓶	43	急救包		1个
25	CPR人工呼吸隔离面罩		1个				

附录14 中型急救包配备药品及简易医疗器材配备标准

序号	药品及器械名称	规格	数量	序号	药品及器械名称	规格	数量
1	纯棉弹性绷带	小号	1轴	11	防粘无菌敷料	中号	2片
2	纯棉弹性绷带	大号	1轴	12	防粘无菌敷料	大号	2片
3	脱脂棉	25g/包	1包	13	三角巾	82复合型	1包
4	脱脂棉球	25g/包	1包	14	透气胶带	1.25cm	1轴
5	强力弹力绷带	大号	1卷	15	碘伏	20mL/瓶	1瓶
6	自粘弹性绷带	小号	1卷	16	棉签		50根
7	网状弹力绷带	小号	1包	17	酒精棉片		100包
8	网状弹力绷带	大号	1包	18	防水创可贴		100片
9	织边纱布绷带	6cm×500cm	2轴	19	弹力网帽		2个
10	防粘无菌敷料	小号	2片	20	湿润烫伤膏	40g/支	1支

续表

序号	药品及器械名称	规格	数量	序号	药品及器械名称	规格	数量
21	正红花油	25mL/瓶	1瓶	33	SAM 夹板		1个
22	藿香正气滴丸		1瓶	34	保温毯	大片	1包
23	云南白药	4g/瓶	1瓶	35	速冷袋		1袋
24	水溶性消毒片		1瓶	36	速热袋		1袋
25	CPR人工呼吸隔离面罩		1个	37	四合一颈托		1个
26	骨折固定夹板	组合式	2块	38	上肢止血带		2根
27	手套	7½号	1双	39	下肢止血带		2根
28	剪刀		1把	40	笔记本		1本
29	镊子		1把	41	铅笔		1支
30	安全别针		5只	42	说明书		1本
31	防爆手电筒（含电池）		1只	43	急救包		1个
32	体温计		1支				

附录 15　小型急救包配备药品及简易医疗器材配备标准

序号	名称	规格	数量	序号	名称	规格	数量
1	纯棉弹性绷带	小号	1轴	20	骨折固定夹板	组合式	1块
2	纯棉弹性绷带	大号	1轴	21	手套	7½号	1双
3	脱脂棉	25g/包	1包	22	剪刀		1把
4	脱脂棉球	25g/包	1包	23	镊子		1把
5	强力弹力绷带	大号	1卷	24	安全别针		5只
6	自粘弹性绷带	小号	1卷	25	防爆手电筒（含电池）		1只
7	网状弹力绷带	小号	1包	26	体温计		1支
8	网状弹力绷带	大号	1包	27	SAM 夹板		1个
9	织边纱布绷带	6cm×500cm	2轴	28	保温毯	大片	1包
10	防粘无菌敷料	小号	2片	29	速冷袋		1袋
11	防粘无菌敷料	中号	2片	30	速热袋		1袋
12	防粘无菌敷料	大号	2片	31	四合一颈托		1个
13	三角巾	82复合型	1包	32	上肢止血带		2根
14	透气胶带	1.25cm	1轴	33	下肢止血带		2根
15	碘伏	20mL/瓶	1瓶	34	笔记本		1本
16	棉签	100根/包	1包	35	铅笔		1支
17	酒精棉片		100包	36	说明书		1本
18	防水创可贴		100片	37	急救包		1个
19	CPR人工呼吸隔离面罩		1个				

参 考 文 献

[1] 李强,高碧桦,杨开雄,王勇.钻井作业硫化氢防护.北京:石油工业出版社,2006.
[2] 石油天然气钻井井控编写组.石油天然气钻井井控.北京:石油工业出版社,2008.
[3] 中国石油天然气集团公司安全环保与节能部.职业安全健康管理体系基础知识.北京:石油工业出版社,2012.
[4] 曹晓林.职业安全健康管理体系标准理解与实务.北京:石油工业出版社,2009.
[5] 《企业安全生产基本知识》编委会.企业安全生产基本知识.2版.北京:石油工业出版社,2012.
[6] 赵留运.石油钻井司钻.东营:中国石油大学出版社,2007.
[7] 中国石油天然气集团公司人事部.石油钻探企业班组长培训教材.北京:石油工业出版社,2016.
[8] 王新纯.钻井施工工艺技术.北京:石油工业出版社,2005.
[9] 张向前,高成军,周东寿,等.钻井司钻.北京:石油工业出版社,2010.
[10] 谷凤贤,刘桂和,周金葵,等.钻井作业.北京:石油工业出版社,2011.
[11] 吴苏江.HSE风险管理理论与实践.北京:石油工业出版社,2009.
[12] 中国石油天然气集团公司人事部.工程技术专业危害因素辨识与风险防控.北京:石油工业出版社,2016.